全断面隧道掘进机操作"1+X"职业技能等级证书配套系列教材

全断面隧道掘进机操作

（中级）

周建军　毛红梅　主编

化学工业出版社

·北京·

内 容 简 介

全断面隧道掘进机是隧道自动化施工的专用机械，是一种专业性极强的特种机械，操作该机械除了需要掌握系统的操作方法外，还要求操作人员具备机械、电气、液压、工程地质以及土木工程等学科的专业知识。本书针对全断面隧道掘进机操作（中级）岗位，以岗位典型工作任务为载体，将全断面隧道掘进机的具体操作方法和专业基础知识融入其中，着重介绍了土压平衡盾构机的基本构造、操作、维保及故障排查等专业知识，主要包括盾构机的基本认知、盾构机的基本操作、盾构机姿态控制、盾构机维护与保养、盾构机常见故障分析与排查5个部分。本书结构设置合理，任务选取恰当，内容贴近工作实际，讲解由简及难，旨在培养全断面隧道掘进机相关从业人员的一线业务能力，践行党的二十大人才强国战略号召，引导学生学好本领，报效祖国，建设制造强国。本书配套有"全断面隧道掘进机操作（中级）实训手册"，并配有微课和操作视频，用手机扫描书中的二维码，即可观看。

本书可作为高职高专院校地下与隧道工程技术、城市轨道交通工程技术、盾构施工技术、机电一体化技术、城市地下综合管廊、道路与桥梁工程技术、铁道桥梁隧道工程技术等专业的教材，也可作为地铁建设、山岭隧道建设、城市地下综合管廊建设等领域的专业技术人员参考用书。

图书在版编目（CIP）数据

全断面隧道掘进机操作：中级/周建军，毛红梅主编.—北京：化学工业出版社，2021.10（2023.8重印）
全断面隧道掘进机操作"1+X"职业技能等级证书配套系列教材
ISBN 978-7-122-39888-8

Ⅰ.①全… Ⅱ.①周… ②毛… Ⅲ.①全断面掘进机-巷道掘进-职业技能-鉴定-教材 Ⅳ.①TD263.3

中国版本图书馆CIP数据核字（2021）第187342号

责任编辑：张绪瑞　　　　　　　　　　　　　装帧设计：张　辉
责任校对：张雨彤

出版发行：化学工业出版社　（北京市东城区青年湖南街13号　邮政编码100011）
印　　刷：三河市航远印刷有限公司
装　　订：三河市宇新装订厂
787mm×1092mm　1/16　印张28¼　字数531千字　2023年8月北京第1版第2次印刷

购书咨询：010-64518888　　　　　　　　　　　售后服务：010-64518899
网　　址：http://www.cip.com.cn
凡购买本书，如有缺损质量问题，本社销售中心负责调换。

定　　价：88.00元　　　　　　　　　　　　　　　　　　　　版权所有　违者必究

《全断面隧道掘进机操作（中级）》编委会

主　　　任　周建军　毛红梅
副　主　任　李治国　曾垂刚　王连山　权　雷
编　　　委（排名不分先后）
　　　　　　曾垂刚　陈　馈　王宇爽　母永奇　周建军　李治国　程永亮
　　　　　　毛红梅　王连山　曾宇翔　李　飞　权　雷　郭　军　温法庆
　　　　　　赵　光　魏华杰　李增良　梁西军　丁少华　王江波　姜开亚
　　　　　　王百泉　王　轩　王　磊（陕西铁路工程职业技术学院）
　　　　　　王　磊（中铁隧道局集团路桥工程有限公司）　王　凯　陈　桥
　　　　　　童　彪　秦银平　韩伟锋　赵海雷　李宏波　靳纪国　侯智方
　　　　　　王健林　李　吉　马时强　张昆峰　李开富　张晓日　许东旭
　　　　　　唐高洪　唐立宪　刘　江　张小力　李昭晖　王先会　徐光华
　　　　　　王国安　孙洪硕　于永记　黄　鹤
编委会主任单位　盾构及掘进技术国家重点实验室　　陕西铁路工程职业技术学院
编委会委员单位（排名不分先后）
　　　　　　盾构及掘进技术国家重点实验室　　陕西铁路工程职业技术学院
　　　　　　中铁隧道局集团有限公司　　　　　中铁隧道勘察设计研究院有限公司
　　　　　　中铁隧道集团二处有限公司　　　　中铁隧道股份有限公司
　　　　　　中铁隧道局集团路桥工程有限公司　中铁十八局集团有限公司
　　　　　　中铁五局集团有限公司　　　　　　中铁十一局集团有限公司
　　　　　　中铁工程服务有限公司　　　　　　中铁工程装备集团有限公司
　　　　　　中铁科工集团轨道交通装备有限公司　中国铁建重工集团股份有限公司
　　　　　　徐工集团凯宫重工南京股份有限公司　中建八局集团轨道交通有限公司
　　　　　　中国石化润滑油有限公司润滑脂研究院　粤水电轨道交通建设有限公司
　　　　　　力信测量（上海）有限公司　　　　四川建筑职业技术学院
　　　　　　郑州铁路职业技术学院　　　　　　江苏建筑职业技术学院

《全断面隧道掘进机操作（中级）》编写人员

主　　　编　周建军　毛红梅
副　主　编　李治国　郭　军　王连山　马时强
编　写　人　员（排名不分先后）
　　　　　　周建军　毛红梅　李治国　郭　军　王连山　马时强
　　　　　　王　磊（陕西铁路工程职业技术学院）刘　江　孙洪硕　郭　军
　　　　　　曾宇翔　马时强　刘中华　王　唢　马　婷　张小力　李昭晖
主　　　审　曾垂刚　陈　馈

前言

  自1806年布鲁诺尔首次提出盾构法隧道施工构想并注册专利至今，盾构技术历经了两百余年的发展。从最初的手掘式盾构到当前的自动化、智能化、多样化盾构，盾构机已经成为当下城市地铁、铁路隧道、公路隧道、输水管路、城市地下综合管廊等工程建设的主力机械，在世界隧道工程建设中发挥着重要的作用。

  随着我国地铁等基础设施建设的迅速发展，行业对人才的需求也日益增长，而目前国内开设盾构专业的高校数量很少，每年为盾构行业输出的人才有限，加之学校能提供的盾构操作和维保实训条件也很有限，具备盾构操作技能的人才数量就更显捉襟见肘了。

  基于当前盾构操作技能人才紧缺的现状，盾构及掘进技术国家重点实验室积极响应国务院发布的《国家职业教育改革实施方案》（国发〔2019〕4号）中关于"启动1+X证书制度试点工作"的文件精神，联合陕西铁路工程职业技术学院等相关院校，牵头申报了"全断面隧道掘进机操作1+X职业技能等级证书"，并就院校教材编写和证书考点申报展开合作，拟为行业企业培养具备盾构操作及维护核心技能的紧缺人才。

  "全断面隧道掘进机操作1+X职业技能等级证书"分为初、中、高三级，本书为证书系列教材之一——中级部分，由盾构及掘进技术国家重点实验室主持，联合陕西铁路工程职业技术学院、中铁隧道局集团有限公司、中铁十八局集团有限公司、中铁科工集团、中铁工程服务有限公司等20余家企业及院校联合编写完成。本书通过国产多模式盾构研发的案例，提升学生中国制造的自信与决心，充分体现党的二十大提出的高水平科技自立自强。

  本书以"校企双元"模式进行开发，由行业企业专家及经验丰富的一线技术人员提供第一手资料，由具有多年教学经验的院校教师筛选梳理，执笔完成，最终以项目任务式教材的形式呈现。本书具有三大特点：一是在内容选取上，以证书标准为依据，选取我国市场主流盾构机型，经过行业企业专家和资深教师梳理编撰，具有较强的针对性和实用性，同时也反映了当前盾构产业的新技术、新工艺、新设备；二是在组织编排上，采用项目任务式的形式进行编排，按照"教学目标-任务布置-知识学习-任务实施-考核评价-知识拓展"等环节组织教学内容，学做一体，可操作可考核，体现了以学习者为中心、教学做一体化的教学理念；三是体例形式上，采用新形态教材的形式，配套有全断面隧道掘进机操作（中级）实训手册，实训手册中设有资讯单、任务实施单、评价单，是对教材的补充，教材中嵌入了二维码动态资源链接，符合信息时代学习者的学习习惯，体现了新时代新形态一体化教材建设的理念和方向。

本书共设5个项目：项目1为盾构机的基本认知；项目2为土压平衡盾构机操作；项目3为盾构机姿态控制；项目4为盾构机的维护与保养；项目5为盾构机常见故障分析与排查。由盾构及掘进技术国家重点实验室周建军、陕西铁路工程职业技术学院毛红梅担任主编，其中项目1由陕西铁路工程职业技术学院毛红梅、王磊、刘江，郑州铁路职业技术学院孙洪硕执笔；项目2由陕西铁路工程职业技术学院郭军、盾构及掘进技术国家重点实验室周建军执笔；项目3由陕西铁路工程职业技术学院毛红梅、曾宇翔执笔；项目4由四川建筑职业技术学院马时强、刘中华、王唢、马婷等执笔；项目5由陕西铁路工程职业技术学院张小力、李昭晖执笔。全书由毛红梅统稿，盾构及掘进技术国家重点实验室曾垂刚、中铁隧道局集团有限公司陈馈担任主审。

本书在编写过程中，中铁隧道局集团有限公司等20余家企事业单位的40多位专家和技术人员提供了技术资料，中铁十八局集团有限公司温法庆等5位专家提出了修改意见，另外还参考了大量书籍、文献、论文及中铁装备、铁建重工等品牌盾构机使用说明，因受篇幅限制无法一一提及，在此向所有给予本书支持、帮助及指导的人员致以最诚挚的谢意！限于编者水平，书中不妥之处在所难免，敬请广大读者批评指正。

编　者

目录

项目1　盾构机的基本认知 — 1

任务1.1　盾构机的原理认知 — 1
教学目标 — 1
任务布置 — 1
知识学习 — 2
 1.1.1　盾构机的概念 — 2
 1.1.2　盾构机的组成 — 2
 1.1.3　盾构机的工作原理 — 2
任务实施 — 3
考核评价 — 4
知识拓展 — 4

任务1.2　盾构机的类型认知 — 5
教学目标 — 5
任务布置 — 5
知识学习 — 5
 1.2.1　盾构机的分类 — 5
 1.2.2　几种典型盾构机型 — 6
任务实施 — 9
考核评价 — 9
知识拓展 — 10

任务1.3　盾构机的构造认知 — 10
教学目标 — 10
任务布置 — 10
知识学习 — 10
 1.3.1　切削系统 — 10
 1.3.2　排渣系统 — 16
 1.3.3　推进系统 — 19

1.3.4	流体系统	21
1.3.5	同步注浆系统	27
1.3.6	密封系统	28
1.3.7	人舱系统	30
1.3.8	管片拼装系统	31
1.3.9	电气系统	33
1.3.10	导向系统	36

任务实施 ··············· 37
考核评价 ··············· 39

任务1.4　盾构机的选型认知 ··············· 40

教学目标 ··············· 40
任务布置 ··············· 40
知识学习 ··············· 40
　1.4.1　盾构机选型概述 ··············· 40
　1.4.2　盾构机选型的原则及依据 ··············· 41
　1.4.3　盾构机选型的方法 ··············· 41
任务实施 ··············· 43
考核评价 ··············· 44
知识拓展 ··············· 44

任务1.5　盾构机的起源与发展认知 ··············· 45

教学目标 ··············· 45
任务布置 ··············· 45
知识学习 ··············· 45
　1.5.1　盾构机的起源 ··············· 45
　1.5.2　盾构机的国外发展史 ··············· 46
　1.5.3　盾构机的国内发展史 ··············· 47
任务实施 ··············· 48
考核评价 ··············· 48
知识拓展 ··············· 49

项目2　土压平衡盾构机操作 ——————————— 50

任务2.1　盾构机启动前设备状态检查 ··············· 50

教学目标 ··············· 50
任务布置 ··············· 50
知识学习 ··············· 51
任务实施 ··············· 53
考核评价 ··············· 54
知识拓展 ··············· 54

任务2.2　刀盘转向及转速设定与调节 ··············· 55

教学目标 ··············· 55

    任务布置 ··· 55
    知识学习 ··· 56
        2.2.1　皮带输送机开启 ·· 56
        2.2.2　刀盘控制 ·· 56
    任务实施 ··· 58
    考核评价 ··· 59
    知识拓展 ··· 59
  任务2.3　推进液压缸压力及速度设定与调节 ······································ 59
    教学目标 ··· 59
    任务布置 ··· 60
    知识学习 ··· 60
        2.3.1　推进液压缸参数设置 ··· 60
        2.3.2　推进液压缸启动与调节 ··· 61
    任务实施 ··· 62
    考核评价 ··· 63
    知识拓展 ··· 63
  任务2.4　螺旋输送机转向及转速控制设定与调节 ·································· 63
    教学目标 ··· 63
    任务布置 ··· 64
    知识学习 ··· 64
        2.4.1　螺旋输送机参数设置 ··· 64
        2.4.2　螺旋输送机启动与调节 ··· 64
    任务实施 ··· 67
    考核评价 ··· 67
    知识拓展 ··· 67
  任务2.5　土仓压力参数设定与调节 ··· 68
    教学目标 ··· 68
    任务布置 ··· 68
    知识学习 ··· 68
        2.5.1　土仓压力的概念 ·· 68
        2.5.2　土仓压力平衡原理 ·· 68
        2.5.3　土仓压力的传导 ·· 69
        2.5.4　土仓压力调整 ·· 69
    任务实施 ··· 70
    考核评价 ··· 71
    知识拓展 ··· 71
  任务2.6　同步注浆量及压力设定与调节 ··· 71
    教学目标 ··· 71
    任务布置 ··· 72
    知识学习 ··· 72
        2.6.1　同步注浆的工作条件 ··· 72
        2.6.2　注浆系统的设备组成 ··· 73
        2.6.3　注浆参数确定 ··· 73

2.6.4 注浆操作方式选择 ·· 73
　　2.6.5 同步注浆系统清洗 ·· 75
　　任务实施 ·· 75
　　考核评价 ·· 76
任务2.7 泡沫系统参数设定与调节 ·· 76
　　教学目标 ·· 76
　　任务布置 ·· 77
　　知识学习 ·· 77
　　任务实施 ·· 79
　　考核评价 ·· 80
　　知识拓展 ·· 80
任务2.8 盾尾密封油脂系统加注 ··· 81
　　教学目标 ·· 81
　　任务布置 ·· 81
　　知识学习 ·· 81
　　任务实施 ·· 82
　　考核评价 ·· 83
　　知识拓展 ·· 84
任务2.9 管片安装操作 ··· 84
　　教学目标 ·· 84
　　任务布置 ·· 85
　　知识学习 ·· 85
　　2.9.1 管片吊机与喂片机操作 ·· 85
　　2.9.2 管片安装机操作 ·· 87
　　2.9.3 管片安装注意事项 ·· 88
　　任务实施 ·· 89
　　考核评价 ·· 90
　　知识拓展 ·· 90
任务2.10 人舱保压系统调节 ··· 92
　　教学目标 ·· 92
　　任务布置 ·· 92
　　知识学习 ·· 92
　　任务实施 ·· 94
　　考核评价 ·· 95
　　知识拓展 ·· 96
任务2.11 盾构机本地控制 ·· 96
　　教学目标 ·· 96
　　任务布置 ·· 97
　　知识学习 ·· 97
　　任务实施 ··· 102
　　考核评价 ··· 102

项目3 盾构机姿态控制 ——————————————— 103

任务3.1 盾构机导向系统控制界面及姿态参数识读 ··· 103

教学目标	103
任务布置	103
知识学习	104
3.1.1 盾构机导向控制系统界面	104
3.1.2 盾构机姿态参数	104
任务实施	107
考核评价	107

任务3.2 盾构机姿态控制 — 107

教学目标	107
任务布置	108
知识学习	108
3.2.1 盾构机姿态控制的基本原理	108
3.2.2 盾构机姿态调整的方法	108
3.2.3 盾构机姿态控制标准	109
3.2.4 不同工况下盾构机姿态控制要点	111
任务实施	113
考核评价	114
知识拓展	114

项目4 盾构机的维护与保养 —— 118

任务4.1 刀盘刀具维护与保养 — 118

教学目标	118
任务布置	118
知识学习	118
4.1.1 刀盘	118
4.1.2 刀具	119
任务实施	119
考核评价	120
知识拓展	120

任务4.2 主驱动维护与保养 — 122

教学目标	122
任务布置	122
知识学习	122
任务实施	123
考核评价	124
知识拓展	124

任务4.3 渣土输送系统维护与保养 — 125

教学目标	125
任务布置	125
知识学习	125

  4.3.1 渣土输送系统组成与功能 ·········· 125
  4.3.2 渣土输送系统维护保养 ·········· 126
  任务实施 ·········· 128
  考核评价 ·········· 129
  知识拓展 ·········· 129

任务4.4 推进系统维护与保养 ·········· 129
  教学目标 ·········· 129
  任务布置 ·········· 130
  知识学习 ·········· 130
  任务实施 ·········· 130
  考核评价 ·········· 131
  知识拓展 ·········· 131

任务4.5 人闸系统维护与保养 ·········· 132
  教学目标 ·········· 132
  任务布置 ·········· 132
  知识学习 ·········· 132
   4.5.1 人闸系统的基础知识 ·········· 132
   4.5.2 人闸系统维护保养 ·········· 132
  任务实施 ·········· 133
  考核评价 ·········· 135
  知识拓展 ·········· 136

任务4.6 流体系统维护与保养 ·········· 136
  教学目标 ·········· 136
  任务布置 ·········· 137
  知识学习 ·········· 137
   4.6.1 流体系统的组成 ·········· 137
   4.6.2 流体系统的维护保养 ·········· 137
  任务实施 ·········· 140
  考核评价 ·········· 145
  知识拓展 ·········· 145

任务4.7 注浆系统维护与保养 ·········· 146
  教学目标 ·········· 146
  任务布置 ·········· 146
  知识学习 ·········· 146
   4.7.1 同步注浆系统目的 ·········· 147
   4.7.2 同步注浆系统组成 ·········· 147
   4.7.3 同步注浆注浆材料 ·········· 148
   4.7.4 同步注浆参数 ·········· 149
  任务实施 ·········· 151
  考核评价 ·········· 153
  知识拓展 ·········· 153

任务4.8 密封系统维护与保养 ·········· 154
  教学目标 ·········· 154

任务布置 ·· 154
　　知识学习 ·· 154
　　任务实施 ·· 155
　　考核评价 ·· 156
　　知识拓展 ·· 156
任务4.9　管片拼装系统维护与保养 ·· 156
　　教学目标 ·· 156
　　任务布置 ·· 156
　　知识学习 ·· 157
　　　4.9.1　管片拼装系统的组成 ·· 157
　　　4.9.2　管片拼装系统的维护保养原则 ······································ 157
　　　4.9.3　管片拼装系统的日常维护保养 ······································ 158
　　　4.9.4　管片拼装系统各点的维保内容 ······································ 158
　　　4.9.5　管片拼装系统维护保养清单 ··· 160
　　任务实施 ·· 161
　　考核评价 ·· 163
　　知识拓展 ·· 163
任务4.10　电气控制系统维护与保养 ·· 163
　　教学目标 ·· 163
　　任务布置 ·· 164
　　知识学习 ·· 164
　　　4.10.1　PLC控制系统的维护与保养 ······································· 164
　　　4.10.2　传感系统的维护与保养 ··· 167
　　　4.10.3　供电系统的维护与保养 ··· 169
　　任务实施 ·· 172
　　考核评价 ·· 173
　　知识拓展 ·· 173
任务4.11　导向系统维护与保养 ··· 174
　　教学目标 ·· 174
　　任务布置 ·· 174
　　知识学习 ·· 175
　　任务实施 ·· 175
　　考核评价 ·· 176
　　知识拓展 ·· 176

项目5　盾构机常见故障分析与排查 —— 178

任务5.1　刀盘驱动系统常见故障分析与排除 ······································ 178
　　教学目标 ·· 178
　　任务布置 ·· 178
　　知识学习 ·· 179
　　任务实施 ·· 181

  考核评价 ·· 183

任务5.2 螺旋输送系统常见故障分析与排除 ··· 183
  教学目标 ·· 183
  任务布置 ·· 183
  知识学习 ·· 184
  任务实施 ·· 186
  考核评价 ·· 188

任务5.3 推进系统常见故障分析与排除方法 ·· 188
  教学目标 ·· 188
  任务布置 ·· 189
  知识学习 ·· 189
  任务实施 ·· 191
  考核评价 ·· 193

任务5.4 管片拼装系统常见故障分析与排除 ·· 194
  教学目标 ·· 194
  任务布置 ·· 194
  知识学习 ·· 194
    5.4.1 管片拼装机动作 ·· 194
    5.4.2 管片拼装控制系统 ·· 195
  任务实施 ·· 197
  考核评价 ·· 198

任务5.5 冷却过滤系统故障分析与处理 ··· 198
  教学目标 ·· 198
  任务布置 ·· 199
  知识学习 ·· 199
    5.5.1 冷却过滤系统液压系统 ·· 199
    5.5.2 冷却过滤系统电气控制系统 ··· 199
    5.5.3 冷却水操作系统 ·· 199
  任务实施 ·· 203
  考核评价 ·· 204

任务5.6 同步注浆系统故障分析与处理 ··· 204
  教学目标 ·· 204
  任务布置 ·· 205
  知识学习 ·· 205
    5.6.1 同步注浆操作方式 ·· 205
    5.6.2 同步注浆控制系统 ·· 205
  任务实施 ·· 206
  考核评价 ·· 209

任务5.7 主驱动润滑系统故障分析与处理 ·· 210
  教学目标 ·· 210
  任务布置 ·· 210

知识学习 ·· 210
　　任务实施 ·· 211
　　考核评价 ·· 213
任务5.8　盾尾油脂系统故障分析与处理 ·· 213
　　教学目标 ·· 213
　　任务布置 ·· 214
　　任务实施 ·· 214
　　考核评价 ·· 216
任务5.9　HBW油脂系统故障分析与处理 ·· 216
　　教学目标 ·· 216
　　任务布置 ·· 216
　　任务实施 ·· 216
　　考核评价 ·· 218
任务5.10　常见低压电气故障分析与处理 ·· 218
　　教学目标 ·· 218
　　任务布置 ·· 218
　　知识学习 ·· 218
　　任务实施 ·· 220
　　考核评价 ·· 222
任务5.11　PLC故障分析与处理 ·· 222
　　教学目标 ·· 222
　　任务布置 ·· 222
　　知识学习 ·· 222
　　任务实施 ·· 223
　　考核评价 ·· 225
任务5.12　渣土改良系统故障分析与处理 ·· 226
　　教学目标 ·· 226
　　任务布置 ·· 226
　　知识学习 ·· 226
　　任务实施 ·· 227
　　考核评价 ·· 228
任务5.13　导向系统故障分析与处理 ·· 229
　　教学目标 ·· 229
　　任务布置 ·· 229
　　任务实施 ·· 229
　　考核评价 ·· 233
任务5.14　掘进参数异常情况分析与处理 ·· 233
　　教学目标 ·· 233
　　任务布置 ·· 234
　　任务实施 ·· 234
　　考核评价 ·· 235
参考文献 ·· 236

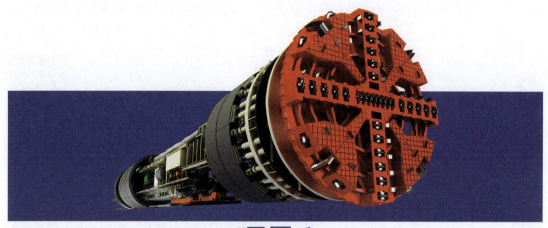

项目 1
盾构机的基本认知

任务 1.1　盾构机的原理认知

 教学目标

知识目标：
  1. 熟悉盾构机的概念；
  2. 了解盾构机的基本组成；
  3. 掌握盾构机的基本工作原理。
技能目标：
  1. 能够用较概括的语言描述盾构机概念、基本组成及功能；
  2. 能够根据内容选取合适的盾构图片作为内容支撑；
  3. 能够使用软件对指定内容进行排版设计。
思政与职业素养目标：
  1. 培养学生归纳及总结能力；
  2. 培养学生语言组织能力；
  3. 通过盾构机基本原理的阐述，培养学生地下隧道施工的基本安全意识。

 任务布置

  你所在项目部拟申报"市级文明工地"称号，对项目安全文明施工建设提出了很高的要求，因此，项目部拟打造一个盾构施工内涵建设区，指派你负责制作盾构基本施工原理专栏展板，包括盾构概念、基本组成展板和盾构施工原理展板，要求展板内容安排恰当、版面设计合理美观，你应当如何进行内容选取和版面设计呢？

 知识学习

1.1.1 盾构机的概念

盾构法概述

盾构机，英文名称"shield machine"，是一种可使隧道一次成形的全断面隧道掘进专用工程机械，具有金属外壳，壳内装配有整机及辅助设备，具有开挖切削土体、输送渣土、拼装隧道衬砌、测量导向纠偏等功能，涉及地质、土木、机械、力学、液压、电气、测量等多门学科技术，而且要按照不同的地质进行"量体裁衣"式的设计制造，可靠性要求极高。盾构机已广泛用于地铁、铁路、公路、市政、水电等隧道工程建设，如图1-1所示。

图1-1 盾构机

1.1.2 盾构机的组成

一台完整的盾构机通常由主机和后配套系统两部分组成，如图1-2所示。

盾构法施工概述

盾构主机为隧道掘进的主体，由前盾、中盾和盾尾三部分组成，承担掌子面开挖、排渣、管片拼装、壁后注浆等任务。

后配套系统为主机提供工作支持条件，包含连接桥、后配套拖车及辅助设备。

图1-2 盾构机总成图

1.1.3 盾构机的工作原理

盾构施工原理

盾构机的原理就是在金属外壳的保护下，盾构机沿着隧道设计轴线边开挖土体边向前掘

进，在此过程中，盾壳承担盾构机周围的地层土压力及水压力，并对隧道内侧壁起临时支护作用，同时，盾构机排渣、衬砌施工等均在盾壳的掩护下进行。

而盾构机安全掘进的前提是掌子面（隧道开挖面）的稳定，对土压平衡盾构机而言，掌子面稳定依靠的是刀盘开挖下来储存在土仓内的渣土，土仓内的压力随着渣土的积累会逐渐增大，当渣土压力正好能抵消掌子面正面压力（土压力与水压力之和，如图1-3所示）时，达到平衡状态，即土压平衡状态，此时，只需控制土仓进渣量与排渣量相等，就能维持土压平衡状态，进而确保掌子面的稳定。

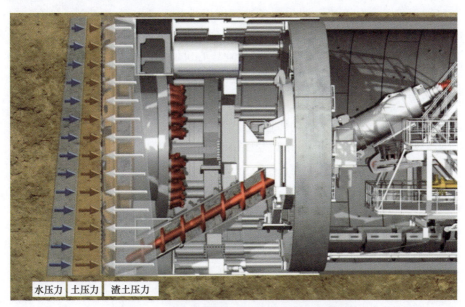

图1-3　土压平衡盾构机"土压平衡状态"示意图

一个完整的盾构机施工过程包括土体开挖、整机推进、渣土排运、管片拼装、壁后注浆等流程，叙述如下：

① 盾构机刀盘旋转向前推进并开挖土体，此时，壁后注浆作业同步进行；
② 启动螺旋输送机开始排渣作业，并根据推进速率和土仓压力实时调整排渣速度；
③ 掘进进尺达到一环管片宽度时，暂停掘进，同时进行土仓保压及渣土外运工作；
④ 推进油缸配合管片拼装机进行管片拼装作业；
⑤ 利用管片拼装间歇，水平运输车组完成卸渣作业、管片及砂浆等物料装载作业；
⑥ 水平运输车组运输物料至盾尾附近，完成管片及砂浆等的卸车作业后空渣土车停放至皮带输送机出渣口等待，新一轮掘进准备工作就绪；
⑦ 管片拼装作业结束后，启动新一轮掘进作业，重复以上流程。

注意：水平运输车组包含电瓶牵引车头、渣土车、管片车及砂浆车，电瓶牵引车头提供动力，渣土车负责装运渣土，管片车运输衬砌管片，砂浆车运输同步注浆材料（砂浆）。渣土车卸渣由龙门吊将整车吊起，卸渣完毕后再将其放回。

任务实施

参照本学习任务的具体要求，按如下步骤及实施方法，完成本任务包含的所有内容。

（1）步骤1：展板内容梳理

实施方法：按照展板内容要求，梳理盾构机概念、基本组成及工作原理，要求语言简练、语意完整、重点突出。

（2）步骤2：展板配图搜集

实施方法：根据内容需要，搜集展板配图，做到图文表达内涵一致，清晰简洁，无logo和水印，色彩和谐。

（3）步骤3：展板排版及设计

实施方法：根据内容篇幅和图片数量进行展板排版设计，要求图文比例合适，版面整洁，字体、段落等格式统一，标题突出，内容划分合理，图片大小比例合适，背景色彩、图案选取恰当，抬头和落款可加入企业名称和企业核心价值等信息。

 考核评价

通过本任务的学习，对盾构机的原理认知情况进行考核，检查学员对盾构机概念、基本组成及基本原理的掌握情况、知识归纳、总结及语言表述能力，具体见表1-1。

表1-1 盾构机的原理认知考核评价表

评价项目	评价内容	评价标准	配分
知识目标	盾构机概念	内容凝练且准确描述盾构机功能、特点及主要应用领域等信息	5
	盾构机基本组成	盾构整机基本组成划分明确，各部分功能描述恰当	5
	盾构机的基本工作原理	工作原理描述是否准确无误，并包含掌子面稳定原理、排渣控制方式、盾构机工作流程等内容	20
技能目标	用较概括的语言描述盾构机概念、基本组成及功能	语言是否概括凝练，是否准确达意，内容表述是否完整	10
	选取合适的盾构图片作为展板内容支撑	图片选取是否完全支持对应内容，是否清晰简洁，无logo和水印等	10
	使用软件对指定内容进行排版设计	图文比例是否恰当，背景选取是否合适，内容格式是否无误，版面排布是否美观，信息展示是否完整	40
素质目标	归纳和总结能力	知识归纳和总结是否凝练、具体且全面	5
	语言组织能力	语言是否准确、逻辑清晰、语意流畅	5
		合计	100

 知识拓展

盾构机施工最重要的环节就是确保掌子面（即隧道开挖面）的稳定，只有在掌子面稳定性得到保证的条件下，盾构施工才能安全有序地进行，而根据稳定掌子面所采用的方式和介质不同，盾构机可以被分为几个典型类别，其中最常见的就是土压平衡盾构和泥水平衡盾构，前者依靠刀盘开挖下来储存在土仓内的渣土产生的土压力稳定掌子面，后者则依靠刀盘后方泥水仓内注入的泥浆产生的泥浆压力稳定掌子面。掌子面稳定的关键是准确获取掌子面的正面压力大小，并通过调节螺旋输送机转速和（或）盾构机掘进速度来控制土仓或泥水仓内压力以平衡掌子面的正面压力。

任务1.2 盾构机的类型认知

教学目标

知识目标：
  1. 熟悉盾构机的分类方法及类型；
  2. 掌握典型盾构机型的特点及适用范围，包括敞开式盾构机、土压平衡盾构机、泥水平衡盾构机和多模式盾构机；
  3. 掌握典型盾构机型之间的区别与联系。

技能目标：
  1. 能够灵活运用盾构机分类方法，准确判断盾构机类型；
  2. 能够根据盾构机型，准确描述盾构机的特点及适用范围；
  3. 能够对不同类型的盾构机进行类比分析，准确区分异同。

思政与职业素养目标：
  1. 培养学生对比分析的能力；
  2. 培养学生归纳总结及语言表述能力；
  3. 通过多样化盾构类型的学习，培养学生的创新思维；
  4. 通过国产多模式盾构研发的案例，提升学生中国制造的自信与决心。

任务布置

  你所在项目部计划组建盾构知识培训班，为项目部工人开展盾构知识培训，提升工人的知识技能水平，因此项目部采购了一批不同类型的盾构机教具模型用于教学，包括敞开式盾构机、土压平衡盾构机、泥水平衡盾构机和多模式盾构机模型各一台，现指派你作为盾构机模型讲解老师，你该从哪些方面进行讲解呢？

知识学习

1.2.1 盾构机的分类

泥水系统概述

  盾构机，是用于软土及复合地层施工的全断面隧道掘进机的总称。根据不同的分类方法，盾构机可以有多种名称及类型，目前较为常用的分类方法有如下几种。

  （1）根据断面形状分类

  盾构机根据断面形状可分为圆形盾构机、矩形盾构机、马蹄形盾构机、异形盾构机等。

  （2）根据断面尺寸大小分类

  盾构机根据断面尺寸大小可分为微型盾构机（0.2~2m）、小型盾构机（2~4.2m）、中型盾构机（4.2~7m）、大型盾构机（7~12m）及超大型盾构机（12m以上）。

  （3）按支护地层的形式分类

  盾构机按照支护掌子面的形式可分为自然支护式盾构、机械支护式盾构、压缩空气支护式盾构、泥水平衡支护式盾构及土压平衡支护式盾构。

(4) 根据开挖面与作业室之间隔板构造分类

盾构机根据开挖面与作业室之间隔板构造可分为敞开式盾构及闭胸式盾构，其中，闭胸式盾构主要有泥水平衡盾构和土压平衡盾构。

1.2.2 几种典型盾构机型

(1) 敞开式盾构机

敞开式盾构机分为全敞开式和部分敞开式盾构机。全敞开式盾构机的隧道工作面呈裸露状态，不能抵抗地层土压和地下水压，一般适用于开挖面自稳性强的地层，根据开挖方法不同又可分为手掘式盾构机、半机械式盾构机和机械式盾构机。部分敞开式盾构主要指挤压式盾构，此类盾构机隧道工作面上留有可调节的进土口，挤压推进，对地层扰动较大，仅适用于自稳性差、流动性大的软黏土和粉砂质地层，如上海软土地层等。如图1-4所示为全敞开式盾构机中的半机械式盾构机的构造示意图。

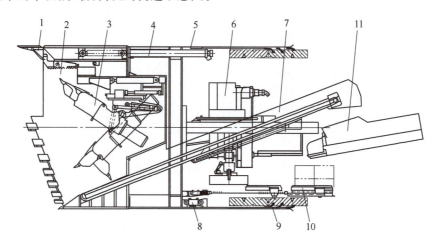

图1-4 敞开式盾构机构造示意图

1—帽檐；2—盾体；3—挖掘装置；4—推进液压缸；5—铰接密封；6—管片拼装机；
7—刮板输送机；8—铰接液压缸；9—盾尾密封；10—喂片机；11—带式输送机

(2) 土压平衡盾构机

区别于敞开式盾构机，土压平衡盾构机在主机前部设置了一道压力隔板，将隧道工作面与主机后部完全隔绝开来，属于闭胸式盾构。同时，刀盘与压力隔板之间还设置了一个储存渣土的土仓，刀盘开挖下的渣土产生的土压力作用于掌子面，对掌子面的稳定起支护作用，当土仓内渣土压力恰好能够平衡掌子面外侧压力时，达到土压平衡状态，此时只需控制开挖下渣土的量与螺旋输送机排渣量相等，就能维持该动态平衡状态。因此，土压平衡盾构机对地层自稳性无特殊要求，尤其适用于渗透性低且容易形成软稠状渣土适宜螺旋输送机出渣的地层，如黏性土等黏粒含量高的地层。如图1-5所示为土压平衡盾构机构造示意图。

(3) 泥水平衡盾构机

与土压平衡盾构机类似，泥水平衡盾构机在主机前部也设置了一道压力隔板，将隧道工作面与主机后部完全隔绝开来，属于闭胸式盾构，不同之处主要体现在以下几个方面。

① 稳定掌子面所用的介质不同 区别于土压平衡盾构机，泥水平衡盾构机稳定掌子面

的介质是泥浆,当泥浆的压力大于地下水压时,按照达西定律,泥浆中的水分渗入土体的同时,泥浆中的悬浮固体颗粒被掌子面土孔隙捕获,积累并在土体表面形成一层具有一定厚度的泥膜,泥浆压力通过该泥膜均匀作用于掌子面,进而稳定掌子面。

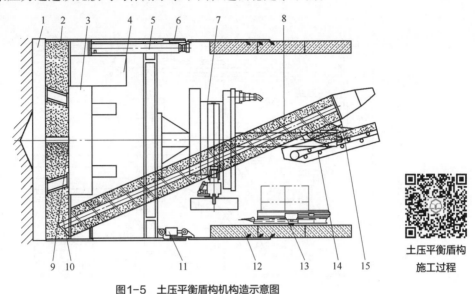

图1-5　土压平衡盾构机构造示意图

1—刀盘；2—盾体；3—主驱动单元；4—人舱；5—推进液压缸；6—铰接密封；7—管片拼装机；8—螺旋输送机；9—中心回转接头；10—土仓；11—铰接液压缸；12—盾尾密封；13—喂片机；14—带式输送机；15—螺旋输送机出渣闸门

② 出渣方式不同　土压平衡盾构机依靠螺旋输送机和皮带输送机出渣,渣土集中晾晒后即可按要求外运。泥水平衡盾构依靠泥水输送系统出渣,通过排泥泵和排泥管道,将泥水仓内的含渣泥浆排送到地面泥水处理系统进行泥水分离处理,分离后的清泥浆经过调整改造后可循环利用,分离出的渣土集中晾晒后按要求外运。

③ 对场地大小的要求不同　由于泥水平衡盾构需要对含渣的高浓度泥浆进行泥、水分离处理,需要在项目地点设置占地面积较大的泥水分离站,相较于土压平衡盾构机,需要额外占用土地资源,在建筑物密集的城区使用相对受限。

由于泥水平衡盾构依靠泥浆在掌子面上形成泥膜来稳定掌子面,理论上讲,只要泥膜能够形成,就具备采用泥水平衡盾构机的条件,但由于泥水平衡盾构机本身造价较高,且泥水分离站对场地大小要求较高,多用于土压平衡盾构机难以解决的地层,如渗透性强、地下水压大的地层,以及对地面沉降要求严格的项目。如图1-6所示为泥水平衡盾构机构造示意图。

(4) 多模式盾构机

众所周知,隧道掘进机的一大特点就是需要根据地层特点"量身定制",因此,不同地质条件的隧道施工往往需要不同类型的隧道掘进机。目前,隧道施工最常采用的全断面隧道掘进机主要有土压平衡盾构机、泥水平衡盾构机和TBM。然而,随着行业的不断发展,隧道施工难度以及地质环境复杂程度不断提高,单一类型的隧道掘进机已经不足以解决所有隧道施工难题,因此,多模式盾构机应运而生。

区别于单一模式盾构机,多模式盾构具备两种及以上掘进模式,针对不同地质使用不同的掘进模式,可有效提高地质适应性和经济性,兼顾施工安全和施工效率,适用于单一模式盾构机难以解决的复杂地质条件。目前,市面上的多模式盾构机主要有双模式盾构机和三模式盾构机。其中，双模式盾构主要有"泥水+土压"双模式盾构机、"泥水+TBM"双模式盾构机以及"土压+TBM"双模式盾构机；三模式盾构机主要指"泥水+土压+TBM"三模式盾构机。如图1-7所示为"土压+TBM"双模式盾构机构造示意图。

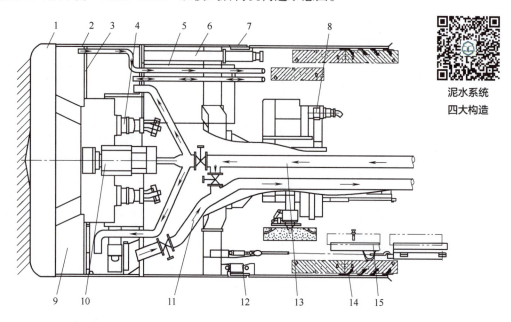

图1-6　泥水平衡盾构机构造示意图

1—刀盘；2—盾体；3—隔板；4—主驱动单元；5—人舱；6—推进液压缸；7—铰接密封；8—管片拼装机；9—泥水仓；10—中心回转接头；11—排浆管；12—铰接液压缸；13—进浆管；14—盾尾密封；15—喂片机

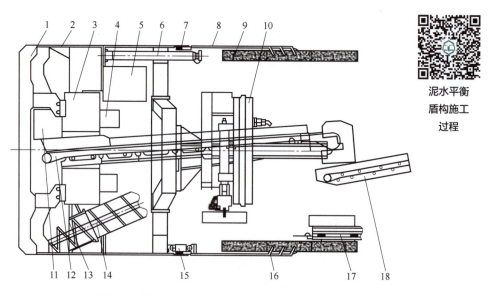

图1-7　"土压+TBM"双模式盾构机构造示意图

1—刀盘；2—盾体；3—主轴承；4—主驱动单元；5—人舱；6—推进液压缸；7—铰接密封；8—盾尾；9—管片；10—管片拼装机；11—溜渣槽；12—主机带式输送机；13—螺旋机前闸门；14—螺旋输送机；15—铰接液压缸；16—盾尾密封；17—喂片机；18—带式输送机

任务实施

根据本任务的教学目标，按如下步骤及实施方法，对本任务的学习内容依次进行讲解。

（1）步骤1：介绍盾构机的分类方法及类型

实施方法：分别按照断面形状、直径大小、支护地层、开挖面与作业室之间隔板构造四种不同的分类方法，介绍盾构机的类型，并借助必要的图片、动画、视频等资源进行讲解。

（2）步骤2：介绍典型盾构机特点及适用范围

实施方法：分别介绍敞开式盾构机、土压平衡盾构机、泥水平衡盾构机以及多模式盾构机的特点及适用范围，可结合必要的图片、动画及视频资源进行讲解。

（3）步骤3：讲解敞开式盾构机与闭胸式盾构机的区别

实施方法：首先明确二者的概念，从结构及功能上将二者区分开来，再逐一对比二者在支护掌子面、掘进方式、出渣方式及适用地层方面的异同，该部分讲解可自行进行适当拓展学习，加以深化，以便辅助讲解。

（4）步骤4：讲解土压平衡盾构机与泥水平衡盾构机的区别

实施方法：土压平衡盾构机与泥水平衡盾构机同属于闭胸式盾构机，讲解时从稳定掌子面的介质、出渣方式、适用地层及对场地大小的要求等几方面进行对比讲解。可采用必要的图片、动画、视频等资源辅助讲解。

（5）步骤5：讲解单一模式盾构机与多模式盾构机的区别

实施方法：从二者的适用范围、功能等方面进行简要介绍即可。

考核评价

通过本任务的学习，对盾构机的类型认知情况进行考核，检查学员对盾构机分类、典型盾构机特点及适用范围、典型盾构间的区别与联系的掌握情况、知识归纳、总结、对比分析及语言表述能力，具体见表1-2。

表1-2 盾构机的类型认知考核评价表

评价项目	评价内容	评价标准	配分
知识目标	盾构机的分类	是否掌握盾构机各分类方法对应的盾构机类型	5
	典型盾构机的特点及适用范围	是否掌握各典型盾构的特点及适用范围	10
	典型盾构间的区别与联系	是否掌握各典型盾构在结构、功能及适用地层等方面的区别与联系	10
技能目标	根据给定条件判断盾构机的类型	能否根据给定条件正确判断盾构机对应的类型	5
	根据给定盾构机型，介绍盾构机的特点及适用范围	能否准确描述给定盾构机的特点及适用范围	20
	讲解各典型盾构机间的区别与联系	能否对各典型盾构机进行有效对比分析，准确讲述不同类型盾构在结构、功能及适用地层等方面的区别与联系	40
素质目标	对比分析能力	能否通过有效对比分析，准确提取两类事物间的同与异	5
	归纳总结及语言表达	知识归纳和总结是否凝练、具体且全面，语言是否准确简练、逻辑清晰、表达流畅	5
合计			100

知识拓展

用于隧道工程施工的全断面隧道掘进机主要有盾构机和TBM两类。通常情况下，盾构机主要用于软土地层及复合地层的掘进施工，TBM主要用于硬岩地层的掘进施工。而根据适用地层的差异，盾构机可以分为两类，分别是软土盾构和复合盾构；TBM可以分为三类，分别是敞开式TBM、单护盾式TBM和双护盾TBM。然而，随着隧道施工行业的不断发展，单一模式的盾构机或TBM已经不足以解决所有隧道施工难题，尤其是复杂地质难题，因此，近年来，诞生了多模式盾构机，多模式盾构机可以根据地层情况，在不同掘进模式之间进行快速切换，对复杂地质条件有很好的适应性。

任务1.3　盾构机的构造认知

教学目标

知识目标：
1. 熟悉盾构机的基本构造；
2. 掌握盾构机各主要系统的功能、结构及工作原理，包括切削系统、渣土输送系统、推进系统、流体系统、注浆系统、密封系统、人舱系统、管片拼装系统、电气控制系统、导向系统等。

技能目标：
1. 能够对盾构机各主要系统进行正确识别；
2. 能够正确理解盾构机切削系统、渣土输送系统、推进系统、流体系统、注浆系统、密封系统、人舱系统、管片拼装系统、电气控制系统、导向系统的主要功能和基本结构，并能准确描述各系统的基本工作原理。

思政与职业素养目标：
1. 培养学生认识新事物的能力；
2. 培养学生科学分析问题的能力；
3. 通过盾构机复杂部件之间协同配合确保盾构正常运转知识的学习，培养学生发挥潜能团结协作的精神。

任务布置

你所在的盾构项目部新招聘一批员工，需要开展盾构构造有关培训，拟选派你担当培训师，请编写一份土压平衡盾构机构造解说词。

知识学习

1.3.1　切削系统

盾构机的切削系统主要包括刀盘、刀具、中心回转接头、刀盘驱动等组成部分，起到切削

盾构整机构造

土体的作用。刀盘驱动通过支承结构及法兰盘为刀盘提供旋转扭矩,刀盘上的刀具在推力作用下旋转的同时切削土体,刀盘上能够喷出水、泡沫等物质,主要是通过中心回转接头输送的。

1.3.1.1 刀盘系统

刀盘设置在盾构机的最前方,其功能是掘削地层中的土体;刀盘系统包括了切削刀具(如滚刀、切刀、弧形刮刀、仿形刀等)和刀盘主体结构。其中,刀盘主体又配置有泡沫口、开口槽、周边开口、耐磨条和搅拌棒等特征结构。刀盘结构见图1-8。

盾构刀盘结构

图1-8 刀盘结构示意图

(1)刀盘的功能

刀盘有以下功能:

① 开挖功能。刀盘旋转时,刀具切削隧道掌子面土体,使开挖后渣土通过刀盘开口进入土仓。

② 稳定功能。支撑和稳定掌子面。

③ 搅拌功能。对于土压平衡盾构而言,刀盘对土仓内渣土进行搅拌,使之具有一定塑性,然后通过螺旋输送机将其排出;泥水平衡盾构,则通过刀盘的旋转搅拌作用,将切削下来的渣土与膨润土泥浆充分混合,优化了泥水压力的控制和改善了泥浆的均匀性,然后通过排泥管道将开挖渣土以流体的形式泵送到设在地面上的泥水分离站。

④ 控制开挖渣土的粒径。粒径小于刀盘开口部分的土体才能到达土仓。

(2)刀盘结构形式

目前盾构机常用的刀盘结构形式有面板式刀盘、辐条式刀盘及辐板式刀盘。

图1-9 面板式刀盘　　　　　　　　图1-10 辐条式刀盘

① 面板式 面板式刀盘由面板、刀具、槽口组成，特点为面板直接支撑切削面，即具有挡土功能，有利于切削面稳定，适用于复合地层，但黏土易黏附在面板表面，易堵塞，在刀盘面板上形成泥饼，进而影响切削质量。如图1-9所示。

② 辐条式 辐条式刀盘由辐条及辐条上的刀具构成，特点为开口率大，辐条后没有搅拌叶片，土砂流动顺畅，刀盘扭矩小，排土容易，土仓压力可有效地作用在切削面上，多用于砂、土等单一地层，中途换刀安全性差，需加固土体。刀盘结构形式如图1-10所示。

图1-11 辐板式刀盘

③ 辐板式 开口率居中，兼具面板式和辐条式的优点。刀盘结构形式如图1-11所示。

（3）刀盘支承

常用的刀盘支承方式有以下三种，如图1-12所示。

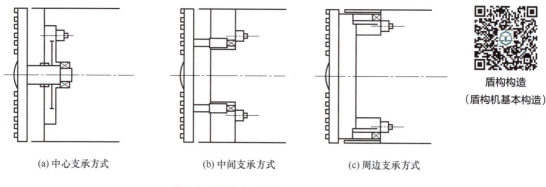

(a) 中心支承方式　　(b) 中间支承方式　　(c) 周边支承方式

图1-12 刀盘支承结构

① 中心支承式 这类支承方式结构简单，多用于中小型盾构，优点是附着黏性土的危险性小。此外，当刀盘需要前后滑动时，中心支承式比其他支承式更易做到。但是，由于其结构需要而造成机内空间狭窄，且处理孤石或漂石时难度大。

② 中间支承式 它是中心支承和周边支承二者兼用的形式，结构均衡，多用于大中型盾构，当用于小直径盾构时，需充分考虑处理孤石、漂石及防止中心部位附着黏性土的措施。它适用于中大型直径盾构机。

③ 周边支承式 由于该支承形式的盾构内空间大，可保持一定的作业空间，故便于大直径盾构中处理孤石、漂石。但其缺点是由于支承部分与盾壳靠近，土砂容易附着在刀盘外周，所以要仔细考虑防止附着黏性土的措施，对轴承的保养、维修困难。

（4）中心回转接头

刀盘的中心装有回转接头（如图1-13所示），它使刀盘上的泡沫喷注通道和仿形刀的液压驱动管路能与盾体内的管路相连接。泡沫剂通过中心回转接头到达刀盘后，再通过刀盘面板注入泥浆或泡沫，起到冷却、润滑和渣土改良等作用。

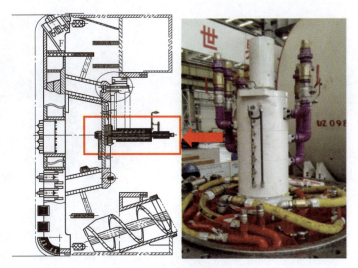

盾构构造（盾构机刀盘与刀具构造）

盾构刀具构造

图1-13　刀盘中心回转接头

1.3.1.2　刀具

盾构刀具按照破岩（土）原理不同，可分为滚压型刀具、切削型刀具和辅助型刀具。滚压型刀具主要用于岩石破坏，主要为盘形滚刀；切削型刀具主要用于软土破坏，包括正面切刀、先行刀，也叫撕裂刀等；辅助型刀具主要为周边刮刀、仿形刀等。刀具类型作用及工作原理如表1-3所示。

表1-3　刀具类型作用及工作原理

刀具类型	所在刀盘位置	作用	工作原理
正面切刀	正面区域	切削掌子面	切削破碎
边刮刀	边缘区域	切削掌子面，保护刀盘外围及确保隧道外径	切削破碎
先行刀	中心或正面区域	松动掌子面	挤压破碎
保径刀	边缘区域	保护刀盘外围及确保隧道外径	挤压破碎
鱼尾刀	中心区域	切削中心区域掌子面	切削挤压破碎
刀盘保护刀	刀盘围板	保护刀盘围板	

（1）滚刀

按滚刀形状划分，滚刀分为楔齿滚刀和盘形滚刀。其中，楔齿滚刀常用于软岩；盘形滚刀应用较广，如图1-14所示。盘形滚刀内部构造、滚刀安装如图1-15、图1-16所示。

(a) 盘形滚刀

(b) 楔齿滚刀

图1-14　滚刀形式

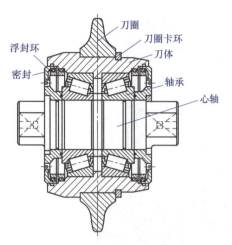

图1-15 盘形滚刀内部构造

图1-16 盘形滚刀安装

按同一把盘形滚刀刀圈数量划分，滚刀又分为单刃滚刀、双刃滚刀、多刃滚刀等三种形式。其中在风化砂岩及泥岩等较软岩地层时，一般采用双刃滚刀；较硬岩采用单刃滚刀。如图1-17所示。

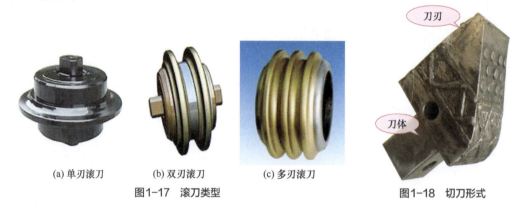

(a) 单刃滚刀　　(b) 双刃滚刀　　(c) 多刃滚刀

图1-17 滚刀类型　　　　　　　　　　图1-18 切刀形式

（2）切刀

切刀（也称刮刀，如图1-18所示），用于切削未固结土壤和软岩地层，并将切削渣土刮入土仓内，既可用于软土盾构刀盘，如面板式刀盘和辐条式刀盘，也可用于卵砾石地层及风化岩地层盾构刀盘。切刀主要由硬质合金刀刃和刀体组成。切刀的安装方式有三种，即栓接式、销接式、焊接式，如图1-19所示。

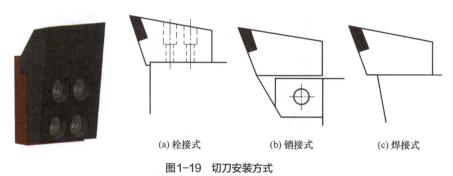

(a) 栓接式　　　　(b) 销接式　　　　(c) 焊接式

图1-19 切刀安装方式

（3）先行刀

在砂卵石等松散地层下掘进时，由于地层对卵石缺少约束力，不能为滚刀提供足够的转动力矩和滚刀破岩支撑力，故导致滚刀无法破岩，此时宜采用切刀配合先行刀开挖地层。先行刀一般采用超前于切刀布置。由于先行刀切削宽度较窄，故用于在切刀接触地层（特别是较硬地层）之前松动致密地层，从而使先行刀在砾石地层等较硬的地层中有更高的切削效率。先行刀主要有三种形式，即贝壳刀、齿刀和撕裂刀，如图1-20所示。

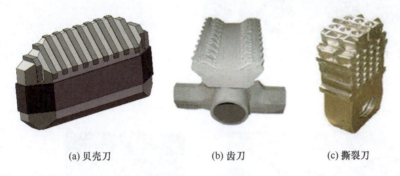

(a) 贝壳刀　　　　　(b) 齿刀　　　　　(c) 撕裂刀

图1-20　先行刀常见类型

（4）周边刮刀

周边刮刀（也称铲刀）采用背装式设计安装于刀盘外圈，可从土仓内进行更换，用于清除边缘部分开挖渣土，防止渣土沉积，确保刀盘开挖直径以及防止刀盘外缘间接磨损。周边刮刀如图1-21所示。

（5）仿形刀

仿形刀又称超挖刀，安装在刀盘外缘上。盾构司机可借助刀盘回转传感器，利用可编程控制器控制液压缸动作，以控制仿形刀开挖的深度（即超挖的深度）以及超挖的位置。仿形刀如图1-22所示。

图1-21　周边刮刀　　　　　图1-22　仿形刀

（6）鱼尾刀

在软土地层掘进时，为改善中心部位土体的切削和搅拌效果，可在中心部位设计一把尺寸较大的鱼尾刀，如图1-23所示。利用鱼尾刀先切削中心部位小圆断面土体，而后扩大到全断面切削土体。鱼尾刀超前切刀布置，保证鱼尾刀最先切削土体将鱼尾刀根部设计成锥形，使刀盘旋转时随鱼尾刀切削下来的土体，在切向、径向运动的基础上，又增加一项翻转运动，这样既可解决中心部分土体的切削问题和改善切削土体的流动性，又大大提高盾构整体掘进效果。

图1-23 鱼尾刀

1.3.1.3 刀盘驱动

刀盘驱动的功能是为刀盘提供旋转扭矩，驱使刀盘旋转，同时还具有脱困、自锁保护功能，在紧急时能自动停机，如图1-24所示。

刀盘的驱动方式有三种：一是变频电机驱动；二是液压马达驱动；三是定速电机驱动。由于定速电机驱动的刀盘转速不能调节，目前一般不采用，变频电机驱动及液压马达驱动如图1-25所示。

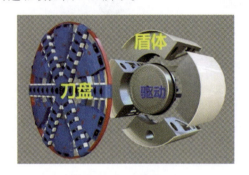

图1-24 刀盘驱动

(a) 变频电机驱动

(b) 液压马达驱动

图1-25 刀盘驱动类型

刀盘驱动装置包括液压马达或电动机、减速器、小齿轮、变速箱、主轴承、密封系统等。一般，驱动系统作为一个整体组装调试后再用螺栓固定在盾构前盾中部，这样更能保证刀盘密封、传动的可靠性与安全性。刀盘驱动组成如图1-26所示。

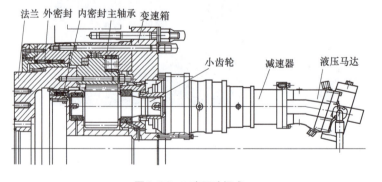

图1-26 刀盘驱动组成

盾构机后配套系统的构造

1.3.2 排渣系统

土压平衡盾构机的排渣系统包括螺旋输送机和皮带运输机。土仓内的渣土借助螺旋输送机排出后落在后方皮带运输机上，由皮带运输机皮带连续转动作业，将渣土排运至配套拖车尾端出渣口，并由等候在后方的渣土车带出隧道，完成一循环的排渣过程。

1.3.2.1 螺旋输送机

螺旋输送机是土压平衡盾构机的重要部件,将土仓中的渣土输送到后方,同时通过调节出土速度,控制土仓中的压力保持在合理范围。

(1) 螺旋输送机的作用

螺旋输送机通过法兰倾斜固定在前盾底部。渣土通过驱动轴输送到皮带运输机上。螺旋输送机筒体沿圆周布置多个膨润土或泡沫注入口,以改善渣土的流动性。螺旋输送机可通过油缸伸缩实现螺旋轴与筒体的相对运动,来处理堵塞现象。筒体沿圆周设有多个检修门,必要时可以打开检修门清理被卡在螺旋叶片间的石块(见螺旋输送机检修门操作)。撤回驱动轴后,关闭防涌门可阻止渣土进入隧道。突然断电时,后闸门在蓄能器的作用下自动关闭,以防止喷涌。

(2) 螺旋输送机的组成

螺旋输送机主要由筒体、带叶片的螺旋轴、驱动装置、闸门组成,其结构如图1-27所示,工作时,泥土充满筒体,并随着螺旋轴旋转上升,开挖的渣土从后料门排到皮带机上,最终通过小车送到地面,正常工作时前料门(防涌门)全开,紧急时刻当伸缩油缸回收时,可关闭前料门,保证人员安全。

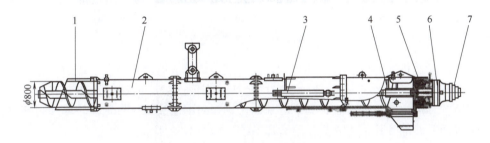

图1-27 螺旋输送机结构

1—底部套筒;2—筒体;3—伸缩油缸;4—螺旋轴;5—关节球轴承;6—减速器;7—液压马达

(3) 螺旋输送机的分类

① 根据螺旋结构分为有轴式和带式螺旋输送机,如图1-28所示。有轴式的螺旋轴采用高强度热轧钢管,重量较轻。螺旋叶片采用钢板压制成形,焊接后整体机加工。有轴式的优点是止水性能好,缺点是可排出的砾石粒径小。带式螺旋优点是通过粒径较大,为同规格螺旋轴式直径的1.5倍,缺点是叶片厚重,同时止水性能较差。

(a) 有轴式螺旋输送机

(b) 带式螺旋输送机

图1-28 螺旋输送机类型

② 根据驱动形式分为后部中心驱动、后部周边驱动和中间周边驱动，如图1-29所示。
③ 根据闸门形式分为单闸门、双闸门和弧形出渣门，如图1-30所示。

(a) 后部中心驱动　　　　　(b) 后部周边驱动　　　　　(c) 中间周边驱动

图1-29　螺旋输送机驱动方式

(a) 单闸门　　　　　　　　(b) 双闸门　　　　　　　(c) 弧形出渣门

图1-30　螺旋输送机闸门

由于螺旋输送机筒体较长，因此分为多段，其结构组成有固定节、前端节、伸缩节（伸缩外节、伸缩内节）等，如图1-31所示。固定节堆焊耐磨层，前端节及伸缩节内筒焊耐磨板，前三节叶片周边贴耐磨合金，其余叶片周边堆焊耐磨层；螺旋轴前端轴堆焊耐磨层，其余叶片上表面及前部叶片下表面焊接耐磨焊条纹。如图1-32所示。

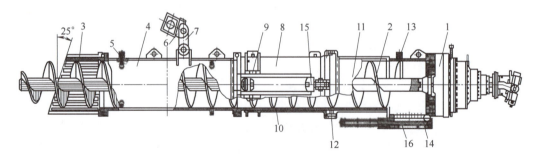

图1-31　螺旋输送机结构

1—驱动装置；2—螺旋叶片轴；3—前端节；4—固定节；5—土压传感器；6—耳座；7—连接杆；
8—伸缩外节；9—油嘴；10—伸缩内节；11—出渣节；12—密封；13—土压传感器；14—出渣门；15, 16—油缸

图1-32　螺旋输送机耐磨层

1.3.2.2　皮带运输机

皮带运输机用于将螺旋输送机输出的渣土传送到盾构机后配套的渣车上，由电机驱动安装于两端的主动轮与从动轮，带动皮带在托辊上循环转动，将渣土向外排运。出渣

口设置在后部拖车顶部，通过出渣口将渣土排运至后方的渣土车内运输出隧道，如图1-33所示。

图1-33 皮带运输机

皮带运输机安装布置在后配套连接桥和拖车的上面，由皮带机支架、前被动轮、后主动轮、上下托轮、皮带、皮带张紧装置、皮带刮泥装置及带减速器的驱动电机等组成，如图1-34所示为皮带运输机结构示意图。

为了防止皮带运输机在输送含水量大的渣土时，渣土下滑回落入隧道，尽可能将皮带机倾斜角度设小。皮带运输机出渣口设计有橡胶防护板以防止渣土外溅，如图1-35所示。

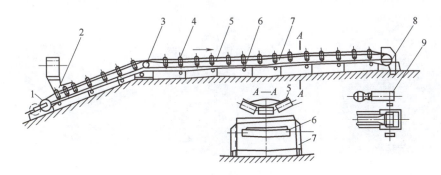

图1-34 皮带运输机构造示意图

1—拉紧装置；2—装载装置；3—改向滚筒；4—上托辊；5—输送带；6—下托辊；7—机架；8—清扫装置；9—驱动装置

1.3.3 推进系统

推进系统是盾构机掘进时向前的动力源，使盾构机能够沿着设定路线前进、转弯，具有调整、控制运行姿态的作用。推进系统除了推进开挖、防盾构后退功能外，应具有纠偏和爬坡功能。根据隧道设计曲线的要求，盾构机配置铰接液压缸。

（1）推进液压缸

盾构机的推进系统由推进液压缸、液压泵、控制阀件和液压管路组成，推进液压缸布置如图1-36所示。

图1-35 出渣口及橡胶防护板

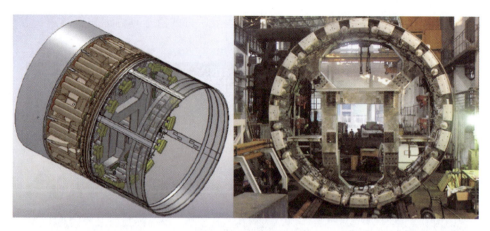

图1-36　推进液压缸

盾构推进液压缸活塞的前端安装顶块撑靴板，顶块采用球面接头，以便将推力均匀分布在管片的环面上。其次，还必须在顶块与管片的接触面上安装橡胶或柔性材料的垫板，对管片环面起到保护作用，同时还能够充分对应管片与盾构机的倾斜，保证撑靴板平面与管片密贴。为了能使推进液压缸的推力均匀地传递给管片，适当增大推进液压缸撑靴板面积。撑靴板表面的聚氨酯胶垫，可以使液压缸撑靴板在与管片接触时能保证推力缓和而均匀地作用在管片上，确保管片衬砌环面的完整。如图1-37所示为推进液压缸构造。

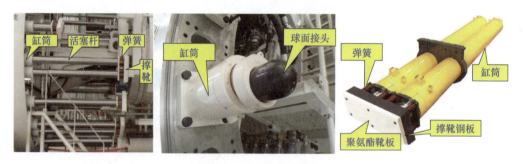

图1-37　推进液压缸构造

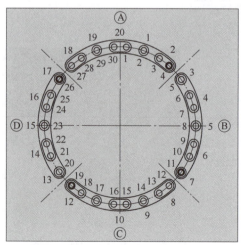

图1-38　推进液压缸分组

盾构推进装置在曲线段施工时，通过推进控制方式，把液压推进液压缸进行分区操作，使盾构机按预期的方向进行调向运动。结合采用安装楔形环（转弯环）与伸出单侧液压缸的方法，使推进轨迹符合设计线路的曲线要求。另配合盾构机的铰接装置使曲线施工更容易控制。目前常用推进液压缸分为四组，分为上、下、左、右4个区域，在掘进时便于进行控制。通过改变各区油缸的伸出速度和伸出长度来控制盾构机掘进的方向。每组推进液压缸中部配置一个行程传感器，用来实时测量油缸速度和行程，见图1-38中加黑部位。

（2）铰接液压缸

为满足盾构机在掘进时能灵活地调整姿态，保证在小曲线半径掘进时能顺利通过，盾构机需设置铰接液压缸。铰接液压缸是通过连接盾壳、调整油缸行程差来弯曲盾构本体的一种装置，是为顺利进行曲线施工的一种辅助手段。如图1-39所示。

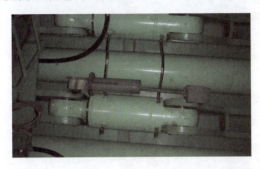 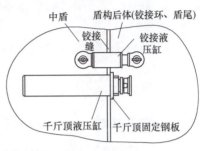

图1-39 铰接液压缸示意图

盾构机铰接液压缸的作用是：

① 有利于盾构机转弯或修正蛇形。

② 使盾体易于保证与管片环的同轴度，保护盾尾钢丝密封刷免受偏心荷载损坏。

③ 可防止盾构机主体挤压管片，致使管片碎裂损坏。

④ 当盾构盾体被注浆体凝固"箍死"时帮助推进油缸松动，从而使盾构脱困。

铰接液压缸按照铰接方式分为主动铰接和被动铰接两种，如图1-40所示。铰接缸连接在前盾与中盾之间，为主动铰接；铰接缸连接在中盾与盾尾之间，为被动铰接。

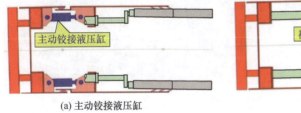 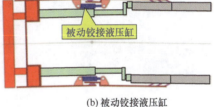

(a) 主动铰接液压缸　　　　　　　(b) 被动铰接液压缸

图1-40 铰接液压缸类型

1.3.4 流体系统

盾构机的流体系统主要为盾构主机及后配套设备服务，主要为盾构机上所有用水提供水源，为主驱动密封、盾尾密封提供油脂，对各种机械元件起到润滑作用，为渣土改良提供注入材料。主要包括水循环系统、主驱动油脂注入系统、盾尾油脂注入系统、集中润滑系统、泡沫系统、膨润土系统。

盾构机的流体系统具有以下特点：①流体系统涉及的介质种类众多；②流体系统涉及的元件种类丰富；③流体系统与机械结构、电气控制联系紧密；④流体系统与现场施工和维修保养联系紧密。

（1）水循环系统

水循环系统主要用于带走盾构机各个系统正常工作时产生的热量，保证各系统（如液压系统、减速机构、空压机、配电柜等）在正常的温度范围内工作；并给盾构机工作时土仓加水和泡沫、冲洗盾构机机身、隧道内消防、打扫隧道内卫生等提供水源。其工作原理如图1-41所示。

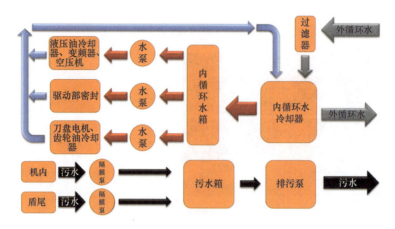

图1-41　水循环系统工作原理

水循环系统主要部件包括过滤器、水缆卷筒、冷却水泵、流量计、清水箱、卧式离心泵、多级立式离心泵、气动隔膜泵、排污泵、板式热交换器、管式热交换器、袋式过滤器等装置，如图1-42所示。

图1-42　水循环系统实物

（2）主驱动油脂注入系统

主驱动油脂注入系统，主要是为主驱动润滑、主驱动密封提供油源，所用油脂包括齿轮油、HBW密封油脂、EP2油脂（根据厂家型号不同，也可能为EP0、EP1油脂）。

主驱动润滑系统指的是：用齿轮油（320#可耐压齿轮油）采用油浸+油浴的方式强制润滑冷却盾构机主驱动的齿轮、主轴承的一套独立润滑系统。

用于润滑主驱动的油液经磁性过滤器过滤掉金属杂质后，经由三螺杆泵输送至下一级杂质过滤器，经过滤的润滑油在冷却器被内循环水系统冷却，再由同步电机均匀分配至各个需要润滑的部位。主驱动润滑原理及部位如图1-43、图1-44所示。

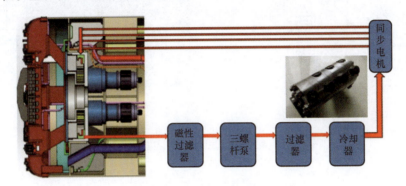

图1-43　主驱动润滑原理

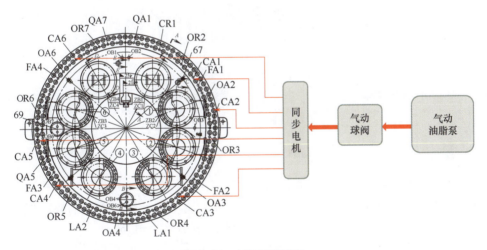

图1-44　主驱动润滑部位

刀盘驱动装置是盾构机的最关键部件，特别是刀盘密封与主轴承的可靠性、安全性、寿命是至关重要的。为了防止土沙、水进入驱动装置内，在旋转部与固定部中间设置有主驱动密封装置，密封的布置包括外部密封和内部密封。内、外两个密封系统可将小齿轮或轴承室与土舱分隔开，使变速箱形成一个封闭的空间。

主驱动密封之间的空腔内，用HBW油脂、EP2油脂注入，用来阻止水、泥沙进入主驱动，也防止主驱动润滑系统发生油液泄漏。主驱动密封结构如图1-45所示。

HBW油脂颜色为黑色，阻水性较强，不容易被泥水冲走，因此将HBW油脂注入到主驱动外密封、内密封的最外一道密封腔，为主驱动提供最外层保护，阻止泥水进入主驱动内部。外密封、内密封HBW油脂注入腔部位如图1-46所示。EP2油脂注入到主驱动密封的其

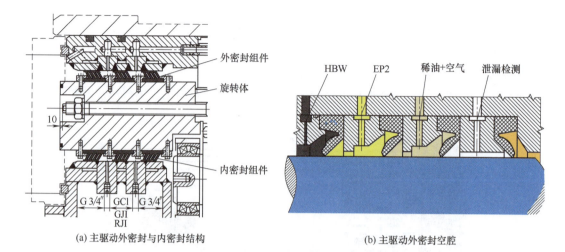

图1-45 主驱动密封结构

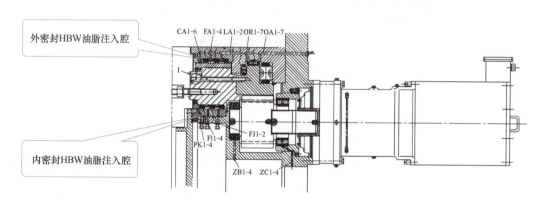

图1-46 HBW密封部位

他腔内,同时也设置稀油+空气、泄漏检测的空腔。

HBW油脂密封系统是采用气动油脂泵将HBW油脂从拖车上泵送到盾体内,经过液压同步马达均匀分配至每个注入孔,每个口注油量要求不小于20mL/min。

HBW油脂密封系统主要由气动油脂泵(如图1-47所示)、气动球阀以及液压同步马达(如图1-48所示)组成。

图1-47 气动油脂泵

图1-48 液压同步马达

（3）盾尾油脂注入系统

盾尾油脂注入系统是利用多道盾尾钢丝刷与盾壳、管片形成的密封腔，往密封腔中注入具有阻水能力的盾尾密封油脂，起到盾尾管片处与外界浆液隔绝及润滑的作用。盾尾密封示意图如图1-49所示。

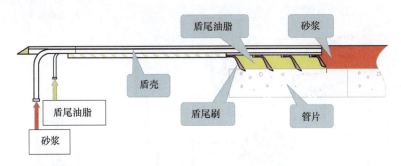

图1-49　盾尾密封示意图

盾尾油脂注入系统采用气动油脂泵，从拖车上将密封油脂泵送至盾尾密封腔内，中间管路上设置了气动球阀、手动球阀以及压力传感器。盾构机上的PLC控制系统根据管路上的压力传感器检测到的压力信号，控制管路上气动球阀的开启和关闭，来实现盾尾油脂自动注入。

盾尾密封油脂的主要作用是填充盾尾密封腔和钢丝刷内部的间隙。阻挡外部泥水和沙浆进入隧道。因此，盾尾密封油脂必须有良好的抗水冲刷性，良好的水密封性，良好的抗磨性、良好的机械承载、稳定性以及良好的泵送性。

盾尾密封油脂一般有两种，一种是手涂型盾尾油脂，用于盾构机始发前，手动涂抹于盾尾钢丝刷；另一种是泵送型，用于盾构机正常施工时，采用气动油脂泵输送。两种油脂性能并无太大差别，泵送型油脂泵针入度稍大，即稠度略小。

（4）集中润滑系统

集中润滑系统主要由气动油脂泵、电动油脂泵、递进式分配器等关键元件组成，主要作用是给主驱动密封、螺旋机密封、中心回转接头、螺旋输送机、管片拼装机回转机构等关键部位提供润滑油脂，起润滑和密封作用，如图1-50和图1-51分别是主驱动和螺旋机集中润滑点示意图。

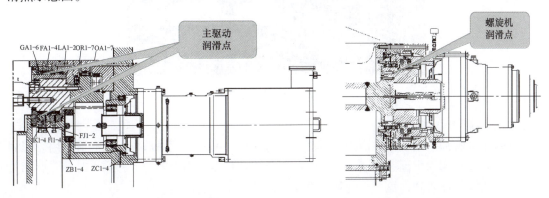

图1-50　主驱动集中润滑点　　　　　　　图1-51　螺旋机集中润滑点

集中润滑系统用气动油脂泵将油脂从拖车上泵送到安装在盾体内的电动油脂泵（又称多头泵）内，再由电动油脂泵输出，由递进式分配器分配到各个润滑点，原理示意如图1-52所示。

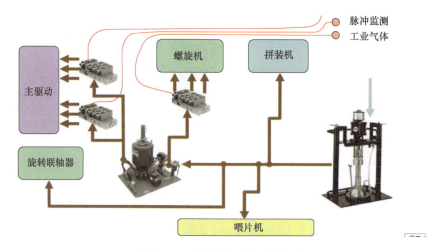

图1-52 集中润滑系统原理图

（5）泡沫系统

盾构机的泡沫系统主要用于对渣土进行改良，泡沫改善了土体的流塑性，便于螺旋输送机出土，有一定的润滑作用，能稳定土仓压力，减少土仓压力的波动性，气泡填充了土体颗粒间隙，使其渗透性减小，起到一定的阻水效果。

该系统主要由泡沫泵、高压水泵、电磁流量阀、泡沫发生器、压力传感器、流量计及管路等组成。泡沫系统示意图如图1-53所示。

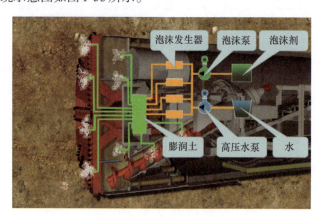

图1-53 泡沫系统示意图

（6）膨润土系统

盾构机的膨润土系统一方面用于对渣土进行改良，另一方面对盾壳起到润滑作用。膨润土系统主要包括膨润土罐、膨润土泵、控制阀及连接管路。当需要注入膨润土时，开启相关控制阀将膨润土注入到刀盘、土仓和螺旋输送机内。

膨润土是一种层状含水硅酸盐，膨润土的矿物学名称为蒙脱石，民间俗称观音土、胶泥。膨润土具有层状结构，易吸水膨胀，具有润滑性。膨润土可以在工作面上形成低渗透性的泥膜，这样有利于给土仓传递工作面的压力，以使其达到平衡压力，也可以改变土仓里渣土的流塑性，以便于出土，减少喷涌。盾壳周边充满膨润土，可以减少盾构机推进力，提高有效推力，降低刀盘扭矩，节约能耗。

1.3.5 同步注浆系统

同步注浆系统是指在盾构掘进过程中，将已经搅拌好的水泥、粉煤灰、膨润土、砂等混合成的砂浆，利用单一管路，保持一定压力，不间断地从盾尾向管片与周围土体的环形间隙进行及时填充，从而起到防止地表变形、减少隧道沉降、增加衬砌接缝的防水功能的作用。

(1) 同步注浆系统原理

随着盾构的推进，在管片和土体之间会出现建筑间隙。为了填充这些间隙，就要在盾构机推进过程中，保持一定压力不间断地从盾尾直接向壁后注浆，当盾构机推进结束时，停止注浆。其原理如图1-54所示。

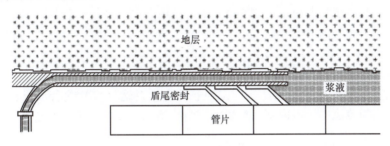

图1-54 同步注浆系统原理

砂浆在工地地面拌和，用带有搅拌器功能的砂浆车转运到盾构机的配套台车，一台转驳泵安装在砂浆车上，将砂浆从车上转驳到配套台车的砂浆罐内。砂浆是用缓凝材料来拌和，以防注射前凝固。砂浆泵吸取砂浆并将其泵入盾尾外壳圆周间隙中。盾构机PLC控制系统通过采集位于注浆管路中的流量计、压力变送器等传感器信号，并根据控制参数调节砂浆泵的速度，维持环形空间的压力在设定范围。

同步注浆系统主要包括两台液压驱动的注浆泵、砂浆罐、注浆管路控制阀、连接管路和流量计、压力传感器。当注入砂浆时，操作人员在操作室控制面板上，通过控制注浆泵和阀的开关，将砂浆注入盾尾后管片与土层的空隙内。图1-55为同步注浆系统设备照片。

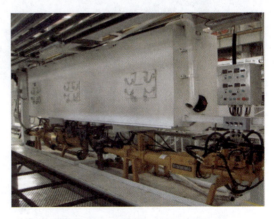

图1-55 同步注浆系统设备照片

同步注浆系统中的注浆压力可以调节，注浆泵泵送频率在可调范围内实现连续调整，并通过注浆压力传感器监测其压力变化。控制室还可以看到单个注浆点的注入量和注浆压力信息，数据采集系统实时储存砂浆注入过程的操作数据并提供历史数据检索功能。

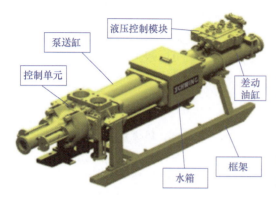

图1-56 同步注浆泵结构

(2) 同步注浆泵

同步注浆泵是同步注浆系统的重要组成部分。主要由泵送缸（料缸）、差动油缸、控制单元、液压控制模块、水箱、框架等组成，主要完成同步注浆浆液的吸入与排出动作。

注浆泵的工作原理是，由液压系统控制差动油缸带动料缸内的活塞缩回时，出料口小油缸将出口关闭，进料口小油缸将进口打开，完成吸料过程；主油缸伸出时，进料口关闭，出料口打开，主油缸带动料缸活塞将料缸内的砂浆推出，完成出料过程。其结构如图1-56所示。

1.3.6 密封系统

盾构机的密封系统主要包括盾尾密封系统、主驱动密封系统、铰接密封系统，目的是为了防止周围地层、土仓内的土沙、泥水、浆液等流入盾构机内部，造成盾构机械损坏无法正常掘进，是盾构机内的重要组成部分。

(1) 盾尾密封系统

盾尾密封系统是盾构机用于防止周围地层的土沙、地下水及壁后浆液、掘削面上的泥水、泥土从盾尾间隙流向盾构内部而设置的密封措施，主要由盾尾钢丝密封刷（图1-57）和盾尾油脂组成。

图1-57 钢丝密封刷

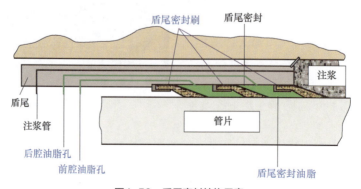

图1-58 盾尾密封结构示意

盾尾密封一方面依靠安装在盾尾内壁的2~3道钢丝刷密封；另一方面，钢丝密封刷与盾体、管片一起形成空腔，在空腔内注入油脂充填，依靠充满整个空腔的油脂建立起压力进行密封。同时，空腔内的油脂又充满了钢丝密封刷，使其成为一个既有塑性又有弹性的整体，油脂保护钢丝密封刷免于生锈损坏，延长其使用寿命，同时也起到润滑作用。盾尾密封构造如图1-58所示。

（2）主驱动密封系统

刀盘驱动装置（即主驱动装置）是盾构的最关键部件，为了防止土砂、水进入驱动装置内，在旋转部与固定部中间设置有密封装置，密封的布置包括主轴承内部密封和外部密封，它们都由数量足够多的密封圈所组成，如图1-59所示。

常用的密封材料有橡胶和聚氨酯两种类型。常见的密封形式有唇形密封、四指聚氨酯密封、迷宫密封等。如图1-60、图1-61所示。

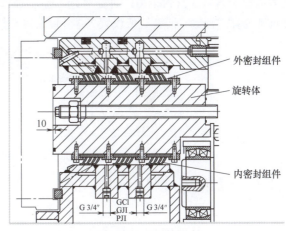

图1-59 主驱动密封

(a) 橡胶密封

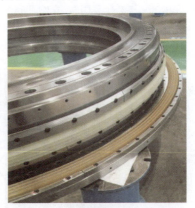

(b) 聚氨酯密封

图1-60 主驱动密封材料

(a) 唇形密封

(b) 四指聚氨酯密封

(c) 迷宫密封

图1-61 主驱动密封形式

(3) 铰接密封系统

盾构铰接装置需在铰接部分设置铰接密封，铰接密封的作用是为了防止周围地层的土砂、地下水等从间隙流向盾构内而设置的封装措施。铰接密封一般有三种形式：一种是采用一道或多道橡胶唇口式密封；另一种是采用石墨石棉或橡胶材料的盘根加气囊式密封；还有一种是双排气囊式密封。前者一般设置2道密封腔，密封形式为四指聚氨酯密封，如图1-62所示。

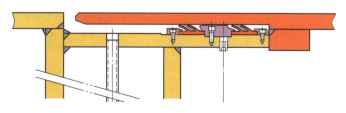

图1-62 盾构铰接密封示意图

1.3.7 人舱系统

(1) 人舱的功能

盾构机的人舱系统主要用于盾构掘进过程中工作人员进入开挖舱和掌子面区域，检查刀盘、更换刀具、进行地质调查时，为保障人员安全而设置的舱体。人舱内需要充压缩空气以平衡盾构围岩的水土压力，以保持作业面的稳定作业，实现操作人员在带压状态下检查、更换刀具及排除工作面异物等工作。人舱是维保人员从常压状态进入土仓的过渡设备，外形如图1-63所示。

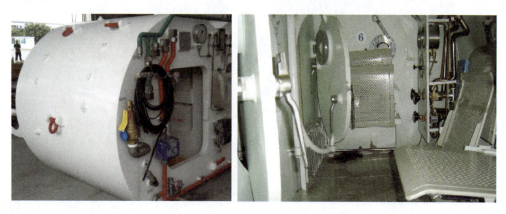

图1-63 人舱外形

(2) 人舱的构造

人舱一般分主舱和副舱两个舱室，它们由密封的压力门隔开。主舱和盾构前体上的副舱之间用法兰连接，而副舱直接焊接在压力隔板上。通过隔板上的压力门就可以进入土舱。主舱和副舱横向连接，舱内舱外都装有时钟、温度计、压力计、电话、记录仪、加压阀、减压阀、溢流排气阀及水路、照明系统等。

铁建重工盾构设备大多为双室结构，主舱可容纳3人、副舱可容纳2人，工作压力为0.3MPa。作业人员在人舱内历经缓慢加压过程，直到人舱内气压与土舱内压力相等时，方能打开闸门进入土舱；同样，人员离开高压环境时也必须在人舱内经过减压过程。同时，为了保证土舱中的压力，配置了土舱自动压力调整装置。在进入开挖舱作业时，为了保证人员的健康和安全，一定要严格按照压缩空气规范实施操作。

(3) 人舱的配置

为了满足安全需要，人舱应配置的功能控制系统（舱内外操控）有以下几个。

① 供气、排气系统：提供加压和呼吸用压缩空气。在舱室内外能独立操作。舱内外均应设置机械式快速开启的应急排气阀，舱室外有限制最高压力的安全阀。

② 通信系统：每个舱室内配备两套独立的通信电话，一套防爆电话，一套声能电话。

③ 消防系统：舱室内配备喷水系统，在舱室内外能独立操作。

④ 压力检测记录系统：实时测量记录舱室内压力变化情况。

⑤ 加热系统：防爆电加热器，在减压时，如果舱内人员感到寒冷，可以提高舱内气温。

⑥ 照明系统：每个舱室内配备带应急照明的防爆耐压照明系统。

⑦ 时钟：防水防爆耐压钟表，显示当前时间，便于舱内人员观察掌握工作时间。

⑧ 温度测量：耐压温度计，显示舱内当前温度。

⑨ 气体采样分析仪：对氧气、一氧化碳、二氧化碳、瓦斯、硫化氢等气体进行采样分析，保证环境气体的安全性。

人舱一般都配备双气路（正常供气和紧急供气）及自动保压系统，具有在气压过渡舱作业时的空气净化功能，双室人舱的中间被一个供人进出的压力门隔开。

1.3.8 管片拼装系统

管片拼装系统的主要功能是：在盾构机掘进期间，进行管片卸载、转运、回转下放及喂送作业，再由管片拼装机逐块拼接成整环隧道衬砌结构。该系统主要由管片拼装机、管片运输系统组成。

(1) 管片拼装机

管片拼装机工作在盾尾区域，用于安装衬砌管片。管片拼装机主要由平移机构、旋转机构、举升机构、抓取装置等组成。

管片拼装机由单独的液压系统提供动力，通过对液压马达和液压油缸等执行机构动作的比例控制，可实现拼装管片的平移、升降、回转、摇摆、横摇和俯仰6个自由度动作，使得管片能够快速精确地完成定位并安装。管片拼装机结构如图1-64所示，管片拼装自由度如图1-65所示。

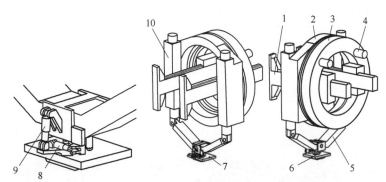

图1-64 管片拼装机结构

1—行走梁；2—旋转盘体；3—移动盘体；4—液压马达；5—提升横梁；6—中心球关节轴承；
7—转动平台；8—偏转油缸；9—俯仰油缸；10—升降油缸

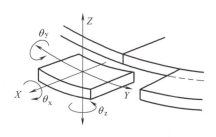

图1-65 管片拼装自由度示意

管片拼装机在实际施工中,一般按以下顺序拼装管片:供给管片→夹持锁紧管片→提升管片→初定位管片→微调管片→螺栓连接。

① 平移机构　移动式管片拼装机具有平移机构,其行走梁通过法兰与中盾H梁连接,盾构与拖车之间所有管线连接均通过拼装机敞开的中心部位,行走梁与设备桥之间用油缸铰接。

平移机构通过两组滚轮安装在行走梁上,可通过两个平移油缸沿盾构轴线方向移动,实现平移动作。

② 回转机构　回转机架通过法兰与回转支承的内齿圈相连接,随平移机构一起平移,同时液压马达通过齿轮传动,使回转机架同回转支承内齿圈一起实现回转动作。

③ 举升机构　举升机构有两个独立的油缸通过法兰与回转机构连接,油缸的伸缩杆和举重钳铰接,能实现升降功能。

④ 抓取头　抓取头通过关节轴承安装在举重钳上,抓取头分为机械式抓取头(图1-66)和真空吸盘式抓取头(图1-67)两种。机械式抓取头适用于中小盾构管片(6m左右的地铁盾构施工),真空吸盘式抓取头适合较大盾构管片。

图1-66 机械式抓取头

图1-67 真空吸盘式抓取头

(2) 管片运输系统

管片运输系统主要由管片吊运系统和管片卸载系统组成。

① 管片吊运系统　管片吊运系统直接将管片吊运至管片拼装工作区域。

管片吊运系统常采用一次单梁吊和二次双梁吊的方式运送,具体搬运方案如图1-68所示,管片由一次梁吊运至二次梁位置,再由二次梁吊运至拼装机拼装区域,管片吊运机构如图1-69所示。

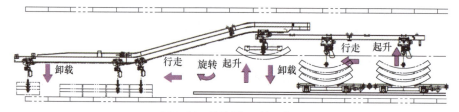

图1-68 管片吊运系统示意图

在吊运过程中，管片吊运系统主起升机构中的防摆机构在斜线段、直线段自动将主起升机构的起吊架、行走架锁定，防止吊运过程中紧急制动时管片晃动，防摆机构在弧形过渡段处于自由状态，依靠管片吊具自重摆动到水平位置。电缆行走小车依靠单独电缆轨道行走。

管片吊运系统起吊管片时，回转机构上安装有防撞保护装置，但现场操作人员必须严格按规定操作，否则将出现回转电机被损坏的安全事故。管片吊机

图1-69 管片吊运机构

为一体，四个起吊葫芦必须同时使用。严禁使用单个起吊葫芦吊运其他物品。

② 卸载器　卸载器主要由外机架、内机架、伸缩组件、提升液压缸等组成。卸载器可高效率地将管片运输车上的管片一次性全部卸载，然后通过管片吊机将管片向前部运输。卸载器下部伸缩组件提升管片时，可根据现场实际情况将横移液压缸伸长到一定长度，然后在固定的位置工作，无需每次均将横移液压缸伸长和收缩（提升管片时每次均将横移液压缸伸长和收缩会减小横移液压缸的使用寿命）。

1.3.9 电气系统

通常盾构机电气控制系统分为供配电系统和自动控制系统。

供配电系统即盾构机的动力部分，主要包括从电网或者工厂配电室引入的10kV高压电和经过动力柜、配电柜引出的400V三相和230V单相交流电，主要为盾构机的电机运转、照明、监控和报警设备提供动力电源。

自动控制部分主要负责将盾构机的电气控制信号和传感器采集到的信号输送至PLC，经过分析处理作用于对应的设备、器件使其产生动作，并将具体数据存储显示于上位机，使操作人员可以及时了解设备运行状态。

1.3.9.1 供配电系统

以中国中铁的盾构机型为例，盾构机从施工现场的电网引入10kV高压电，经过电缆卷筒、高压环网柜送入10kV/400V变压器，再经过主配电柜、电容补偿柜调节送至400V电机等动力设备以及照明、插座，开关电源将主配电柜内的交流电源转换为24V直流（DC）电源并通过电缆输送至盾体、拖车上的分配电箱，为PLC模块、传感器、电磁阀等提供低压控制电源。具体盾构机供配电系统结构如图1-70所示。

盾构机的供配电系统一般分为高压供电、低压配电、控制供电、应急配电（配有发电机）和照明等子系统。

(1) 高压供电系统

盾构机引入市区10kV高压配电网电源，经过变压器变压成400V低压，给电动机、照明和控制系统供电。盾构机高压供电系统由电缆卷筒、高压环网柜以及变压器等构成，如图1-71所示。

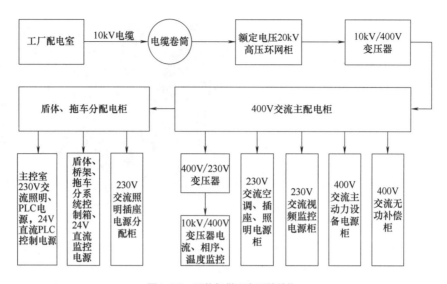

图1-70 盾构机供配电系统结构

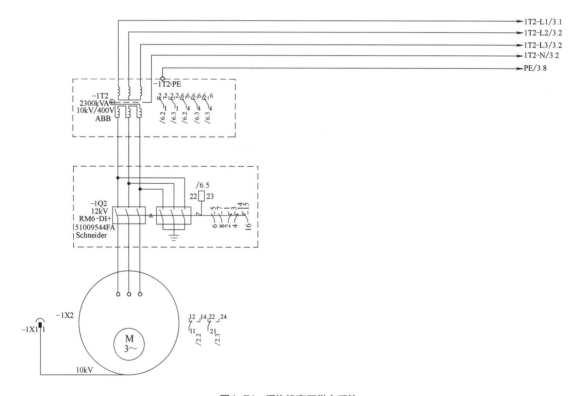

图1-71 盾构机高压供电系统

① 电缆卷筒 由于盾构机用电量较大，供电距离较长，所以选用电压等级为10kV的高压电缆供电，供电电源从施工现场就近的10kV高压配电室/站直接供电。高压电缆通过高压电缆卷筒存放于盾构机末端台车上，在掘进施工过程中根据施工距离缓慢自动放线，已达到持续供电，不间断掘进的目的。

② 高压环网柜 10kV高压电缆通过电缆卷筒连接至SF6高压环网柜，供电干线通过高

压环网柜形成一个闭合的环形,10kV供电电源向这个环形干线供电,从干线上再一路一路地通过高压开关向外配电,并为盾构机后续高压电设备起隔离、保护作用。

③ 变压器　盾构机箱式变压器内包括高压开关及保护系统、变压器、补偿系统及低压开关等。箱式变压器低压侧设计多个开关,包括箱式变压器内部供电开关、线前开关、变频驱动总开关、低压总开关,同时有低压补偿系统。

(2) 低压配电系统

盾构机的低压配电系统采用三相四线制的保护接零方式,在10kV/400V变压器低压侧将N线和PE线合并为一根线(PEN线),后续连接的用电设备外壳和拖车直接与地线相连,形成TN-C系统,此系统可节省一根导线,比较经济。

低压配电系统一般包含无功功率补偿柜、配电柜、现场配电箱等。

① 无功功率补偿柜　无功功率补偿在电力供电系统中起提高电网功率因数,降低供电变压器及输送线路的损耗,提高供电效率,改善供电环境的作用。常见的是把具有容性功率负荷的装置与具有感性功率负荷的装置并联在同一电路,能量在两种负荷之间相互交换。这样,感性负荷所需要的无功功率可由容性负荷输出的无功功率补偿。因此面对变压器、电动机这样带线圈的感性负载,通常采用并联补偿柜对盾构机上的大型设备进行无功补偿并抑制高次谐波,提高电网的供电效率,减少供电损耗。

② 配电柜　盾构机主配电柜通常布置在3号拖车右侧,紧靠液压泵站系统,为液压系统(螺旋输送机、推进,管片安装,过滤循环,控制、辅助、注浆)提供动力及控制电源,同时为左侧的流体系统(膨润土、泡沫、内循环水等)提供动力及控制电源,故在平时工作中又称为动力柜。

③ 现场配电箱　盾构机的分系统控制箱电源是由主配电柜提供,用于人舱、盾体、安装机、设备桥和拖车的照明、插座、控制器件的运行和使用。中铁号盾构机多采用分布式控制网络,各系统的信号接收和传递模块按照就近原则归置于对应的分配电箱内。

1.3.9.2 控制系统

目前国产盾构机的控制系统绝大部分采用的是分布式PLC控制系统。分布式PLC控制系统通常采用分级递阶控制结构,每一级由若干子系统组成,每一个子系统实现若干特定的有限目标,形成金字塔结构,站与站之间采用工业以太网总线Profinet方式连接。注浆操作箱

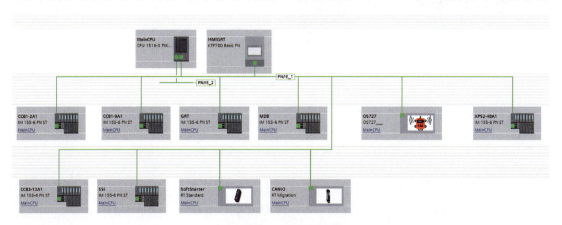

图1-72　盾构机控制系统网络拓扑

和配电柜分别设置一个PLC子站。其余子站均布置在控制室（对于电机驱动刀盘的盾构机，刀盘变频柜内设置一个子站，电机的温度检测设置一个子站）。除了PLC站点之间通信外，控制室配有2台工控机，导向系统配有1台工控机，以及管片拼装机遥控器等都与PLC采用Profinet方式通信。盾构机上的控制系统通过光纤，与地面监控室的计算机相连。网络拓扑见图1-72。

1.3.10 导向系统

（1）导向系统的功能

盾构机掘进施工中，盾构司机需要连续不断地得到盾构轴线位置相对于隧道设计轴线位置及方向的关系，以便使被开挖隧道保持正确的位置；盾构机掘进过程中，也需要盾构的掘进轨迹与隧道设计轴线一致，而此时盾构司机必须即时得到所进行的操作带来的信息反馈。如果掘进机与隧道设计轴线相对位置偏差超过一定界限时，就会使隧道衬砌侵限、盾尾间隙变小进而引起管片局部受力恶化，同时也会造成因地层损失增大而导致的地表沉降加大等不良影响。

盾构施工中，采用导向系统保证掘进方向的准确性和盾构姿态的控制。导向系统用来测量盾构偏离设计轴线的姿态偏差（水平和垂直）里程及盾构的姿态角（滚动角、俯仰角和方位角）。测量的结果以图形和数字结合的方式显示在工业电脑上，同时导向系统还可以存储每环管片安装的关键数据。

（2）激光靶导向系统原理

由于技术先进、测量精度高、所需要的测量空间较小、故障率低等优点被施工单位和业主单位优先选用，双棱镜法和三棱镜法则慢慢被市场淘汰。

① 基本原理　激光靶系统又可以称为单棱镜系统，原因是全站仪只需要测量一个目标单元即可完成导向。激光靶主要接收来自全站仪的激光，利用图像处理技术计算出激光靶的大地方位角，同时激光靶上安装有棱镜，用于确定激光靶的三维坐标（位置），激光靶内置双轴倾斜仪可以实时计算其滚动角和俯仰角，即激光靶的空间位置（x，y，z，方位角、滚动角、俯仰角）能够时刻计算出来。由于激光靶固定安装于盾体上，通过激光靶的空间位置也可以计算出盾体的空间位置，进而解算盾体的姿态。激光靶导向系统原理如图1-73所示。

图1-73　激光靶导向系统原理

② 优点　导向频率高，最小导向间隔可达到几秒，若使用辅助油缸导向可以实现每秒计算盾构姿态；测量视场需求小，盾构处于小转弯半径时可以增加测量距离减少换站次数；系统计算精度高，可达到毫米级，系统主要误差来源于设站定向的精度（导线精度）；系统稳定性较高。

③ 缺点　激光靶受限于本身工作原理导致测量距离不能过大，一般情况下有效距离在100m左右，部分导线系统可以通过调节全站仪发射激光功率增大测量距离；系统电子元器件较多，维护不当容易出现故障；系统故障后一般需要厂家现场解决，需要耗时较多且费用

昂贵；系统价格较为昂贵。

目前市场上主流的导向系统主要有铁建重工DDJ导向系统、上海力信RMS-D导向系统、中铁装备ZED导向系统、德国VMT导向系统、日本演算工坊导向系统，除了演算工坊是棱镜法以外其余均为激光靶法。国产导向系统原理、部件基本一致，区别在于软件算法、功能、界面和技术服务的差别。

以铁建重工DDJ导向系统为例，导向系统工作流程如图1-74所示。

（3）硬件结构

导向系统主要硬件包括激光靶、全站仪、后视棱镜、工业计算机、触摸屏、主接线盒、串口接线盒、无线电台及各部件间连接电缆。其硬件配置如图1-75所示。

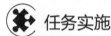 任务实施

根据任务要求，完成土压平衡盾构构造解说如下（参考）。

土压平衡盾构机是一台集机、电、液于一体的集成化机械。为了完成开挖、掘进、管片拼装及导向等功能，盾构机主要由如下10个系统组成。

（1）切削系统

切削系统主要包括刀盘、刀具、中心回转接头、刀盘驱动等部分，其作用主要是切削土体。刀盘设置在盾构机的最前方，呈圆形，有辐条式、面板式、辐板式等形成。刀盘上布设有各种形式的刀具，如滚刀、切刀、刮刀、仿形刀等来切削土体。刀盘在切削土体的同时，对前方地层还起到一定的支撑作用，所以，刀盘要有足够的厚度、耐磨度以及支撑力。

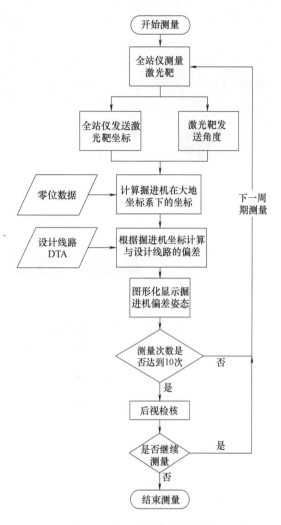

图1-74 DDJ导向系统工作流程

（2）排渣系统

排渣系统的作用是将切削系统开挖下来的土渣排出洞外。排渣系统主要由螺旋输送机、皮带运输机及渣土车等部分组成。渣土借助螺旋输送机排出后落在后方皮带运输机上，由皮带运输机排运至配套拖车尾端出渣口，并由等候在后方的渣土车带出隧道。

螺旋输送机是土压平衡盾构机的重要部件，将土仓中的渣土输送到后方，同时通过调节出土速度，还可将土仓中的压力控制在合理范围内。螺旋输送机筒体较长，前端深入土仓内，后端直达盾尾，为了适应大直径卵石通过的需要，螺旋输送机有轴式和带式之分。

（3）推进系统

推进系统是盾构机掘进时向前的动力源，使盾构机能够沿着设定路线前进和转弯，具有调整、控制运行姿态的作用。推进系统除了推进开挖、防盾构后退功能外，还具有纠偏和爬

坡的功能。推进系统由推进液压缸、液压泵、控制阀件和液压管路组成。其中,推进液压缸呈环状布设在中盾末端,是盾构机推进系统的核心部件,液压缸采用分区布置,以实现盾构机转弯、上仰、下俯等姿态调整。为满足盾构机在小曲线半径掘进时顺利通过的需要,有的盾构机还设置有铰接液压缸。

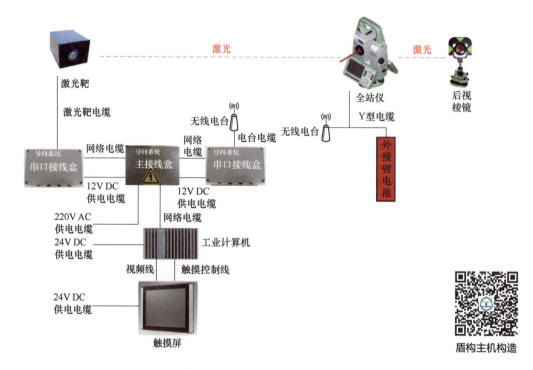

图1-75 导向系统硬件配置

（4）流体系统

盾构机的流体系统主要包括水循环系统、主驱动油脂注入系统、盾尾油脂注入系统、集中润滑系统、泡沫系统、膨润土系统等,其主要作用是为盾构机提供必要的用水、密封、润滑以及渣土改良等。流体系统涉及的介质种类众多,元件种类丰富,与机械结构、电气控制联系紧密,是保证盾构机正常运行的基本保障。

（5）同步注浆系统

同步注浆系统是指在盾构掘进过程中,通过管路将水泥浆、双液浆等混合浆液注入衬砌背后,从而起到防止地表变形、减少隧道沉降、提高衬砌接缝防水功能的作用。同步注浆系统主要包括注浆泵、砂浆罐、注浆管路基控制阀、流量计、压力传感器等。

（6）密封系统

密封系统主要包括盾尾密封系统、主驱动密封系统、铰接密封系统等,目的是为了防止周围地层、土仓内的土沙、泥水、浆液等流入盾构机内部,造成盾构机械损坏,从而危及盾构掘进安全。密封系统时盾构机内的重要组成部分。

（7）人舱系统

人舱系统主要是用于工作人员进入开挖舱和掌子面区域时,为保障人员安全而设置的舱体。人舱内需要充入压缩空气以平衡盾构围岩的水土压力,以保持作业面的稳定。人舱是维保人员从常压状态进入土仓的过渡设备。人舱分为主舱和副舱。

(8) 管片拼装系统

管片拼装系统的主要功能是进行管片卸载、转运、回转下放及喂送作业，再由管片拼装机逐块拼接成整环隧道衬砌结构。系统主要由管片拼装机及管片运输系统组成。管片拼装机安装在盾尾，是安装衬砌管片的专用部件，由平移机构、旋转机构、举升机构、抓取装置等组成，可实现拼装管片的平移、升降、回旋、摇摆、横摇及仰俯6个自由度动作，使得管片能够快速精确地完成定位并安装。

(9) 电气系统

电气系统分为供配电系统和自动控制系统。供配电系统即盾构机的动力部分，主要包括从电网或者工厂配电室引入的10kV高压电荷经过动力柜、配电柜引出的400V三相和230V单相交流电，主要为盾构机提供动力电源。自动控制部分相当于盾构机的神经网络，负责将电气控制信号和传感器采集道的信号输送至PLC，经过分析处理作用于对应的设备、器件使其产生动作，并将具体数据存储显示于上位机，以便及时了解设备运行状态。

(10) 导向系统

顾名思义，导向系统就是为盾构掘进提供导向作用的，以确保盾构机沿着隧道的设计轴线掘进。同时，导向系统还可以及时检测盾构当前位置与设计轴线的偏差，并将偏差信息传输到操作室以供操作人员及时纠偏。导向系统因品牌厂家的不同，组成部分也各有差异，以激光靶导向系统居多。

盾构机的十大主要系统介绍完了，您是否清楚了呢？

考核评价

通过本任务的学习，使学生掌握盾构机各主要系统的功能、结构及工作原理的相关知识。检测学员对盾构机切削系统、渣土输送系统、推进系统、流体系统、注浆系统、密封系统、人舱系统、管片拼装系统、电气控制系统及导向系统的掌握情况，具体要求见表1-4。

表1-4 盾构机构造考核评价表

评价项目	评价内容	评价标准	配分
知识目标	切削系统认知	是否熟悉各类刀盘刀具,掌握各类刀盘刀具特点、适用地层、工作原理及安装形式等	10
	渣土输送系统认知	是否掌握土压平衡盾构机渣土输送系统组成、功能及结构组成	5
	推进系统认知	是否掌握盾构推进系统的组成、推进油缸的工作原理、铰接油缸的分类及工作原理等	13
	流体系统认知	是否熟悉盾构机流体系统中各子系统,理解流体系统的概念、功能、构造及基本工作原理	10
	注浆系统认知	是否掌握注浆系统的概念、功能、构造及基本工作原理	12
	密封系统认知	是否掌握注浆系统的概念、功能、构造及基本工作原理	10
	人舱系统认知	是否掌握人舱系统的概念、功能、构造及基本工作原理	5
	管片拼装系统认知	是否掌握管片拼装系统的概念、功能、构造及基本工作原理	10
	电气控制系统认知	是否了解电气控制系统的概念、功能、构造及基本工作原理	10
	导向系统认知	是否掌握导向系统的概念、功能、构造及基本工作原理	5

续表

评价项目	评价内容	评价标准	配分
素质目标	规范用词	能够规范使用盾构与掘进专业名词,在讲解和描述盾构机系统过程中还应注意语言准确简练、逻辑清晰、表达流畅	5
	科学分析	能够根据盾构机子系统的概念、功能及构造理解系统工作原理	5
合计			100

任务1.4 盾构机的选型认知

教学目标

知识目标:
  1. 了解盾构机选型的概念;
  2. 掌握盾构机选型的原则及依据;
  3. 掌握盾构机选型的方法。

技能目标:
  1. 能够正确归纳盾构机选型的内容及重要意义;
  2. 能够根据盾构机选型的原则及依据提取选型的必要参数及信息;
  3. 能够根据盾构机选型的方法进行盾构机选型。

思政与职业素养目标:
  1. 培养学生科学分析问题与解决问题的能力;
  2. 培养学生理论联系实际的良好工作作风;
  3. 通过盾构机选型失败事故的教训,培养学生安全责任意识及最大程度降低施工风险的能力。

任务布置

  你所在的公司承接了西安市某地铁区间隧道施工标段的工程任务,项目概况如下。
  项目位于西安市南郊,地铁隧道设计埋深23m,待掘进范围内地层主要为黄土层,其间分布有厚0.5~1m的砂夹层,局部有砂层透镜体。项目所在区域地下水位埋深约16m,属潜水(非承压水)类型,地层综合渗透系数为$8.7×10^{-8}$m/s。由于项目地处城市郊区,区间范围内无重要建筑物及地下管线。
  作为公司盾构技术骨干,请你根据以上项目情况,用科学的盾构机选型方法,完成该项目的盾构机选型工作。

知识学习

1.4.1 盾构机选型概述

盾构机选型

  盾构机选型是指根据某一具体盾构隧道施工项目的工程地质、水文地质情况以及项目周边地面及地下环境条件（建构筑物、管线等），综合考虑安全、工期、环保、经济等因素之后，选择合适的盾构机型，并在此基础上最终确定盾构机主机及后配套各关键零部件的选择、配置，以确保盾构掘进施工能够顺利进行的一项重要工作。

对于任何盾构施工项目，尤其是复杂地层的施工项目，盾构机选型对工程安全和能否顺利推进起着至关重要的作用，一旦选型不合理，可能会导致一系列的工程事故，轻则影响进度带来经济损失，重则引发人员伤亡事故。因此，一定程度上讲，盾构机选型的成败决定了盾构施工项目的成败。

目前，盾构施工最为常用的盾构机型主要为土压平衡盾构机和泥水平衡盾构机，因此，一般来讲，盾构机选型多在土压平衡盾构机和泥水平衡盾构机中进行比选。

1.4.2 盾构机选型的原则及依据

（1）盾构选型的原则

盾构机选型总体上应做到配套合理，充分发挥施工机械综合效率，提高机械化施工水平，并应遵循以下原则：

① 应对工程地质、水文地质有较强的适应性，首先要满足施工安全的要求；

② 安全性、可靠性、先进性、经济性相统一，在安全可靠的情况下，考虑技术先进性和经济合理性；

③ 满足隧道外径、长度、埋深和地质条件、沿线地形以及洞口条件等环境条件；

④ 满足安全、质量、工期、造价及环保要求；

⑤ 后配套设备的生产能力应与主机掘进速度相匹配，同时应具有施工安全、结构简单、布置合理和易于维护保养的特点；

⑥ 盾构制造商的知名度、业绩、信誉和技术服务。

（2）盾构选型的依据

盾构机选型应以工程地质、水文地质为主要依据，综合考虑周围环境条件、隧道断面尺寸、施工长度、埋深、线路的曲率半径、沿线地形、地面及地下构筑物等环境条件，以及周围环境对地面变形的控制要求及工期、环保等因素。

1.4.3 盾构机选型的方法

盾构机选型是一项具有极强专业性的复杂技术工作，往往需要考虑诸多复杂因素、借鉴成功项目经验，进行严谨、科学的分析及论证才能最终确定。因此，盾构机选型不是一蹴而就的，也不是简单考虑几个因素就能最终确定的，以下几种方法对盾构机选型具有一定的参考意义。

（1）根据地层的渗透系数进行选型

地层渗透系数对于盾构机选型来说，是一个很重要的参考因

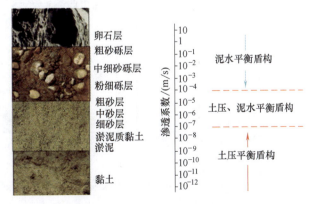

图1-76　盾构机型与地层渗透系数关系

素。通常，当地层的渗透系数小于 10^{-7} m/s 时，可以选用土压平衡盾构；当地层的渗透系数在 10^{-7} m/s 和 10^{-4} m/s 之间时，既可以选用土压平衡盾构也可以选用泥水式盾构；当地层的透水系数大于 10^{-4} m/s 时，宜选用泥水盾构。根据地层渗透系数与盾构机型的关系（如图 1-76 所示），若地层以各种级配富水砂层、砂砾层为主，宜选用泥水平衡盾构机，其他地层宜选用土压平衡盾构机。

（2）根据地层的颗粒级配进行选型

土压平衡盾构机主要适用于粉土、粉质黏土、淤泥质粉土、粉砂层等地层施工，一般来说，细颗粒含量多，渣土易形成不透水的流塑体，容易充满土仓的每个部位，进而在土仓内建立压力，以平衡掌子面的正面压力。盾构机型与地层颗粒级配的关系见图 1-77，图中黏土、淤泥质土区，为土压平衡盾构机适用的颗粒级配范围，砾石、粗砂区为泥水平衡盾构机适用的地层颗粒级配范围。粗砂、细砂区，可使用泥水平衡盾构机，也可经土质改良后，使用土压平衡盾构机。

一般来说，当岩土中的粉粒和黏粒的总量达到 40% 以上时，通常会选用土压平衡盾构机，相反的情况选择泥水平衡盾构机比较合适。粉粒的绝对大小通常以 0.075mm 为界，黏粒以 0.005mm 为界。

（3）根据地下水压进行选型

当水压大于 0.3MPa 时，适宜采用泥水盾构。如果采用土压平衡盾构，螺旋输送机难以形成有效的土塞效应，在螺旋输送机排土闸门处易发生渣土喷涌现象，引起土仓中土压力下降，导致开挖面坍塌。

当水压大于 0.3MPa 时，如因地质原因需采用土压平衡盾构，则需增大螺旋输送机的长度，或采用二级螺旋输送机。如图 1-78 所示为串联式二级螺旋输送机示意。

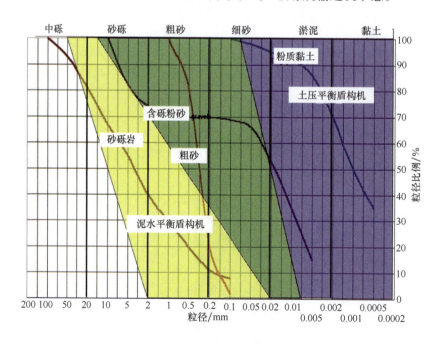

图 1-77　盾构机型与地层颗粒级配关系

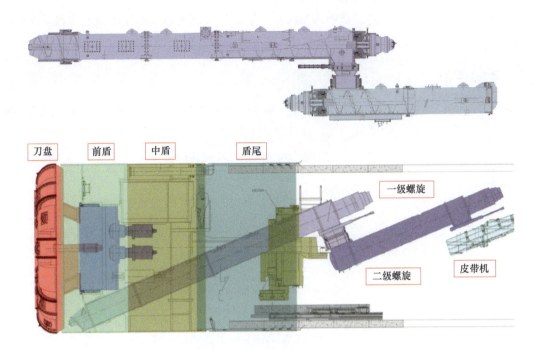

图1-78 串联式二级螺旋输送机示意

盾构机选型除了选定盾构具体机型外,还需根据选定机型及项目的具体情况,对主要功能部件进行选择和设计,在此基础上,还需要根据地质条件,选择与盾构掘进速度相匹配的盾构机后配套施工设备。

任务实施

参照本学习任务的具体要求,按如下步骤及实施方法,对给定地层的盾构隧道施工进行盾构选型。

(1)步骤1:根据任务描述,提取盾构机选型所需信息

实施方法:根据项目概况内容,提取与盾构机选型直接相关的信息,如:掘进范围内的地层类型、渗透系数大小、地下水类型、周边环境条件等。

(2)步骤2: 根据地层的渗透系数选型

实施方法:根据提取到的渗透系数具体数值,按照盾构选型方法描述,选定可用的盾构机型。

(3)步骤3:根据地层的颗粒级配选型

实施方法:根据提取的盾构掘进范围内的地层信息,对照盾构机型与地层颗粒级配关系图,选定可用的盾构机类型。

(4)步骤4:根据地下水压进行选型

实施方法:根据提取的地层水文信息,判断地下水类型,对照盾构选型方法选定可用盾构机型。

（5）步骤5：综合以上选型结果，最终确定盾构机类型

实施方法：综合以上三种方法的选型结果，最终正确选定适合本任务给定项目条件的盾构机型。

考核评价

通过本任务的学习，对盾构机的选型认知情况进行考核，检查学员对盾构机选型的概念、原则、依据、方法等的掌握情况，具体见表1-5。

表1-5　盾构机的选型认知考核评价表

评价项目	评价内容	评价标准	配分
知识目标	盾构机选型概述	是否掌握盾构机选型的概念及选型内容	5
	盾构机选型的原则及依据	是否掌握盾构机选型的主要原则及依据	5
	盾构机选型的方法	是否掌握盾构机选型的具体方法	10
技能目标	归纳盾构机选型的内容及重要意义	能否准确归纳盾构机选型的内容并认识盾构机选型的重要意义	10
	根据盾构机选型的原则及依据提取选型的必要参数及信息	能否从项目相关资料（勘察报告、设计图纸等）中提取选型必要的参数及关键信息	20
	根据盾构机选型的方法进行盾构机选型	能否根据具体的选型方法，科学合理地进行盾构选型工作	40
素质目标	科学分析事物的意识	项目完成过程中是否充分分析项目情况，科学提取必要信息	5
	严谨务实的工作态度	项目完成过程中，是否做到科学严谨、有的放矢	5
		合计	100

知识拓展

盾构机选型除了需要考虑工程地质条件、水文地质条件以及项目周边环境条件等因素外，还应重点考虑经济和环保因素。就目前工程上最常使用的土压平衡盾构机和泥水平衡盾构机而言，前者在盾构机本身的造价及后期运行成本上都要低于后者，且泥水平衡盾构处理泥浆的泥水分离站需要占据额外的场地，使用相对受限，加之，泥水分离站在处理泥浆中细颗粒渣土时，容易产生扬尘污染环境，因此，对于给定的盾构施工项目，若土压平衡盾构机和泥水平衡盾构机均具备安全性、可行性的条件下，通常会优先考虑土压平衡盾构机。

任务1.5　盾构机的起源与发展认知

教学目标

知识目标：
    1. 了解盾构机的起源；
    2. 熟知盾构机的国外发展史；
    3. 掌握盾构机的国内发展史。

技能目标：
    1. 能够生动地讲述盾构起源故事；
    2. 能够运用国外盾构发展事件、人物和时间等信息讲述国外盾构发展史；
    3. 能够运用中国盾构发展的重要事件及时间等信息讲述中国盾构发展史。

思政与职业素养目标：
    1. 培养学生的逻辑思维能力；
    2. 培养学生的语言表达能力；
    3. 通过盾构机由进口为主到中国制造乃至大盾构的制造及输出现状，培养学生的民族自豪感，从而增强"四个自信"。

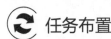
任务布置

你所在项目部拟举行名为"讲好盾构故事"的讲解比赛，你抽到的讲解题目为：盾构机的起源与发展故事，讲述内容须包含盾构起源与发展的主要事件、地点、人物和时间，你该如何进行讲述？

知识学习

1.5.1　盾构机的起源

盾构发展

1806年，法国工程师马克·布鲁诺尔（Marc Isambard Brunel）发现船的木板中有被船蛆钻出的孔道，船蛆是一种蛤，头部有外壳，在钻穿木板时，分泌出液体涂在孔壁上形成坚韧的保护壳，用以抵抗木板潮湿后的膨胀，以防被压扁。在船蛆钻孔并用分泌物涂在孔壁四周的启示下，Brunel发明了盾构掘进隧道的方法，并在英国注册了专利，如图1-79所示。Brunel的专利手掘式盾构机是盾构的原型，由不同的单元格组成，每一个单元格可容纳一个工人独立进行工作，并对工人起到保护作用。所有的单元格均牢靠地安装在盾壳上，当一段隧道挖掘完毕后，由液压千斤顶将整个盾壳向前推进，如此往复，直至隧道掘进完成。

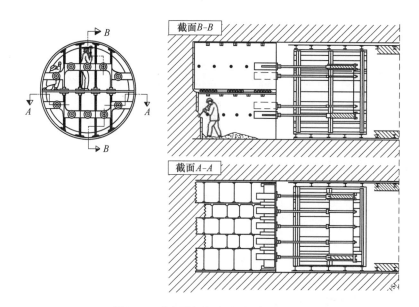

图1-79 布鲁诺尔专利盾构机（1806年）

1.5.2 盾构机的国外发展史

盾构问世至今已有近200年的历史，始于英国，发展于日本、德国，跨越发展于中国。其发展历程大致可分为四个阶段。

（1）以布鲁诺尔手掘式盾构机为代表的第一个发展阶段（1825年~1876年）

Brunel在1806年注册了隧道盾构施工法后，经过不断对盾构的机械系统进行完善，于1825第一次在伦敦泰晤士河下用一个断面高6.8m、宽11.4m的矩形手掘式盾构机修建了世界上第一条盾构法隧道，标志着盾构机的正式诞生。

（2）以机械式盾构机为代表的第二个发展阶段（1876年~1964年）

1876年，英国人约翰·迪金森·布伦顿（John Dickinson Brunton）和乔治·布伦顿（George Brunton）申请了第一个机械化盾构机的专利，如图1-80所示，标志着机械式盾构的诞生。

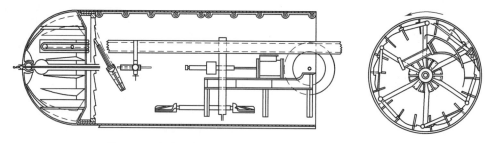

图1-80 布伦顿（Brunton）机械式盾构机（1876年专利）

（3）以闭胸式盾构机为代表的第三个发展阶段（1964年~1984年）

1963年，日本Sato Kogyo公司首先开发出了土压平衡盾构机，如图1-81所示，紧接着，1964年，英国摩特·亥（Mott Hay）、安德森（Anderson）和约翰·巴勒特（John Bartlett）申请了泥水平衡盾构机的专利，标志着以泥水平衡盾构机和土压平衡盾构机为代表的闭胸式盾构诞生。

（4）以大直径、长距离、多样化为特色的第四个盾构机发展阶段（1984年至今）

以土压平衡盾构机和泥水平衡盾构机为代表的闭胸式盾构机诞生后，盾构机及盾构隧道施工工法迎来了快速发展时期，并随着科学技术发展及盾构隧道大型化、复杂化，朝着大直径、长距离及多样化的方向发展。1985年，Wsyss&Freytay公司和海瑞克公司申请了复合盾构的专利。

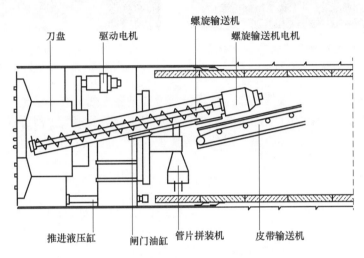

图1-81 日本Sato Kogyo公司开发的土压平衡盾构机（1963年）

1.5.3 盾构机的国内发展史

我国从1953年才开始进行盾构机与盾构法施工的探索，我国盾构技术60多年来的发展主要经历了三个阶段。

（1）技术探索阶段（1953年~2001年）

1953年，东北阜新煤矿用手掘式盾构及小混凝土预制块修建了直径2.6m的疏水巷道，这是我国首条用盾构法施工的隧道。之后的近50年，我国一直处在盾构技术的探索阶段，盾构机主要依靠进口，盾构市场被德国、日本、美国等发达国家长期垄断。

（2）技术创新阶段（2002年~2008年）

2002年8月，国家科技部将φ6.3m土压平衡盾构机的研究设计列入国家"863"计划，即"国家高技术研究发展计划"，自此，中国盾构技术正式进入技术创新阶段，并于之后的数年内，连续取得重大技术突破。2004年10月下旬，中国首台具有完全自主知识产权的土压平衡盾构"先行号"（如图1-82所示）在上海地铁二号线西延伸段区间隧道始发掘进，打破了"洋盾构"长达半个多世纪的垄断局面，结束了我国盾构长期依赖国外品牌的历史。

（3）跨越发展阶段（2008年至今）

2008年4月，中铁隧道集团完成863课题"复合盾构样机的研制"，成功研制了国内首台直径6.4m复合盾构（如图1-83所示）。该盾构是我国首台具有自主知识产权的复合盾构。标志着我国盾构制造技术进入跨越发展阶段。

图1-82　上海地铁2号线西延伸段"先行号"土压平衡盾构机（2004年）　　图1-83　国家"863"计划自主研发的6.4m复合盾构机（2008年）

目前，我国盾构机制造及盾构施工技术已经跻身世界先列，基本实现了盾构机全面国产化，涌现了中铁工程装备集团有限公司、中国铁建重工有限公司、上海隧道工程股份有限公司机械制造分公司、中交天和机械有限公司等优秀的盾构研发及制造企业。

任务实施

参照本学习任务的教学目标，按如下步骤及实施方法，对本任务的学习内容依次进行讲解。

（1）步骤1：盾构机的起源讲解

实施方法：以故事讲述的形式讲解盾构起源，可借助图片、动画或视频资源辅助讲解。

（2）步骤2：盾构机的国外发展史讲解

实施方法：按照盾构机国外发展史的四个阶段时间线，依次介绍国外盾构发展的重要历史事件、人物和时间等信息。

（3）步骤3：盾构机的国内发展史讲解

实施方法：按照我国盾构发展的三个阶段时间线，依次介绍我国盾构发展的重要事件、时间及重要历史意义等信息。

考核评价

通过本任务的学习，对盾构机的起源与发展认知情况进行考核，检查学员对盾构机起源、国内外发展重要人物、事件及事件等信息的掌握情况及语言表述能力，具体见表1-6。

表1-6　盾构机的起源与发展认知考核评价表

评价项目	评价内容	评价标准	配分
知识目标	盾构机起源	是否掌握盾构机起源相关的人物、事件、地点及时间等	10
	盾构机的国外发展史	是否掌握盾构机国外发展史相关的历史事件、人物、地点和时间等	10
	盾构机的国内发展史	是否掌握盾构机国内发展相关的事件、时间、地点及意义等	20
技能目标	讲述盾构机的起源故事	能否用声情并茂的语言讲述完整的盾构机起源故事	10
	讲述盾构机的国外发展历程	能否正确而流畅地讲述盾构机的国外发展历程	10
	讲述盾构机的国内发展历程	能否正确而流畅地讲述盾构机的国内发展历程	30
素质目标	逻辑思维能力	盾构起源及发展事件衔接是否顺畅，逻辑是否恰当	5

续表

评价项目	评价内容	评价标准	配分
素质目标	语言表达能力	语言是否准确简练、表达流畅	5
合计			100

 知识拓展

1986年的3月3号,一份报告,送到了中共中央的驻地中南海。后来根据这个报告而形成的《关于高新技术研究发展计划的报告》被称为"863计划"。这份题为"关于追踪世界高技术发展的建议"的报告,是由中国著名的科学家王大珩、王淦昌、杨嘉墀、陈芳允四人联合提出的。在这份报告中,他们针对世界高科技的迅速发展的紧迫现实,向中共中央提出了建议和设想:要全面追踪世界高技术的发展,制定中国高科技的发展计划。"国家高技术研究发展计划"(即"863计划")是科学家的战略眼光与政治家的高瞻远瞩相结合的产物,凝练了我国发展高科技的战略需求。

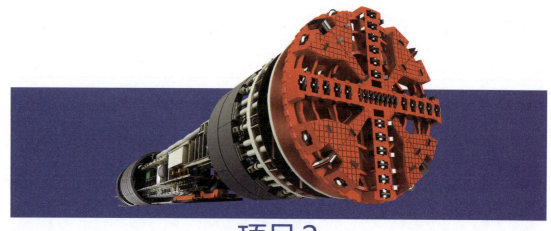

项目 2
土压平衡盾构机操作

任务 2.1　盾构机启动前设备状态检查

 教学目标

知识目标：
　　1.熟悉土压平衡盾构机控制面板分布区域及标识符号；
　　2.熟悉土压平衡盾构机启动前设备状态检查内容；
　　3.掌握土压平衡盾构机启动前初始参数设置方法；
　　4.掌握土压平衡盾构机辅助系统启动方法。
技能目标：
　　1.能够在主控台上正确识别刀盘电控旋钮的位置及符号；
　　2.能够正确完成盾构机启动前设备状态检查；
　　3.能够根据土木工程师及机械工程师的要求设定盾构的各种参数；
　　4.能够正确启动盾构机辅助系统。
思政与职业素养目标：
　　1.培养学生事前仔细准备的良好工作习惯；
　　2.培养学生认真细致的工作态度。

 任务布置

　　工欲善其事，必先利其器。在对一台土压平衡盾构机进行控制之前，首先需要对设备状态做到认知了解并且正确检查。现有中铁工程装备集团有限公司品牌土压平衡盾构机，首次投入使用，请你作为操作人员身份进行开机前设备状态检查。

 知识学习

盾构机的控制主要是在1#后配套拖车的主控室完成。盾构机主控制室的操作界面主要由主控台、上位机、导向系统和监视屏等组成，如图2-1所示为铁建重工系列盾构机主控制室操作界面。

上位机主要可展现盾构机主要监控界面。如图2-2所示是中铁工程装备系列盾构机主控室内的上位机主监控界面。该界面显示了盾构机各个功能系统所有的运行参数，包括推进系统、铰接系统、注浆系统、螺旋输送机系统、主驱动系统、膨润土系统、刀盘监测系统、土仓各个位置压力、皮带输送机带速及其他常规参数等。

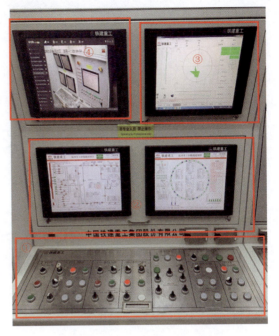

图2-1 铁建重工系列盾构机主控制台
①—主控台；②—上位机；③—导向系统监控界面；④—监视屏

位于主监控界面画面上部中间位置的"PLC连接正常"提示上位机与PLC之间的数据交换状态，当为绿色代表正常，红色代表异常。画面上部还显示了当前环数与盾构操作状态等。屏幕下方设置了上位机每个页面的切换按钮，操作时可以根据需要在各个页面之间任意切换。这些界面能保证对盾构机整体运行状态的实时监控。

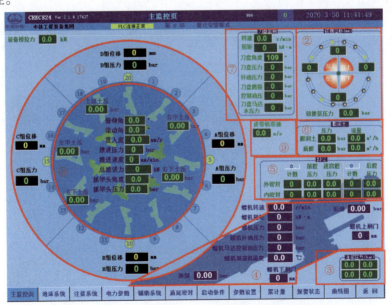

盾构机启动条件

盾构机主控制台介绍

图2-2 中铁工程装备系列土压平衡盾构机主监控界面
①—推进系统；②—铰接系统；③—注浆系统；④—螺旋输送机系统；⑤—主驱动系统；⑥—膨润土系统；
⑦—刀盘监测系统；⑧—土仓压力监测系统；⑨—皮带输送机带速

盾构机的具体操作是通过主控台完成的。盾构机主控台控制面板包含控制按钮、控制旋钮、钥匙开关及故障提示灯等元器件，见图2-3，其中包括了推进系统、铰接油缸、主驱动系统、泡沫系统、螺旋输送机、皮带输送机、盾尾油脂密封、仿形刀、膨润土等部分的控制，以及盾构操作中主要参数的设置。

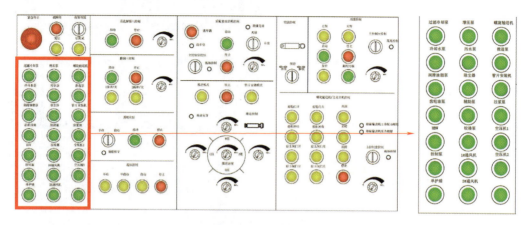

图2-3　电机驱动土压平衡盾构机控制面板

通常盾构机的绝大部分参数在启动之前已经基本确定。如果是第一次启动盾构，则需根据土木工程师及机械工程师的要求设定盾构的各种参数，并且不能随意更改，否则有可能造成盾构或辅助设备的损坏。盾构机参数设置界面如图2-4所示。该界面显示了各个系统主要参数的设置。参数设置页面需要输入密码方可改变参数值。盾构正常运行期间，需要盾构司机与土木工程师根据现场条件，共同制订各项参数值。设置的参数值必须在相应的范围内，如果超出预设范围，参数不能被改变。

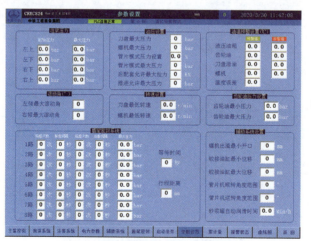

盾构机启动前设备
状态检查——盾构机启动

图2-4　盾构机参数设置界面

盾构机各部件启动前需要满足一定启动条件。图2-5是盾构机启动条件监控界面。该界面显示常规条件以及刀盘驱动、推进、螺旋输送机、皮带输送机、泡沫等系统的启动条件。如果某项条件满足本系统启动要求时字体显示为绿色，否则显示为红色。每一系统对应的一栏中所有条件都显示为绿色时，表示所有条件都已满足启动要求，相应的系统方可启动。

除了需要了解盾构机主控界面及控制面板外，在盾构机启动前需要对设备进行机械、电、气和液压等系统状态进行检查，确保各系统无故障或者无故障隐患时方可进行掘进操作。同时配合盾构机始发适用的水管、电缆、走行轨道等周转物资及辅助系统也需要满足使用条件。考虑到盾构机启动后相关的冷却、润滑、配套拖车移动、渣土输送及改良等辅助工作也必须准备到位，因此开机前需要先启动水循环、泵、电机等辅助系统。

资讯单见《全断面隧道掘进机操作（中级）实训手册》实训任务1盾构机启动前设备状态检查

图2-5　盾构机启动条件监控界面

任务实施

上机操作之前，应首先通过上位机监控界面检查盾构机配套设备是否处于正常状态并启动相关辅助系统，具体包含以下工作。

（1）步骤一：开机前状态检查

① 确保各操作系统的参数已设定在合理范围内。

② 检查延伸水管、电缆连接正常。

③ 检查供电是否正常。

④ 检查循环水压力是否正常。

⑤ 检查滤清器是否正常。

⑥ 检查皮带输送机、皮带是否正常。

⑦ 检查空压机运行是否正常。

⑧ 检查油箱油位是否正常。

⑨ 检查油脂系统油位是否正常。

⑩ 检查泡沫剂液位是否正常。

⑪ 检查注浆系统是否已准备好并运行正常。

⑫ 检查后配套轨道是否正常。

⑬ 检查出渣系统是否已准备就绪。

⑭ 检查盾构控制面板状态：开机前应使螺旋输送机前仓门处于开启位，螺旋输送机的螺杆应伸出，管片安装按钮应无效，无其他报警指示。

⑮ 检查导向系统是否工作正常；若以上检查存在问题，首先处理或解决问题，然后再准备开机。

⑯ 请示土木工程师并记录有关盾构掘进所需要的相关参数，如掘进模式、土仓保持压力、线路数据、注浆压力等。

⑰ 请示机械工程师并记录有关盾构机掘进的设备参数。

⑱ 若需要则根据土木工程师和机械工程师的指令修改盾构机参数。

⑲ 查看"报警界面"，检查是否存在当前错误报警，若有，首先处理之。

（2）步骤二：开机前辅助系统启动

辅助系统是启动动力盾构机各部件泵机的前提和基础工作。

① 确认外循环水已供应，启动内循环水泵。

② 确认空压机冷却水阀门处于打开状态，启动空压机。

③ 根据工程要求选择盾尾油脂密封的控制模式，即选择采用行程控制还是采用压力控制模式。

④ 在"报警系统"界面，检查是否存在当前错误报警，若有错误报警，应首先处理。

⑤ 将面板的螺旋输送机转速调节旋钮、刀盘转速调节旋钮、推进液压缸压力调节旋钮、盾构推进速度旋钮等调至最小位。

⑥ 启动液压泵站过滤冷却泵，并注意泵启动是否正常，包括其启动声音及振动情况等。以下每一个泵启动时均需注意其启动情况。

⑦ 依次启动润滑脂泵（EP2）、齿轮油泵、HBW 泵。

⑧ 上位机"变频驱动"界面选取"滑差控制"模式，至少选择一组对称电机。

⑨ 依次启动推进泵及辅助泵。

⑩ 选择手动或半自动或自动方式启动泡沫系统。

⑪ 启动盾尾油脂密封泵，并选择自动位。

盾构机的辅助系统部分已启动完毕。至此，盾构机启动前准备工作已经完成。

任务实施单见《全断面隧道掘进机操作（中级）实训手册》实训任务 1 盾构机启动前设备状态检查

考核评价

通过学习本任务内容后进行盾构机开机前准备工作检查，检查学员是否正确掌握盾构机启动前状态检查及相关辅助系统启动作业。

评价单见《全断面隧道掘进机操作（中级）实训手册》实训任务 1 盾构机启动前设备状态检查

知识拓展

如上所述主要以电驱盾构为对象。相对电驱盾构机只需直接开启刀盘电机启动外，盾构机在盾构机启动前略有差异。主要体现在首先需要检查液压油箱液位，同时需要首先启动刀盘驱动电机 1、2、3（见图 2-6、图 2-7），借此启动液压油泵及阀组，控制刀盘转动。

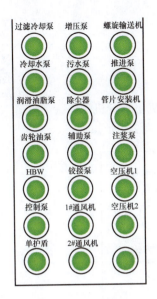

图2-6 电机驱动面板

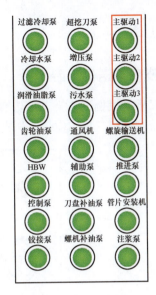

图2-7 液压驱动面板

任务2.2　刀盘转向及转速设定与调节

 教学目标

知识目标：
  1.熟悉刀盘旋钮电位器的位置及控制键符号；
  2.掌握土压平衡盾构机刀盘启动顺序；
  3.掌握土压平衡盾构机刀盘转向调节方法；
  4.掌握土压平衡盾构机刀盘转速的设定与调节。

技能目标：
  1.能够在主控台上正确识别刀盘电控旋钮的位置及符号；
  2.能够依据标准流程正确启动刀盘；
  3.能够正确调节刀盘转向；
  4.能够合理设定并调节刀盘转速。

思政与职业素养目标：
  1.培养学生树立规范作业的意识；
  2.培养学生科学分析问题的良好作风。

 任务布置

  某软土地层中一台土压平衡盾构机因设备维修当前处于停机状态，当前状态下盾体顺时针发生3°偏转，现准备重新启动掘进，并且刀盘转速最终达到3r/min，应当采用怎样的措施启动刀盘？

知识学习

2.2.1 皮带输送机开启

为确保盾构机掘进渣土正常切削与排运，遵循盾构机正常开机顺序，刀盘开启前首先需要开启皮带输送机。具体皮带输送机控制面板如图2-8、表2-1所示。

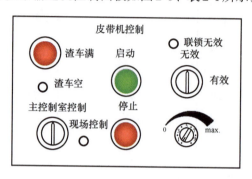

图2-8 皮带输送机控制面板

表2-1 皮带输送机控制面板说明

名称	功能
启动/停止	按钮:打开或关闭皮带输送机
速度旋钮电位器	顺时针调节电位器:皮带机速度调节
渣车满/渣车空	信号灯:显示渣车已满或是已准备好。由皮带输送机控制板控制
主控制室控制/现场(本地)控制	指示灯:闪烁为主控制室控制,灭为现场(本地)控制 主控制室控制:正常工作状态 现场(本地)控制:主控制室控制无效,启动现场(本地)控制面板
联锁	旋转开关:皮带输送机与螺旋输送机的联锁选择
联锁无效	指示灯:皮带输送机与螺旋输送机联锁无效时常亮

2.2.2 刀盘控制

以中铁工程装备集团系列土压平衡盾构机控制面板为例，见图2-9。其中红色方框圈出位置即为刀盘控制区，见图2-10上部标明刀盘标识及对应名称"刀盘控制"。面板中包含以下控制单元。

① 启动按钮——绿色按钮，按下后刀盘启动。

② 停止按钮——红色按钮，按下后刀盘停止转动。

③ 左/右转旋钮——预选刀盘的旋转方向：右转为顺时针转动；左转为逆时针转动。

④ 速度调节旋钮——设定刀盘旋转速度。

⑤ "主控制室控制-现场（本地）控制"钥匙开关——选择刀盘在主控室还是本地（人舱）操作。

具体面板控制说明见表2-2。

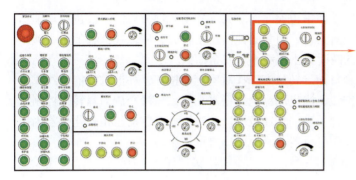

图2-9 盾构机控制面板　　　　　图2-10 刀盘控制面板

表2-2 刀盘控制面板说明

名称	功能	状态/操作	
刀盘			
速度旋钮电位器	刀盘速度旋钮电位器/顺时针转动调节转速	状态： • 过滤器和冷却泵工作状态 • 齿轮油泵工作 • 补油泵运行 • 控制泵运行 • 刀盘驱动电机工作 • 油脂润滑工作 • HBW工作 • 主控室的控制板处于工作状态 步骤： ⇒逆时针电位器到"0" ⇒选择低速/高速 ⇒选择左转或右转 ⇒按下启动按钮,启动灯亮 ⇒顺时针调节电位器,调节转数 ⇒逆时针调节旋钮,转速归零 ⇒"停止"按钮关闭刀盘旋转	刀盘转向及转速设定与调节——刀盘启动1
低速/高速	按钮/预选低速或高速		
左转/右转	按钮/预选左或右旋转方向		刀盘转向及转速设定与调节——刀盘启动2
启动/停止	按钮/启动和停止刀盘的旋转		
主控制室控制/现场(本地)控制	主控制室控制:正常工作状态 现场(本地)控制:控制板启动刀盘以便维保		刀盘转向及转速设定与调节——盾构刀盘旋转控制
现场(本地)控制	指示灯： ①灭:主控室控制 ②闪烁:主控室及本地均不能控制 ③亮:本地维保控制		

　　刀盘转速一般设置高速、低速2个挡位，通常根据地层性质进行选择。软土地层中地质松软，地下水一般较为丰富，渣土多为砂土、黏性土或者淤泥质土，在这种地质条件下掘进一般无需配置滚刀，地层主要靠刮削刀具直接对土层进行剪切破坏来进行切削，刀具的磨损一般情况下较小，贯入度大，扭矩也较小，所以刀盘转速一般选择低速挡；在硬岩地层中，由于掌子面硬度较高，在掘进中滚刀滚压破岩时刀具受到的压力较大，为减少刀具在瞬时受到的冲击力不超过安全荷载（17英寸滚刀为250kN）；在软硬不均地质条件下，地层局部岩

石硬度较高，滚刀破岩受力较大，所受冲击也大，而软岩（软土）部分只需对其进行切削即可破坏地层。由于局部硬岩强度高，对刀盘、刀具的冲击损伤较大，所以在这种地层中施工应适当降低刀盘转速，使刀具受到的瞬时冲击荷载小于安全荷载。

根据导向系统面板上显示的盾构目前旋转状态选择盾构旋向按钮，一般选择能够纠正盾构转向的旋转方向；选择刀盘启动按钮，当启动绿色按钮常亮后，慢慢右旋刀盘转速控制旋钮，使刀盘转速逐渐稳定在值班工程师要求的转速范围。此时注意主驱动扭矩变化，若因扭矩过高而使刀盘启动停止，则先把旋钮电位器左旋至最小再重新启动。

资讯单见《全断面隧道掘进机操作（中级）实训手册》实训任务2刀盘转向及转速设定与调节

 任务实施

参照任务内容，以土压平衡盾构（或仿真操作平台）为例，完成刀盘启动、转向调节、档位选择及转速调节操作。

（1）步骤1：识别操作控制区域并进行操作前状态检查

识别主控室内控制面板上有关刀盘控制区域；检查面板旋钮是否归零，按钮是否关闭，是否插入钥匙开关；检查盾构机刀盘区域内是否有人。

（2）步骤2：启动刀盘电机与泵机

注意：① 启动刀盘前确保皮带输送机已经启动；

② 刀盘电机绿色指示灯闪亮代表刀盘刹车未打开；绿灯常亮代表刀盘刹车已打开，可正常启动；红色指示灯亮代表刀盘启动条件不满足，无法正常启动；若盾构驱动为电机驱动，则不需要启动刀盘泵机。

（3）步骤3：刀盘工作模式选择

对盾构机刀盘的控制通常分为主控制室控制与本地控制两种控制模式。其中主控制室控制模式主要是在主控室借助控制面板对刀盘进行启停开关、转向设置及转速调节等操作，通常用于盾构机正常掘进过程中；本地控制模式主要是借助人舱内的现场操作箱对刀盘进行启停开关、转向设置等操作，通常用于盾构机停机进行刀具更换过程中。首先需要选择刀盘工作模式为主控制室控制模式，将控制面板处对应钥匙开关旋至"主控制室控制"位置，实现在控制室操作刀盘。

（4）步骤4：刀盘转向的设置

根据导向系统上显示的盾构机目前旋转状态选择盾构机的转向按钮，一般选择能纠正盾构机转向的旋转方向。

（5）步骤5：刀盘转动挡位选择

刀盘一般分为2个挡位。选择刀盘的挡位，一般在软土地层中选择低速挡位，即挡位1；在需要高转速的地层中选择高速挡位，即挡位2，具体要根据掘进地层的实际情况决定。

（6）步骤6：刀盘转速调节

软土地层中刀盘转速在1.0~1.4r/min之间调节，以减少地层扰动为准则；在硬岩地层中，适当控制刀盘转速在1.5~3.0r/min之间；在软硬不均地层中，刀盘转速一般控制在0.8~1.2r/min之间为宜。

注意：启动刀盘前应先把其对应的转速度调至零，刀盘启动后再把转速从零缓慢增加到合适的速度；刀盘停止时同样将转速缓慢降低至零后停止。禁止旋转旋钮速度过快，以免造成过大的机械冲击，损伤机械设备。此时应注意刀盘扭矩的变化，若扭矩过高有可能使刀盘启动停止。

任务实施单见《全断面隧道掘进机操作（中级）实训手册》实训任务2刀盘转向及转速设定与调节

 考核评价

通过学习本任务内容后对刀盘进行操作控制，检查学员有关刀盘操作内容理解是否正确，作业流程是否规范，掌握是否熟练，操作结果是否达标。

评价单见《全断面隧道掘进机操作（中级）实训手册》实训任务2刀盘转向及转速设定与调节

 知识拓展

众所周知，牛顿第三定律阐释了一条真理，力的作用是相互的。当盾构机在地下进行掘进时，刀盘在掌子面沿圆周运动切削岩土，反过来掌子面也会对刀盘产生一个反向力矩。这个力矩足够大的话可能会造成盾构机产生与切削相反的转动，进而造成盾体与连接桥架产生扭转变形，影响正常作业。因此当盾构机在每定向转动几圈后就需要反向转动几圈，确保盾体转动不超过盾体转动限值范围。简而言之，盾构机刀盘并不是只有一个转动方向，而是双向交替转动的。当盾构机刀盘沿某一方向高速转动时，如果发现盾体自身转动即将达到限值时，能否只调整刀盘进行反向转动呢？显然不行，考虑到刀盘本身自重较大，且切削地层所需要的扭矩较大，在向某一方向高速转动的过程中突然转向，在瞬间会对刀盘电机及液压泵机产生巨大的冲击效应，容易造成设备损坏。当需要调节刀盘转向时，应当逐渐降低刀盘转速至停止后，再调节刀盘转向至反方向后再逐渐提升转速至设定速率。

任务2.3　推进液压缸压力及速度设定与调节

 教学目标

知识目标：
  1.掌握推进液压缸控制面板符号及控制元器件；
  2.掌握推进液压缸启动控制方法；
  3.掌握推进液压缸压力与速度调节方法。

技能目标：
  1.能够正确启动推进液压缸；
  2.能够正确选择推进液压缸控制模式；
  3.能够合理调节推进液压缸推进压力及速度。

思政与职业素养目标：
  1.培养科学分析、合理安排的职业思维；
  2.培养精确控制、精准作业的职业素养。

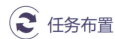 **任务布置**

以中铁工程装备集团有限公司土压平衡盾构为例,现盾构机在某软土地层中处于停机状态,请设置允许最大推进力为10000kN,正确启动推进液压缸,并调节使得各组油缸行程差为0,同时以20mm/min速度伸出液压油缸。

 **知识学习**

2.3.1 推进液压缸参数设置

推进液压缸推进压力进行设置是通过在上位机监控界面中有关"参数设置"界面,通过推进液压泵设置最大推进压力。通过设定推进允许最大压力,见图2-11,可以限定推进泵输出的最大压力,当推进泵压力达到最大设定压力并持续3s后会自动停止推进模式,从而达到

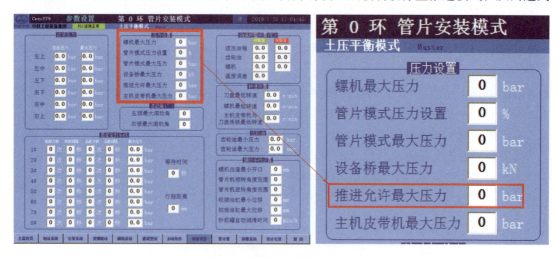

图2-11 推进允许最大压力设定

图2-12 推进参数监控界面

保护推进泵液压系统安全性的目的（该参数通常设置为350bar）。相关推进参数可在上位机主监控界面中进行监控，见图2-12。

软土地层中土压平衡盾构机液压缸推进速度可控制在50~80mm/min，推力控制在8000~12000kN为宜；在硬岩地层中液压缸推进速度一般控制在10~25mm/min，在兼顾扭矩与盾构掘进工效的同时对盾构机推进液压缸推力进行调节，推进速度一般控制在10~25mm/min，一般推力控制在10000~15000kN较为合适；在软硬不均地层中油缸推进速度应控制在15mm/min以内较为合适，油缸推力控制在20000kN以内较为合适。

2.3.2 推进液压缸启动与调节

首先在控制面板中找到推进液压缸控制区域，具体见图2-13。具体控制面板功能说明见表2-3。

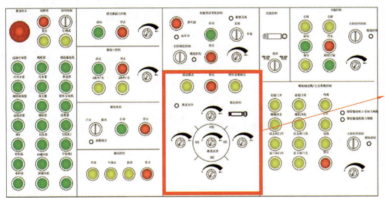
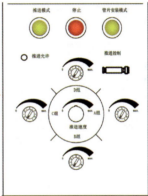

图2-13 推进液压缸控制面板（主控室）

表2-3 推进液压缸控制面板说明

名称	功能	状态
启动电机		
推进泵	绿色按钮:打开和关闭液压泵以便推进液压缸 绿色闪烁(快):故障 绿灯闪烁(慢):泵启动过程中 绿灯常亮:正常运行	前提条件： ·液压油箱中有足够的油(不低于最低液位) ·液压油箱油温不高于上位机设置的极限值 推进注浆辅助急停系统正常
推进液压缸		
推进速度旋钮电位器	旋钮电位器:顺时针(0~MAX)调节前进速度	
A—D压力组压力旋钮电位器	旋钮电位器:顺时针(0~MAX)调节前进压力	

续表

名称	功能	状态
推进模式	按钮:选择盾构状态。在推进模式下,所有推进液压缸按掘进模式伸出。此操作通过主控室内的控制板实现	状态: • 过滤器和冷却泵工作状态 • 控制泵处于工作状态 • 推进泵处于工作状态 • 皮带输送机处于工作状态 • 螺旋输送机处于工作状态 • 盾尾油脂处于工作状态 • 刀盘达到上位机设置最低转数 步骤: ⇒ 将推进速度电位器调节到"0" ⇒ 按"推进模式"按钮 ⇒ 顺时针调节电位器调节推进液压缸压力 ⇒ 顺时针调节电位器调节推进液压缸速度 ⇒ 用"停止"按钮停止掘进
管片安装模式	按钮:选择管片安装状态。在管片安装模式下推进液压缸为管片安装服务。通过主控室内的按钮将推进液压缸操作控制转移到管片安装机控制板上	状态: • 过滤器和冷却泵工作状态 • 控制泵处于工作状态 • 推进泵处于工作状态 步骤: ⇒ 按"管片安装模式"按钮 ⇒ 通过"停止"按钮停止掘进
停止	按钮:在掘进状态停止推进液压缸的运行模式	
推进允许	指示灯 亮:主控室及现场能操作液压缸 灭:推进条件不满足	

首先打开推进液压泵电机,启动推进泵运作;然后将面板的推进液压缸压力调节旋钮及盾构推进速度旋钮等调至最小位;按下"推进模式"按钮,并根据导向系统屏幕上指示的盾构姿态调整四组液压缸的压力至适当的值,并逐渐增大推进系统的整体推进速度。

① 调整推进液压缸的掘进速度时,必须先让刀盘旋转,并确实接触开挖面后,再慢慢调整推进速度。

② 推进液压缸停止后,再停止刀盘旋转。

注意:在开启推进液压缸之前要首先确认推进液压缸后端没有作业人员。

资讯单见《全断面隧道掘进机操作(中级)实训手册》实训任务3推进液压缸压力及速度设定与调节

任务实施

① 步骤1:识别推进液压缸控制面板标识及控制元器件。

② 步骤2:在监控界面"参数设置"界面对推进允许最大推力进行设置,结合任务中描述软土地层,设置推进泵最大压力值为350bar。

③ 步骤3：在控制面板开启推进泵电机，同时启动推进液压缸泵机。

④ 步骤4：选择"推进模式"，观察"推进允许"指示灯是否发亮，若指示灯亮表示推进系统可以启动；若指示灯不亮，说明存在启动故障或者启动条件不满足，需要进行检查排出潜在故障。

⑤ 步骤5：顺时针调节推进液压缸旋钮，电位器，调节推进液压缸压力不超过350bar。

⑥ 步骤6：顺时针调节电位器调节推进液压缸速度至20mm/min，完成推进液压缸的启动。

任务实施单见《全断面隧道掘进机操作（中级）实训手册》实训任务3推进液压缸压力及速度设定与调节

考核评价

通过学习本任务内容后对推进液压缸进行操作控制，检查学员有关推进液压缸操作内容理解是否正确，作业流程是否规范，掌握是否熟练，操作结果是否达标。

评价单见《全断面隧道掘进机操作（中级）实训手册》实训任务3推进液压缸压力及速度设定与调节

知识拓展

在土压平衡盾构机掘进过程中，土仓压力及掘进速度的控制是掘进参数调整的主要内容。软土地层中土压平衡盾构机掘进可以保持较高的掘进速度。为保证同步注浆量的饱和，具体操作过程中，掘进速度不宜过快；在硬岩地层中，采用滚刀进行破岩，其破岩形式属于滚刀滚压破碎岩石，滚刀滚压产生冲击压碎和剪切碾碎的作用，以达到破岩的目的。

任务2.4　螺旋输送机转向及转速控制设定与调节

教学目标

知识目标：
  1. 熟悉螺旋输送机参数设置及控制面板；
  2. 掌握螺旋输送机最低转速、后仓门开度及最大压力参数设定；
  3. 掌握螺旋输送机启动及闸门开关控制；
  4. 掌握螺旋输送机伸缩、转向及转速控制。

技能目标：
  1. 能够正确识别螺旋输送机控制面板；
  2. 能够合理进行螺旋输送机参数设置；
  3. 能够正确启动螺旋输送机及闸门开关控制；
  4. 能够正确进行螺旋输送机伸缩、转向及转速控制。

思政与职业素养目标：
  1. 培养学生规范作业的习惯；
  2. 培养学生耐心细致的工作态度和职业行为习惯。

 **任务布置**

以中铁工程装备集团有限公司系列土压平衡盾构机为例,在某软土地层区间始发阶段,请合理设置螺旋输送机启动参数,螺旋输送机最大压力为300bar（1bar=10^{5}Pa）,转动方向为正转,转速为20r/min,螺机后仓闸门开度为0,最终正确启动螺旋输送机。

 知识学习

螺旋输送机的启动

2.4.1 螺旋输送机参数设置

在上位机监控界面有关"参数设置"中,对螺旋输送机最低转速、仓门开度及最大压力等相关参数进行设置,见图2-14。

螺机最低转速设置:螺机转速小于此栏设置的最低转速时不允许刀盘旋转。

后仓门最小开口度:螺机后仓门小于此栏设置的最小开口度时,螺机旋转不能启动,以防堵仓（在设备调试中,该参数一般设置为0,用户根据现场需要进行设置）。

螺机最大压力:通过设定螺机的最大压力,可以限定螺机液压泵的最大输出压力,当螺机油压达到最大设定压力后螺机停止旋转进行卸载,从而保护螺机液压系统的安全性（默认值为300bar）。

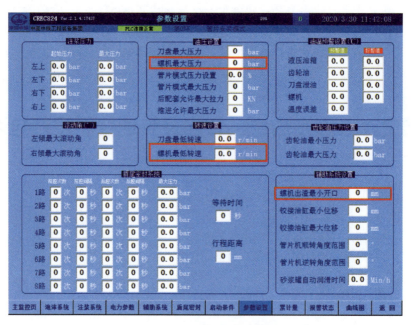

图2-14 螺旋输送机参数设定

2.4.2 螺旋输送机启动与调节

（1）控制面板识别

首先在控制面板中找到螺旋输送机控制区域,具体见图2-15。具体控制面板功能说明见表2-4。

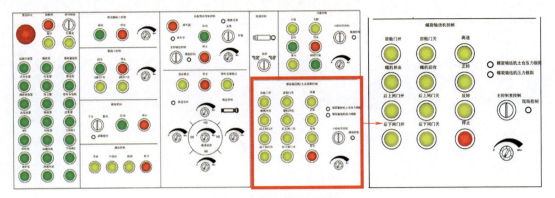

图2-15 螺旋输送机控制面板

表2-4 螺旋输送机控制面板说明

名称	功能	状态/操作
启动电机		
螺旋输送机	绿色按钮:打开和关闭用于螺旋输送机的液压泵 绿灯闪烁(快):故障 绿灯闪烁(慢):泵启动过程中 绿灯常亮:正常运行	前提条件: • 液压油箱中有足够的油(不低于最低液位) • 液压油箱油温不高于上位机设置的极限值 • 补油泵补油压力正常 • 螺旋输送机急停系统正常 皮带输送机正常启动
螺旋输送机土仓压力极限	LED信号灯 信号灯亮:土仓压力超过上位机设置	状态: ⇒ 过滤器和冷却泵工作状态 ⇒ 主轴承润滑油脂泵处于工作状态 ⇒ 螺旋输送机泵工作 ⇒ 皮带输送机工作 ⇒ 设备桥螺旋输送机紧急停止功能处于非工作状态 步骤/传输 ⇒ 调节旋转电位器到"0"
螺旋输送机压力极限	LED信号灯 信号灯亮:螺旋输送机压力超过上位机设置	⇒ "停止"灯灭 ⇒ 按"正转"按钮 ⇒ 打开上闸门及下闸门 ⇒ 打开后闸门
前仓门开/关	黄色按钮:打开和关闭螺旋输送机前仓门 常亮:指示是否开/关到位 按下闪烁:开/关过程中 常灭:开/关都没有到位	⇒ 用电位器顺时针缓慢旋转,螺旋输送机旋转 ⇒ 调节旋转电位器到"0" ⇒ 关闭后闸门 ⇒ "停止"按钮停止旋转 ⇒ 按钮"反转"
螺机伸出/回收	黄色按钮:伸出和回收螺旋输送机 常亮:指示是否伸/缩到位 按下闪烁:伸/缩过程中 常灭:伸/缩都没有到位	⇒ 打开后闸门 ⇒ 用电位器顺时针缓慢旋转,螺旋输送机旋转 ⇒ 调节旋转电位器到"0" ⇒ 关闭后闸门 ⇒ "停止"按钮停止旋转 ⇒ 关闭上闸门 关闭下闸门

续表

名称	功能	状态/操作
后闸门开/关	黄色按钮:打开和关闭螺旋输送机的泄渣舱门 常亮:指示是否开/关到位 按下闪烁:开/关过程中 常灭:开/关都没有到位	
正转/反转	黄色按钮:选择泄渣方式	
停止	红色按钮:停止泄渣 常亮:旋转条件不满足 常灭:旋转条件满足	
高速(脱困)	黄色按钮:特殊情况下螺旋输送机高速旋转	
速度控制(电位器)	电位器:调节螺机旋转速度0~最大	
主控制室控制/现场(本地)控制	主控制室:主控室操作螺旋输送机 现场(本地)控制:启动螺旋输送机现场(本地)控制面板、现场(本地)控制螺旋输送机以便维保	
现场(本地)控制	指示灯 灭:主控室控制 闪烁:主控室、现场(本地)均不能控制 亮:现场(本地)维保控制	

(2) 操作面板状态检查

在启动螺旋输送机之前,首先需要检查操作面板状态:开机前应使螺旋输送机前仓门处于开启位,螺旋输送机的螺杆应伸出,无其他报警指示;将面板的螺旋输送机转速调节旋钮调至最小位。

(3) 螺旋输送机转速调节

螺旋输送机转速是除盾构机推进液压缸推力外调整推进速度的另一重要手段,提高出渣速度可以使掘进速度大幅提高,螺旋输送机转速也是调整土仓压力的重要手段。软土中掘进速度较快时,螺旋输送机转速也要随着掘进速度的加快同步进行调整,螺旋输送机的转速调节必须与推进速度相匹配,它们之间比例为1∶1,即螺旋输送机的出渣量和刀盘开挖渣土量保持一致。螺旋输送机转速在软土掘进时一般控制在10~22r/min。在硬岩中掘进,由于掘进速度慢且土仓内渣土量较少,螺旋输送机转速的调节对掘进速度的调节、影响作用不大,主要用于调节土仓压力,一般可将螺旋输送机转速控制在6~10r/min。在软硬不均的地层中,土仓内压力平衡的保持至关重要。由于软岩地层非常容易产生坍塌，同时硬岩地层的硬度较高不易被破碎，为保护刀盘刀具而降低盾构掘进速度，单循环长时间的掘进对软岩地层的稳定极为不利，因此为了保持掌子面的稳定，必须要保持较高的土仓压力，这就要求螺旋输送机的出渣量、出渣速度需要严格控制，严禁多出土，以保证土仓压力波动不大，转速一般控制在3~8r/min较为合适。

资讯单见《全断面隧道掘进机操作（中级）实训手册》实训任务4螺旋输送机转向及转速控制设定与调节

任务实施

① 步骤1：识别螺旋输送机控制面板标识及控制元器件。

② 步骤2：在监控界面"参数设置"界面对螺旋输送机的最低转速、仓门开度及最大压力等相关参数进行设置，结合任务中描述软土地层，调整螺旋输送机最低转速为20r/min，初始闸门开度为0，最大压力为300bar。

③ 步骤3：检查操作面板状态，开机前应使螺旋输送机前仓门处于开启位，螺旋输送机的螺杆应伸出，无其他报警指示；将钥匙开关调至"主控室控制"，将面板的螺旋输送机转速调节旋钮调至最小位。

④ 步骤4：在控制面板启动螺旋输送机电机。

⑤ 步骤5：打开螺旋输送机前仓门，伸出螺旋输送机螺杆。

⑥ 步骤6：调节螺旋输送机转向为正向。

⑦ 步骤7：启动螺旋输送机，慢慢开启螺旋输送机的后仓门。

⑧ 步骤8：顺时针调节电位器调节螺旋输送机转速逐渐增大至20r/min。

任务实施单见《全断面隧道掘进机操作（中级）实训手册》任务4螺旋输送机转向及转速控制设定与调节

考核评价

通过学习本任务内容后对螺旋输送机进行操作控制，检查学员有关螺旋输送机操作内容理解是否正确，作业流程是否规范，掌握是否熟练，操作结果是否达标。

评价单见《全断面隧道掘进机操作（中级）实训手册》实训任务4螺旋输送机转向及转速控制设定与调节

知识拓展

在地层中如疑似或确定含有孤石、地质碎裂带区段掘进时，如不能通过提前处理的方式将孤石、大块碎石等取出，为避免因地层不稳定、地下水压大等因素产生不能开仓处理孤石、碎裂块的情况，可利用螺旋输送机的伸缩油缸将螺旋轴完全缩回至筒体内部，以避免孤石、碎石堆积时螺旋轴长度较长、受力复杂带来的机械损伤等情况。螺旋轴回收后应适当加大渣土改良剂的注入量，使渣土有更好的流塑性，以提高螺旋输送机的出渣效率。盾构明确通过孤石层区段后，选择孤石处理点，进行适当地层加固后，将土仓内孤石全部处理干净，检查螺旋轴、螺旋叶片的外观和磨损情况，无特殊情况后，可将螺旋输送机伸出进行后续区间的掘进。

任务2.5 土仓压力参数设定与调节

教学目标

知识目标：
1. 掌握土仓压力平衡原理；
2. 掌握土仓压力过大时的调节方法；
3. 掌握土仓压力变化波动较大时的调节方法。

技能目标：
1. 能够合理判断并分析土仓压力变化趋势；
2. 土仓压力大时能够合理控制降低土仓压力；
3. 土仓压力小时能够合理控制提升土仓压力。

思政与职业素养目标：
1. 培养学生具备遇到问题综合分析的能力；
2. 通过土仓压力随着地层的变化不断变化的事实，培养学生以动态的、发展的眼光看待问题的能力。

任务布置

某土压平衡盾构机在砂卵石+黏土复合地层掘进过程中，因穿越地层软硬不均过渡段时由于地质差异导致土仓压力发生突变，为确保地面不出现变形沉降，控制开挖面稳定，请结合实际情况进行土仓压力调节控制，确保土仓压力随开挖面地层变化始终处于动态平衡。

知识学习

2.5.1 土仓压力的概念

土压平衡盾构机掘进时，为了确保盾构隧道开挖面（掌子面）的稳定，须通过在土仓内积土使土仓内的压力等于或略大于掌子面外侧的土压力与水压力总和，并在盾构机掘进过程中，不断通过螺旋输送机排土，以确保土仓内土压力处于动态平衡状态，进而确保掌子面始终处于动态的稳定状态。通过在土仓内积土而产生的用于平衡掌子面外侧土水压力的压力就叫做土仓压力。

2.5.2 土仓压力平衡原理

土仓压力是通过在固定体积的土仓内积土产生的，其大小与土仓内部的积土多少有关；土仓压力的控制主要靠控制螺旋输送机排渣的速率和排渣量来实现，通过控制螺旋输送机的排土速率，就可以使盾构机土仓进渣量与排渣量近似相等，进而实现土仓压力动态平衡，具体原理见图2-16。

图2-16　土仓压力平衡示意图

2.5.3　土仓压力的传导

土仓隔板上配置有高灵敏度的土压力传感器，能在主控室主监控界面显示不同部位的土仓压力。根据土压力分布规律，一般在土仓上、中、下部各设置土仓压力采集点，获取不同位置处土仓压力变化值，如图2-17所示，红圈标记位置即为主监控界面显示土仓不同位置处土压力值。

2.5.4　土仓压力调整

如果开挖地层自稳定性较好采用敞开式掘进，则不用调整压力，以较大开挖速度为原则。

如果开挖地层有一定的自稳性而采用半敞开式掘进，则注意调节螺旋输送机的转速，使土仓内保持一定的渣土

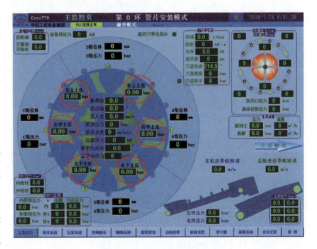

图2-17　土仓压力监控界面

量，一般约保持2/3左右的渣土。可以通过观察面板上土压传感器值，上部压力可以为0，左中和右中压力值稍大于0，左下和右下压力值为1bar左右即可。

如果开挖地层稳定性不好或有较大的地下水时，需采用土压平衡模式（即EPB模式）。此时需根据前面地层的不同来保持不同的土仓压力，具体压力值应由土木工程师决定。但最大土仓压力值一般不能大于3bar，否则有可能损坏主轴承密封。

（1）土压平衡盾构机正面阻力过大

1）原因分析

① 盾构机刀盘的开口率偏小，进土不顺畅。

② 盾构机正面地层土质发生变化。

③ 盾构机正面遭遇较大块的障碍物。

④ 推进液压缸密封损坏，发生液压油渗漏，造成整体推力不足。

⑤ 刀盘出现严重磨损，导致开挖直径降低。

⑥ 正面压力设定太高。

⑦ 渣土改良效果不好，导致结泥饼现象严重，出渣困难。
⑧ 盾构机在坚硬地层中出现姿态急剧调整、转弯等情况，导致盾体卡住。
2) 控制方法
① 合理设计刀盘进渣尺寸和开口率，确保出土顺畅。
② 隧道轴线设计应做详细地质勘察，掌握摸清地层对盾构机掘进中可能存在的障碍物和不良地质环境。
③ 经常性检查和维修盾构刀盘和推进液压缸，确保工作性能良好。
④ 合理设定土仓压力，加强施工管理和数据监测，及时调节平衡土压力值。
⑤ 选择合理外加剂，做好渣土改良工作。
⑥ 针对坚硬地层，采用适当的辅助工法进行地层临时加固及土仓清理。
⑦ 增加液压缸数，增加总推力值。

（2）土仓压力波动太大
1) 原因分析
① 盾构机推进速度与螺旋输送机的转速不匹配。
② 当盾构机在砂土地层中施工时，螺旋输送机摩擦力太大或者形成土塞而被堵住，造成出土不畅，使得开挖面平衡压力急剧上升。
③ 盾构机在管理拼装期间及掘进过程中出现后退，使得开挖面平衡压力下降。
④ 土压平衡盾构控制系统出现故障造成实际土仓压力与设定土压力出现偏差。
⑤ 螺旋输送机出现喷涌现象，掌子面压力无法有效建立，造成压力波动较大。
⑥ 掌子面压力传感器出现故障，显示数值与实际偏差较大。
2) 控制方法
① 正确设定盾构机推进的施工参数，使推进速度与螺旋输送机的出土功能相匹配。
② 当土体强度较高、螺旋输送机排土不畅时，在螺旋输送机或土仓中适量加注水或者泡沫等润滑剂，提高出土效率。当排土过快造成仓内压力无法有效建立时，适当关小螺旋输送机的闸门，保证平衡压力的建立。
③ 管片拼装作业时，要正确伸缩液压缸，严格控制液压和伸缩液压缸的数量，确保拼装时盾构机不后退。
④ 正确设定土压力值以及控制系统的控制参数。
⑤ 加强设备维修保养，保证设备完好率，确保液压缸内没有渗漏油的现象。
⑥ 做好渣土改良工作，防止出现螺旋输送机喷涌等现象。

资讯单见《全断面隧道掘进机操作（中级）实训手册》实训任务5 土仓压力参数设定与调节

任务实施

（1）若压力大时可以采取以下几个措施来降低压力
① 加快螺旋输送机的转速，增加出渣速度，降低土仓内渣土的高度。
② 适当降低推进液压缸的推力。
③ 降低泡沫和空气的注入量。
④ 适当地排出一定量的空气或水。

(2)若压力小时可以采取以下几个措施来增大压力
① 降低螺旋输送机的转速,降低出渣速度,增加土仓内渣土的高度。
② 适当增大推进液压缸的推力。
③ 增大泡沫和空气的注入量。
任务实施单见《全断面隧道掘进机操作(中级)实训手册》实训任务5土仓压力参数设定与调节

 考核评价

本任务主要向学员介绍土压平衡盾构机土仓压力的概念及调节方式,重点考察土仓压力变化调节过程中是否能够做出正确判断并予以合理调节措施。
评价单见《全断面隧道掘进机操作(中级)实训手册》实训任务5土仓压力参数设定与调节

 知识拓展

增大或降低土仓内的压力是通过几种办法的综合运用来调整的,调节时要综合考虑几种方法对盾构施工的影响,如考虑到掘进的速度、对管片的保护以及是否会发生喷涌等因素。一般情况下有以下几种影响:
① 长时间降低螺旋输送机的转速可能会使开挖速度下降;
② 过量注入泡沫来保压不但不够经济,而且有可能发生喷涌;过少则可能造成刀盘扭矩增加;
③ 推进系统推力过大有可能破坏管片,使管片产生裂纹或变形;推进系统推力太小则无法掘进。

任务2.6 同步注浆量及压力设定与调节

 教学目标

知识目标:
    1. 掌握同步注浆的工作条件;
    2. 掌握同步注浆的工作参数;
    3. 掌握同步注浆的控制方式;
    4. 熟悉同步注浆的参数设置与控制界面。
技能目标:
    1. 能够正确选择注浆方式;
    2. 能够正确进行注浆参数设置;
    3. 能够正确规范进行注浆作业操作。
思政与职业素养目标:
    1. 培养学生精确计算的能力;
    2. 培养学生根据注浆参数变化及时做出响应的意识。

任务布置

某土压平衡盾构机刀盘开挖直径为 6.28m,管片设计外径为 6.0m,管片设计环宽值为 1.2m,推进速度为 20mm/min,现需要进行掘进过程中同步注浆作业,注浆压力设定不超过 0.3bar,根据给定条件计算理论注浆量并设定注浆速率与注浆压力,并采用手动注浆模式对顶部注浆孔进行注浆作业。

知识学习

2.6.1 同步注浆的工作条件

同步注浆与盾构推进同时进行,通过同步注浆系统及盾尾的注浆管,向管片与盾尾空隙同时注浆,见图 2-18。同步注浆在盾尾空隙形成的极短的时间内将其充填密实,从而使周围岩体获得及时的支撑,可有效地防止岩体的坍陷,控制地表的沉降,地表沉降量应控制在要求范围之内。

(1)同步注浆的必要条件

① 盾构配置的注浆系统能力与盾构推进能力匹配。
② 根据地层渗透特性与掘进速度准确计算每环的注浆量。
③ 根据地层特性及参数,确定正确的预设压力。
④ 根据要求配置合格的浆液配比成分。

(2)同步注浆保证措施

① 同步注浆坚持"掘进必须注浆"的原则。

图 2-18 同步注浆示意图

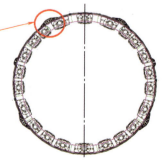

图 2-19 注浆管路

② 注浆结束标准应以注浆量和注浆压力双重标准进行控制。

③ 结合地表监测结果，对注浆参数进行调整，严格执行信息化施工控制。

2.6.2 注浆系统的设备组成

注浆系统由带搅拌的砂浆罐和注浆泵机及盾壳上设置的注浆管路组成。如图2-19、图2-20所示。

2.6.3 注浆参数确定

（1）注浆量

图2-20　砂浆罐与注浆泵机

① 同步注浆量的确定是以盾尾建筑空隙量为基础并结合地层、线路及掘进方式等考虑适当的饱满系数，以保证达到充填密实的目的。

② 注浆应紧跟盾构的掘进进行，应准备足够的砂浆，施工中要做到不注浆、不掘进。

③ 施工中必须按确定的注浆量来控制注浆，保证每环填充饱满。但应当明确：施工中达到设定的注浆量，也只能保证盾尾建筑空隙理论上的填充饱满，实际的填充情况则取决于注浆压力。

（2）注浆压力

① 注浆压力是一个非常重要的参数。其值的确定也是注浆施工中很重要的一个方面，过大可能会损坏管片，反之浆液又不易注入，故应综合考虑地质情况、管片强度、设备性能、浆液性质、开挖仓压力等以确定出能完全充填且安全的最佳值。

② 施工中操作人员务必要将压力传感器接好，并检查其工作情况，确保传感器能正常工作。坚决杜绝在无压力传感器的情况下继续注浆，以防由于注浆压力过大损坏管片。

③ 注浆压力是评估盾尾建筑空隙填充情况的重要参数。施工中应以此控制每环的注浆量。

④ 采用同步方式注浆时，注浆过程中注浆压力应保持恒压。

（3）注入速度

注浆速度应与盾构的掘进速度相适应。过快可能会导致堵管，过慢则会导致地层的坍塌或使管片受力不均，产生偏压。

2.6.4 注浆操作方式选择

同步注浆设备由液压动力站提供动力。泵送注浆量可以通过控制液压油流量来调整。每个出口都装有压力传感器。在泵的冲程可检验的地方，每个活塞都装有计数器。这样每条线上的注浆量均可变化以适应盾构的掘进速度。每个注浆点上的压力传感器发出的信号可以用于控制注浆过程。具体操作可分为手动和自动两种方式。

（1）手动操作

在手动方式中，注浆点可单独选择任何一路，也可选择全部管路。单独地选择所有注浆点的每一个，并通过控制板的开关启动该系统。注入量可借助控制板上的电位器进行变化。

（2）自动操作

为了实现自动注浆的功能，在管路的注入端安装了压力传感器，用于检测注浆压力，可以通过控制液压油流量来调整注浆泵动作次数，从而调整泵送注浆量。在实际操作中是通过电位器控制比例调速阀以实现流量控制的。

在自动操作中，所有注浆点都设有连续监测，如果压力超过了最小静压力的预设值则开始自动注浆。如果超过了最大静压力预设值注浆就会减少，直到该值降到限制值以下。同时注浆压力在主控室有显示，并且最小、最大静压力的预设也是在主控室完成的。具体注浆压力参数设置界面见图2-21。注浆压力参数监控界面见图2-22。

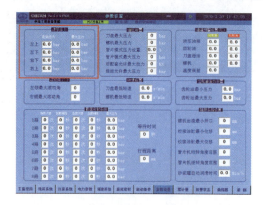

图2-21　注浆压力参数设定界面　　　　图2-22　注浆压力参数监控界面

表2-5　同步注浆系统控制界面说明

名称	功能	状态/操作/前提条件
开启电机		
注浆泵	绿色按钮:打开和关闭液压泵以便注浆系统工作 绿灯闪烁(快):故障 绿灯闪烁(慢):泵启动过程中 绿灯常亮:正常运行	前提条件: 液压油箱中有足够的油(不低于最低液位) 液压油箱油温不高于上位机设置的极限值 推进注浆辅助急停系统正常

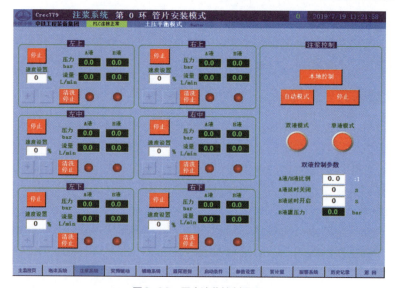

图2-23　同步注浆控制界面

在注浆自动控制模式下,当某一路注浆压力小于相应的起始压力设置值时,此路注浆被激活,系统按照此路设定的注浆速度进行注浆,直到此路注浆压力达到设置的最大压力,停止此路注浆。之后,随着推进的继续,此路相应的检测压力值将减小,当减小至小于设置的起始压力,此路注浆再次启动,周而复始。各路都按这一模式进行工作,从而达到自动控制的目标。

注浆作业前首先需要开启注浆泵机,待泵机按钮绿灯常亮,代表可以正常工作。具体见表2-5。

图2-23所示同步注浆控制界面主要实现注浆系统的控制及参数设定。界面中的控制按钮与实物按钮类似,按下后显示为绿色时表明处于启动状态,再次按下显示为红色时表明处于关闭状态。其中本地控制按钮可实现主控室与本地控制切换功能。通过该界面可以实时监控注浆速度、压力及流量,若为A/B液双液注浆时,也可以设置浆液比例、延时等功能。

2.6.5 同步注浆系统清洗

(1)泵的清洗

注浆泵通过连接管和砂浆罐相连,连接段还包含清洗口。泵直接装在砂浆罐的下方用于提高泵的效率。安装有清洁水箱,泵的活塞部分浸在水箱内便于活塞杆的清洗。每次注浆完成后,将注浆管路填满膨润土浆液以防堵塞泵。

(2)管路的清洗

在砂浆罐及泵进口均连接有膨润土管路,每一环注浆完成后可启动膨润土泵泵送一定压力的水或者膨润土向前冲洗泵和管路;在停机2h以上时,可通过该方式将管路中填满膨润土,防止砂浆结实堵塞管路。

注意:在拆装尾盾注浆管时,需将管片拼装机回转架向主梁后部移动,避免管路积水洒落至拼装机上,损坏密封。

资讯单见《全断面隧道掘进机操作(中级)实训手册》实训任务6同步注浆量及压力设定与调节

任务实施

(1)注浆参数设定

注浆参数仅注浆压力一项,可在上位机"参数设置"页面进行设定。其数值应根据工程实际综合地质、注浆量等情况考虑。压力参数设定后,当注浆压力达到设定的最大停止压力则注浆泵将自动停止。只有随盾构的继续掘进,浆液流动,压力减小到设定的启动压力时,注浆泵才可能再次启动。

(2)操作程序

① 首先做好一切准备工作,比如接好注浆管路、传感器等。

② 连接好砂浆运输罐车与盾构自备贮浆罐间的注浆管,启动砂浆车输送泵向贮浆罐中输入砂浆,输砂浆的同时应启动砂浆搅拌器,使其搅拌砂浆防止砂浆发生固结(注意:启动搅拌器前需要启动自动润滑油脂泵)。

③ 选择工作模式(一般均采用手动模式)。

④ 掘进开始后,启动注浆泵准备注浆。

⑤ 根据掘进速度选定适当的注浆速度,启动注浆泵进行注浆,并通过速度调节器调好速度。

(3) 过程数据的收集

这里所指的过程数据主要包括注浆量和注浆压力。注浆量可根据脉冲计数器的显示数据来推算，操作人员可先根据罐贮浆量和对应的注浆行程获得一个经验系数，比如：75次/1m³（表示注完1m³砂浆需单个注浆泵作75个行程）。另外，注浆量也可根据注浆前后的罐贮量之差来确定。注浆压力则直接按压力显示器的显示数值收集即可。这些过程数据应及时按对应环号做好记录备查。

(4) 注浆施工中应注意的问题

① 操作人员应经常对注浆设备进行彻底的清理、检查，要保证注浆泵能正常工作、注浆管路畅通及压力显示系统准确无误。

② 当采用同步注浆方式时，浆液要从管片的对称位置注入，防止产生偏压使管片发生错台或损坏。

③ 注浆过程中要密切关注管片的变形情况，若发现管片有破损、错台、上浮等现象应立即停止注浆。

④ 当注浆量突然增大时，应及时查明原因并妥善处理。

⑤ 注浆过程中若发生管路堵塞应立即处理，以防止管中浆液凝结，尤其是盾尾暗置管路一定要及时进行清理。

⑥ 注浆泵上的清洗水箱应保持有足够的水以防止污物进入从而影响泵的使用。

任务实施单见《全断面隧道掘进机操作（中级）实训手册》实训任务6同步注浆量及压力设定与调节

考核评价

本任务主要向学员介绍土压平衡盾构机同步注浆的原理及控制调节方式，重点考察盾构推进同步注浆过程中注浆参数的设置与调节。

评价单见《全断面隧道掘进机操作（中级）实训手册》实训任务6同步注浆量及压力设定与调节

任务2.7　泡沫系统参数设定与调节

教学目标

知识目标：
　　1.掌握泡沫剂的参数；
　　2.掌握泡沫剂的加注方式。
技能目标：
　　1.能够正确检查泡沫系统原液液位与泵机状态；
　　2.能够正确启动盾构机泡沫系统；
　　3.能够合理设置泡沫参数；
　　4.能够合理选择泡沫注入模式。
思政与职业素养目标：
　　具备审时度势，根据实际情况及时调整工作参数应对环境变化的职业素养。

 **任务布置**

某中铁装备系列盾构机在软土地层中进行掘进,因地层黏度系数较高,经常发生刀盘结泥饼的情况,因此需要加注泡沫进行渣土改良。现根据地层情况进行泡沫系统操作。在泡沫控制面板输入泡沫控制参数,根据任务要求,泡沫流量(10%)膨胀率 FER 值(1∶8)和注入比 FIR 值(50%)。在"手动"控制模式下打开所有泡沫注入管路并启动泡沫注入系统后停止加注。

 知识学习

地铁施工过程中,因为地层差异较大,其工程特性各有不同。为了提升出渣效率、改善渣土性能,确保掌子面稳定,盾构机在掘进过程中经常需要用到渣土改良剂。泡沫剂是盾构施工最为常用的渣土改良剂,首先由泡沫剂原液与水按一定比例调节后形成泡沫溶液,再注入压缩空气进行发泡后形成泡沫,最后通过管路向刀盘、土仓及螺旋输送机内进行加注。泡沫剂应在土木工程师的要求下根据工程地质的具体情况设定泡沫的压力及流量。

盾构机配有一套泡沫发生系统,用于对渣土进行改良。系统主要由泡沫泵、高压水泵、电磁流量阀、泡沫发生器、压力传感器、管路等组成,见图2-24、图2-25。

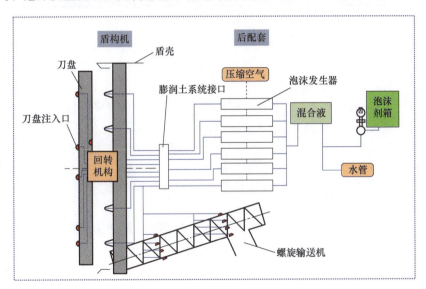

图2-24 泡沫系统示意

图2-25 泡沫系统设备组成

在控制室的上位机启动后，即可在"泡沫系统"上设定泡沫和空气的流量，见图2-26。具体方法见下面的说明。

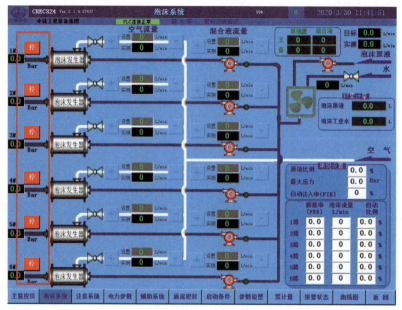

图2-26 泡沫系统界面

该界面包括泡沫系统的控制及状态监视、土仓加水控制等。泡沫系统包括控制模式和参数设置，各路空气及混合液的流量设置值及实际值；显示了泡沫水及泡沫原液的流量及各路泡沫的压力，并设置有6路泡沫激活预选按钮。

泡沫流量、泡沫的膨胀率和注入比是泡沫参数系统的三个重要参数，具体如下。

① 泡沫流量（L）。泡沫流量=泡沫溶液体积（泡沫原液体积+水的体积）+注入空气体积。

② 泡沫的膨胀率（FER）。FER=配比好的泡沫溶液的流速（L/mm）：注入压缩空气的流速（L/mm）；FER越大说明泡沫越"稀"或越"湿"，一般取值在1:6~1:15之间。

③ 泡沫的注入比（FIR）。FIR=（泡沫加注速率/土层的开挖速率）×100%；一般取值在40%~100%之间。

输入上位机管理密码后即可设定泡沫系统半自动模式下的膨胀率和泡沫流量，自动模式下的膨胀率和注入比，常规设置的原液比例及泡沫注入的最大压力。

泡沫混合液中的水量和压缩空气的流量，由流量传感器进行检测，PLC控制电控阀门的开度，得到最佳的混合比例。泡沫发生器出来的泡沫压力由压力传感器进行监测，反馈到PLC，使泡沫的注入压力低于设定的水土压力。

注意：泡沫原液必须使用弱碱性泡沫。

以中铁装备系列土压平衡盾构机泡沫控制系统为例，控制面板见图2-27，控制面板说明见表2-6。

泡沫系统由控制台设置或维持操作。泡沫注入分三种模式：手动、半自动及自动模式。选择"手动"或者"半自动"控制模式下，必须至少一路启动（图中红色方框标识）

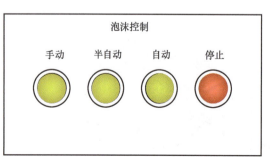

图2-27 泡沫设备控制面板

表2-6 泡沫设备控制面板说明

名称	功能	说明
停止	停止泡沫系统的操作及故障指示	无论工作在手动、自动、半自动状态,此按键被按下后,都将停止工作
手动	泡沫系统的手动模式的选择操作及启用指示 每路泡沫量由司机控制。空气和混合液的流量设置均在触摸屏上完成	刀盘土压正常 系统没有工作在自动和半自动状态 水路球阀处于打开状态 供水压力正常 在推进停止后,延迟30s停止工作 运行后实现自锁
自动	用于泡沫系统的自动模式的选择操作及启用指示 司机设置总注入率以及每路泡沫的注入率,每路的混合液流量和空气流量由控制系统自动调节	刀盘土压正常 系统没有工作在手动和半自动状态 (原液液位高于低限;原液变频器正常工作;原液主接触器正常) 或者混合液液位罐液位大于停止位 水路球阀处于打开状态 供水压力正常 在推进停止后,延迟30s停止工作 运行后实现自锁
半自动	用于泡沫系统的半自动模式的选择操作及启用指示 需求的泡沫量和膨胀率由司机输入,每路的混合液流量和空气流量由控制系统自动调节	刀盘土压正常 系统没有工作在自动或手动状态 (原液液位高于低限;原液变频器正常工作;原液主接触器正常) 或者混合液液位罐液位大于停止位 水路球阀处于打开状态 供水压力正常 在推进停止后,延迟30s停止工作 运行后实现自锁

注:任何一种模式,均需在触摸屏上选择泡沫回路、设置原液与水的比例。

按钮按下,显示绿色表明被激活后,在琴台控制面板上才能启动;在选择"自动控制"模式时,必须6路泡沫都已被激活方可启动。

手动控制:在手动模式下,由操作司机观察螺旋输送机出料的情况调节各路泡沫发生器的混合液或压缩空气的量。并可以单独向某一路注入泡沫或增加减少某一路管路泡沫注入量,也可手动调节空气电动调节阀的红色旋钮来现场控制空气量。

半自动控制:在半自动操作方式中,要求的泡沫流量将根据开挖仓中的支承压力注入。该模式下,在上位机设置发泡液流量、膨胀率及原液比的参数,系统自动计算泡沫混合液及空气的流量,混合液泵与空气电动调节阀会自动调节使实际流量在理论计算值附近上下浮动。

自动控制:自动模式下,系统根据盾构机掘进速度、设定的原液比、膨胀率、相关泡沫公式及设定的注入压力,自动进行各种参数的调整,不需要外界干预。

当各种条件都比较理想时可以采用自动模式,否则就要采用半自动或手动模式。当采用半自动或手动模式时,操作司机根据盾构综合参数如刀盘扭矩、土仓压力及出渣情况等,依据个人的经验对泡沫剂或空气的流量进行手动调节。

资讯单见《全断面隧道掘进机操作(中级)实训手册》实训任务7泡沫系统参数设定与调节

任务实施

① 激活各泡沫管路,打开泡沫泵机和注入器。

② 选择泡沫系统控制。

③ 在泡沫控制面板输入泡沫控制参数，根据任务要求，泡沫流量（10%）膨胀率 FER 值（1∶8）和注入比 FIR 值（50%）。

④ 通过观察螺机出渣情况，调整泡沫参数（"自动"模式除外）。

⑤ 停止泡沫系统。盾构机掘进停止时，首先关闭泡沫泵，再关泡沫加注管路通道。

任务实施单见《全断面隧道掘进机操作（中级）实训手册》实训任务7泡沫系统参数设定与调节

考核评价

本任务主要向学员介绍土压平衡盾构机泡沫系统的组成和控制方式，重点考察盾构泡沫系统的控制方式和控制参数。

评价单见《全断面隧道掘进机操作（中级）实训手册》实训任务7泡沫系统参数设定与调节

知识拓展

膨润土系统的操作与泡沫系统类似。膨润土的作用也是为了改善渣土的特性，使其更利于掘进和出渣。当需要使用膨润土时，首先要在洞外将膨润土搅拌好并输送到洞内的膨润土罐内，然后启动搅拌泵和输送泵，并调整膨润土的泵送流量即可。停止输送时直接停止输送泵，但当罐内还有膨润土时一般不要停止搅拌泵。具体膨润土控制面板见图2-28，控制面板说明见表2-7。

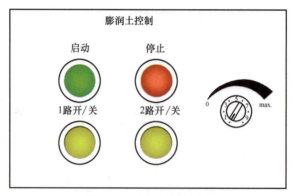

图2-28 膨润土控制面板

表2-7 膨润土控制面板说明

名称	功能	状态/步骤
膨润土		
开始/停止	按钮:打开和关闭膨润土泵	状态： • 膨润土罐中足够的膨化后的膨润土
速度(电位器)	顺时针调节电位器:膨润土流量调节	步骤： ⇒ 调节电位器到"0" ⇒ 按下"启动"按钮 ⇒ 顺时针调节电位器调节流量 ⇒ "停止"按钮停止膨润土

任务2.8　盾尾密封油脂系统加注

教学目标

知识目标：
　　1. 理解盾尾密封油脂的作用和类型；
　　2. 掌握盾尾密封油脂控制界面；
　　3. 掌握盾尾密封油脂的加注方式；
　　4. 掌握气动油脂泵的操作方式。
技能目标：
　　1. 能够正确选择油脂加注控制方式；
　　2. 能够正确使用气动油脂泵进行进桶、出桶操作。
思政与职业素养目标：
　　培养合理分析、分工协作的能力。

任务布置

以铁建重工系列土压平衡盾构机为例，分别通过手动和自动模式进行盾尾密封油脂加注操作，并操作气动油脂泵进行盾尾密封油脂桶的安装作业。

知识学习

（1）盾尾密封系统

以铁建重工系列盾构为例，盾尾密封系统控制面板见图2-29。

绿色按钮功能：

① 绿灯闪烁：手动模式下未选择通道，按下启动按钮或自动模式下处于等待过程中。

② 绿灯常亮：至少有一路通道处于工作状态。

③ 红灯常亮：盾尾油脂罐低限。

在主控室面板选择控制模式（手动/自动，前提条件盾是尾油脂桶有足够的油且控制盒处于工作模式）。如果选择手动，需在主控室面板按下"启动"按钮，并在上位机上选择需要注入的点（前部和后部）；如果选择自动模式，将按照"参数设置"界面"盾尾密封系统"的"注脂次数"和"等待时间"从"前部上右"到"后部上左"循环注入；如果选择"自动"且选择"行程控制模式"。将按照"参数设置"界面"盾尾密封系统"的"行程距离"，每到一个行程距离，循环注脂一次。如果选择"自动"且选择"压力控制模式"，将按照"参数设置"界面"盾尾密封系统"的"最大压力"，循环注脂，直到达到设定的压力。

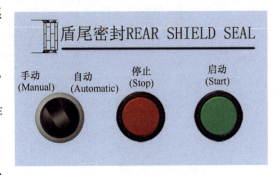

图2-29　盾尾密封油脂加注面板

（2）盾尾密封自动注入参数设置

前腔（后腔）次数与时间设置为在行程控制模式下自动注入参数设置值，最大压力是在盾尾密封油脂压力控制模式下自动注入参数设置值。在行程控制模式下，在设置的推进距离内，每一路注入设定的次数即转入下一路注脂，时间间隔参数用于设置此路注入完毕后转入下一路注入时间的间隔。等待时间用于设定每路注脂最大允许的持续时间，如果此路注入达到设置的最大等待时间次数仍未达到，则跳转到下一路。在压力控制模式下，可以设定每一路注入的最大压力值，在自动控制模式下，程序依次对各路进行注脂，每一路注入启动后，当检测到压力值达到此路设置的压力时即停止注入，进行下一路的注入，循环往复。见表2-8和图2-30。

表2-8 盾尾密封控制面板说明

按钮名称	功能	说明
盾尾密封手动/自动模式选择	用以盾尾密封的手动/自动模式选择操作	手动模式：触摸屏上选择通道，按下启动按钮 自动模式：脉冲模式下需设置动作行程、最长等待时间、分通道脉冲次数、分通道压力高限；脉冲等待模式下需设置动作行程、最长等待时间、分通道脉冲次数、分通道压力高限和分通道等待时间
盾尾密封停止	手动模式下，停止盾尾密封操作及故障状态指示	按键被按下时，盾尾密封停止工作
盾尾密封启动	手动模式下，盾尾密封的启动操作及运行状态指示	压缩空气正常 盾尾密封脂桶不在维护模式 盾尾密封脂桶脂没有用完

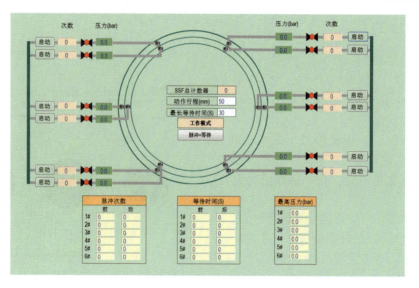

图2-30 盾尾油脂注入系统参数控制界面（铁建重工系列）

任务实施

（1）控制模式选择

在主控室面板选择控制模式（手动/自动，前提条件是盾尾油脂桶有足够的油且控制盒处于工作模式）。

1）如果选择手动，需在主控室面板按下"启动"按钮，并在上位机上选择需要注入的点（前部和后部）；如果选择自动模式，将按照"参数设置"界面"盾尾密封系统"的"注脂次数"和"等待时间"从"前部上右"到"后部上左"循环注入。

2）盾尾密封自动注入参数设置：前腔（后腔）次数与时间设置为在行程控制模式下自动注入参数设置值，最大压力是在盾尾密封油脂压力控制模式下自动注入参数设置值。

① 行程控制模式：如果选择"自动"且选择"行程控制模式"，将按照"参数设置"界面"盾尾密封系统"的"行程距离"，每到一个行程距离，循环注脂一次。在行程控制模式下，在设置的推进距离内，每一路注入设定的次数即转入下一路注脂，时间间隔参数用于设置此路注入完毕后转入下一路注入时间的间隔。等待时间用于设定每路注脂最大允许的持续时间，如果此路注入达到设置的最大等待时间次数仍未达到，则跳转到下一路。

② 压力控制模式：如果选择"自动"且选择"压力控制模式"，将按照"参数设置"界面"盾尾密封系统"的"最大压力"，循环注脂，直到达到设定的压力。在压力控制模式下，可以设定每一路注入的最大压力值，在自动控制模式下，程序依次对各路进行注脂，每一路注入启动后，当检测到压力值达到此路设置的压力时即停止注入，进行下一路的注入，循环往复。

（2）气动油脂泵操作

1）进桶操作

① 电控盒上按下本地控制，手动操作进气阀组，将压盘抬起，压盘上升过程中注意立柱上方是否有干涉问题。

② 将油桶放到压盘下方，注意压盘要与油桶对正。

③ 手动操作进气阀组，让压盘下压（此动作前，油桶盖需拿掉）。

④ 当压盘进入油桶前，拧下排气杆排气，让桶内的空气排出。

⑤ 压盘接触到油面后，开启气马达，此时，进气压力不要调太高，一般在2~3bar即可，刚开始马达动作可能较快，动作几次后，速度会明显下降，排气声音也会听起来有吃力的感觉，此时表示油脂泵已经进入正常泵送状态。

⑥ 此时根据需要可以加大进气压力，调节泵送速度，但压力不要超过6bar。

⑦ 气马达动作正常后，压盘排气口有油冒出时，表示桶内空气已排净，将排气杆拧紧。

⑧ 将电控盒上的开关打到远程（或自动）挡。

2）出桶操作

① 当气动泵发生空桶报警后，就需要更换新油桶，此时，先将控制盒的开关打到本地（或手动）控制挡。

② 将压盘控制气阀打到上升位置，此时，还必须打开压盘进气阀，往油桶内充气，否则压盘会带着油桶一起上升。

③ 压盘上升过程中，要注意上方是否有干涉问题。

④ 压盘脱出油桶后，关闭压盘充气阀，移开空油桶。

⑤ 按照进桶操作，更换新油桶。

考核评价

本任务主要向学员介绍土压平衡盾构机盾尾密封油脂的类型和加注控制方式，重点考察盾尾密封油脂的加注操作方式。考核评价表见表2-9。

表2-9 盾尾密封操作考核评价表

评价项目	评价内容	评价标准	配分
知识目标	盾尾密封油脂的作用和类型	能够正确理解盾尾密封油脂的作用和类型	10
	盾尾密封油脂控制界面	能够正确掌握盾尾密封油脂控制界面	10
	盾尾密封油脂的加注	能够正确掌握盾尾密封油脂的加注方式	10
	气动油脂泵的操作	正确掌握气动油脂泵的操作方式	10
	油脂加注控制方式	能够正确选择油脂加注控制方式	20
	正确使用气动油脂泵进桶、出桶操作	能够正确使用气动油脂泵进桶、出桶操作	30
素质目标	合理分析、分工协作	具备合理分析、分工协作的工作态度	10
合计			100

知识拓展

油脂桶内油脂用完后需要更换油脂桶,满油脂桶通过电瓶车运输至油脂泵区域,利用油脂吊机吊下放至合适的位置。

① 将油脂泵送系统控制旋钮旋转至维修挡位。

② 调节气缸压力至6bar,打开油脂桶通风阀,将气锤操作手柄上抬,提升气锤,将气锤从孔油脂桶中提出。

③ 搬开空的油脂桶,将满桶正放在气锤下方。

④ 拧开气锤上的放气螺杆,关闭油脂桶通气阀,下压气锤操作手柄,将气锤压入油脂桶内。

⑤ 一旦气锤进入油脂桶,调节气锤压力,气锤压力将至不高于2bar,将泵送手动阀拧至手动工位,可听见油脂泵频率很高的"啪啪"声,这时可以打开油脂泵放气阀,放出油脂桶内的空气,待其频率降低后,即可表示可以开始注脂,关闭放气阀。

任务2.9 管片安装操作

教学目标

知识目标:
1. 掌握管片安装前的注意事项;
2. 掌握管片安装的方式和顺序;
3. 掌握管片吊机与管片安装机的使用;
4. 掌握管片安装质量检查标准。

技能目标:
1. 能够合理进行管片安装前的准备工作及安全质量检查;
2. 能够规范操作管片吊机与安装机进行管片安装;
3. 能够进行管片安装后质量检查及遵守作业安全注意事项。

思政与职业素养目标:
1. 培养安全至上、规范作业的责任意识;
2. 培养严谨细致、不留隐患的职业习惯。

任务布置

某地铁盾构施工区间,当前某中铁装备系列盾构机正常掘进一环,准备进行管片安装。作为盾构操作人员,正确控制管片吊机进行管片运输,并操作管片安装机进行管片拼装作业,注意做好前期准备和过程中安全质量控制工作。

管片拼装操作

知识学习

管片安装之前利用电瓶车组上的管片小车将由地面吊运下来的管片运输至盾构机配套拖车范围内,再由盾构机上的管片吊机从运输小车上将管片吊运下来。若盾构机配备有喂片机,则由管片吊机吊运至喂片机上后由喂片机将管片送至管片安装机进行安装作业;若盾构机没有配备喂片机,则由管片吊机直接吊运至管片安装机下方,由安装机进行安装作业。

2.9.1 管片吊机与喂片机操作

无管片运输小车时,管片从地面存放处由单轨梁吊机吊运到电瓶车组的管片运输小车上,由管片运输小车运送到盾构1#拖车,再由双轨梁吊机直接吊运至安装机下方,将管片旋转90°后放置在管片安装机可抓取范围内,由管片安装机进行拼装。

有喂片机时,管片从地面存放处由龙门吊机吊运到电瓶车组的管片运输小车上,由管片运输小车运送到盾构1#拖车,再由管片吊机直接吊运至盾构拼装机下方,将管片旋转90°后放置在喂片机上,然后由喂片机管片输送到管片安装机可抓取范围内,由管片安装机进行拼装。

(1)管片吊机操作

管片吊机位于盾构1号拖车处,负责从编组列车到喂片机的管片运输,它由一对电驱动吊链起重装置、一对电驱动行走装置和控制系统组成,起重装置和行走装置都有快、慢两挡速度。管片吊机操作面板见图2-31,其操作控制说明见表2-10。

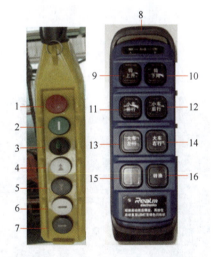

图2-31 管片吊机操作面板(有线/无线)

表2-10 管片吊机操作控制说明

编号	部件名称	功能	备注
1	紧急停止按钮	按下此按钮时管片吊机电源切断	
2	启动按钮	用于接通吊机控制电源	
3	行走电机选择开关	当此开关旋在左位时只有左边的行走电机工作,旋在右位时右边的行走电机工作,在中间位时两个电机同时工作	
4	起吊按钮	轻按此按钮时管片上升,上升速度为一挡;重按此按钮时上升速度为二挡	
5	下落按钮	轻按此按钮时管片下降,下降速度为一挡;重按此按钮时下降速度为二挡	

续表

编号	部件名称	功能	备注
6	前行按钮	按此按钮时管片吊机前进	
7	后退开关	按此按钮时管片吊机后退	
8	指示灯急停按钮	用来指示当前控制的吊机(左、右、左右)急停控制	
9	起升按钮	吊机起升	
10	下降按钮	吊机下降	
11	前进按钮	吊机前进	
12	后退按钮	吊机后退	
13、14	预留按钮	预留	
15	启动复位按钮	启动及复位急停	
16	转换按钮	左控制、右控制、左右控制转换	

（2）喂片机操作

喂片机在盾构连接桥架下方，它起着管片运输和中间储备的作用。盾构掘进时，喂片机由一根链条连接到盾构盾体上，随着盾构的掘进而前进。既可在喂片机控制盒上操作喂片机，也可在管片安装机遥控器上操作喂片机。图2-32中方框显示即为中铁工程装备集团有限公司系列盾构喂片机，图2-33显示为对应盾构机喂片机控制器，具体功能见表2-11。

图2-32 喂片机（图中红框所示）

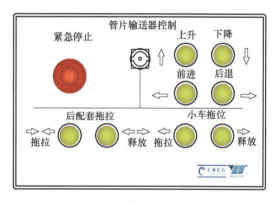

图2-33 喂片机控制器

表2-11 喂片机控制器功能说明

名称	功能
上升/下降	带灯按钮/上下移动喂片机上支撑板
前进/后退	带灯按钮/前进或后退喂片机
小车拖拉/释放	带灯按钮/牵引或放松管片的喂片机和盾壳之间的连接
后配套拖拉/释放	带灯按钮/牵拉或放松后配套和盾壳之间的连接
紧急停止	紧急停止按钮/关闭辅助系统的液压泵

2.9.2 管片安装机操作

管片安装机(见图2-34)位于盾尾内部,用来安装管片衬砌。它的运动与施工现场的要求相适应,能将管片准确地放到恰当的位置上。

(1) 管片安装机启动前的准备

管片安装机启动前首先需要开启响应液压泵。当安装机液压泵指示灯为绿色慢速闪烁时代表正在启动,当指示灯为绿色常亮时代表泵机已经启动,见表2-12。

图2-34 管片安装机

表2-12 管片安装机泵机控制说明

按钮名称	功能	说明
管片安装机	绿色按钮:打开和关闭管片安装机的液压泵 绿灯闪烁(快):故障 绿灯闪烁(慢):泵启动过程中 绿灯常亮:正常运行	前提条件: • 液压油箱中有足够的油(不低于最低液位) • 液压油箱油温不高于上位机设置的极限值 • 管片安装机急停系统正常

(2) 管片安装机操作

管片安装机控制是由安装机遥控器来实现的,具体启动操作步骤如下。

① 确认遥控器紧急停止按钮未按下。

② 检查管片安装机遥控器面板右下角电量闪烁指示灯为绿色,如果显示为红色表明电池电量不足,应及时更换周转电池。

③ 检查所有控制开关处于原始位置。

④ 按下遥控器右侧的"复位"(电铃)按钮。

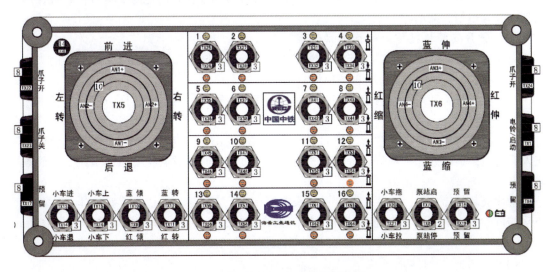

图2-35 管片安装机遥控器控制面板

⑤ 在主控制室琴台按下"复位"按钮。
⑥ 确认管片安装机泵满足启动条件，在主控制室琴台启动管片安装机泵。
⑦ 待泵完全启动，泵指示灯变为常亮即可操作。

管片安装机遥控器控制面板见图2-35，具体控制见表2-13。

表2-13 管片安装机控制面板说明

名称	功能	状态/操作
安装机面板		
蓝转/红转	选择开关/升降安装机头部旋转到蓝色或红色油缸处	状态： • 过滤器和冷却泵工作状态 • 处于管片安装状态 • 辅助液压泵工作 • 无紧急停止功能 • 管片安装机泵工作
蓝倾/红倾	选择开关/旋转安装机头部前/后倾斜	
小车拖/小车释放	选择开关/选择管片运输小车拖拉或释放	
小车前进/小车后退	选择开关/选择管片运输小车前进或后退	
小车上/小车下	选择开关/选择管片运输小车上升或下降	
红缸伸/红缸缩 蓝缸伸/蓝缸缩	操作杆/伸缩活动架	
管片安装机前进/管片安装机后退	操作杆/管片安装机向前或向后运行	
管片安装机左转/管片安装机右转	操作杆/管片安装机顺时针旋转或逆时针旋转	
爪子开	按钮/两个按钮同时按下打开卡爪	
爪子关	按钮/关闭卡爪	
推进液压缸伸出/回收	选择开关/选择推进液压缸伸出或回收	
电铃	按钮/遥控器操作	

右侧摇杆可以进行45°方向操作，以实现红、蓝油缸同时的伸缩，即向右上方向拨动摇杆可以实现红蓝油缸同步伸出，向左下方向拨动实现红蓝油缸同步缩回。

2.9.3 管片安装注意事项

（1）管片安装机操作前的检查

如管片安装机旋转马达的配管损伤时，有失控旋转而夹伤人的危险。应日常检查，确认配管有没有损伤、漏油。

（2）管片安装机操作屏的检查（遥控器）

应注意用干净的手操作管片安装机操作盒。另外，要防止操作盒受潮、沾染污迹。

（3）管片安装机操作中注意事项

管片安装机旋转时，有被旋转环、升降机架等旋转物挟住的危险，所以旋转过程中，请勿靠近。

管片安装机操作中，如软管等被周边设备挂住而损伤，则有管片安装机械手和管片落下伤人的危险，请注意保护软管，特别是超出旋转限度使用时，软管很有可能被拉断，请务必避免。

管片安装机停止时，管片安装机抓举头要停在正下方的位置。因为存在液压马达漏油而坠落的危险，在管片吊起状态和举重钳转到上方的状态不应长时间放置，通常控制在3min以内。

（4）管片抓举的注意事项

如管片抓举头未抓持到底时，有管片落下、造成重大事故的危险，请将抓举头抓持到位并注意观察旋转时是否脱出。

(5) 安装管片时注意事项

组装管片上部时，为防物件落下伤及下边的作业者，作业时请勿在下边行走。管片定位时，有将手脚夹在管片间的危险，请确认作业者的安全后操作管片安装机。组装管片时，推进液压缸的伸缩动作也会进行，作业者的手脚有被夹在突然动作的推进液压缸和管片间的危险。管片安装机和盾构推进液压缸的操作者，请明确联络口令，确认作业者的安全。

资讯单见《全断面隧道掘进机操作（中级）实训手册》实训任务8管片安装操作

任务实施

(1) 步骤一：管片安装前的准备

① 确认推进液压缸行程至少大于2000mm。
② 确认管片安装设备能正常工作，液压及控制系统工作正常。
③ 所需要的安装工具及设备如风动扳手、紧固螺栓等准备完成。
④ 确认由相关技术人员决定的管片类型及管片安装的环向位置。
⑤ 检查运输进隧道内的管片类型是否符合要求。
⑥ 清理管片安装区域的渣土、泥水、杂物等。

(2) 步骤二：管片安装方式选择

一般情况下，衬砌环采用错缝拼装，封顶块的位置在正上方或偏离上方±22.5°。管片安装时应从底部开始，然后自下而上左右交叉安装，最后插入封顶块管片成环。

(3) 步骤三：管片安装

① 无管片运输小车时，将管片按照正确顺序放置在拼装机抓取区域。
② 管片运输小车选配且使用管片运输小车运输时，将管片按正确顺序放在管片运输小车上。
③ 依次启动过滤冷却泵、辅助泵、推进泵、管片安装机泵。
④ 将盾构工作模式转换到管片安装模式下。
⑤ 收第一块管片安装区的推进液压缸。
⑥ 运输小车将第一块管片输送到安装机下方。
⑦ 管片运输小车选配且使用管片运输小车运输时，运输小车将第一块管片输送到安装机下方。
⑧ 管片安装机抓牢管片后，通过调整大油缸、旋转马达、抓举头翻转等将其准确定位到最终位置。
⑨ 在需要安装螺栓的孔内穿上螺栓并戴上螺母，但暂时不要拧紧。
⑩ 将相应的推进缸伸出，顶紧已到位的管片。必须保证在每块管片至少有两个（对）油缸对称的顶紧管片。
⑪ 用风动扳手将螺栓紧固，风动扳手的风压要满足规定的扭矩要求。
⑫ 松开抓取头，进行下一块管片的安装。
⑬ 按照以上的步骤依次安装除封顶块以外的其余管片；安装封顶块时要使封顶块从梯形头的大端向小端慢慢移动来进行定位。
⑭ 管片安装完成后，应将管片安装机的抓取头向下放置，并将盾构切换到掘进模式。

⑮ 根据需要将本环管片的安装信息输入导向系统。

（4）步骤四：管片安装注意事项

① 安装管片之前，应将盾尾杂物清理干净，否则将会损坏盾尾密封以及影响管片安装的质量。

② 由于管片安装作业区狭小、危险，操作人员必须熟悉安全操作规程，注意操作人员之间的相互协调，一定要保证人身和设备安全。

③ 管片安装机工作时，严禁管片安装机下站人，严禁非工作人员进入工作区。

④ 安装管片过程中，伸推进液压缸时，一定要把推进液压缸压力适当减小，以避免在安装过程中推力过大而造成单片管片失稳或破坏管片。

⑤ 当正在安装的管片接近已安装好的管片时，要注意不能快速接近以免碰撞而破坏管片。接近后要利用转动与翻转装置进行微调，保证管片块间的连接平顺。

⑥ 安装管片过程中，要保证密封条完好，否则应更换。

⑦ 安装完成后应对已完成的管片质量进行检查，并进行记录。

任务实施单见《全断面隧道掘进机操作（中级）实训手册》实训任务8管片安装操作。

考核评价

本任务主要向学员介绍管片运输及安装的方式，重点考察管片运输与安装前期准备、管片安装操作及质量控制。

评价单见《全断面隧道掘进机操作（中级）实训手册》实训任务8管片安装操作。

知识拓展

管片采用错缝安装时，为了确保前后环间连接缝错开，并且保持螺栓孔位对齐，通常选用十点和十六点两种点位分布形式。以下以10点位为例，见图2-36和图2-37。

管片拼装点位为在圆周上均匀分成10个点，即管片拼装的10个点位，和钟表的点位相近，相邻点位的旋转角度为36°，分别是1、2、3、4、5、7、8、9、10、11。由于是错缝拼装，所以相邻两块管片的点位不能相差2的整数倍。一般情况下，本着有利于隧道防水的要求，都只使用上部5个点位，即1、2、8、9、10这个5个点位。

管片划分点位的依据有两个：管片的分块形式和螺栓孔的布置。拼环时点位尽量要求ABA（1点、11点）形式。如果盾构隧道管片要求错缝拼装，相邻两环管片不能通缝。管片拼装点位有很强的规律，管片的点位可划分为两类，一类为1点、3点、5点、8点、10点；二类为11点、2点、4点、7点、9点。同一类管片不能相连，例如1点后不能跟3、5、8、10这四个点位，只能跟11、2、4、7、9五个点位。

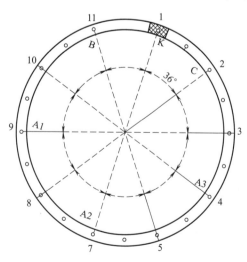

图2-36　10点位分布图

在成型隧道里两联络通道之间的奇数管片是同一类，偶数管片是同一类。

选管片的规律见表2-14。

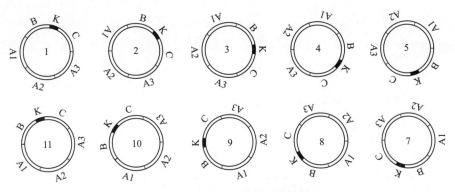

图2-37 管片点位排布图（10点位）

表2-14 管片点位排布规律

点位	1点	2点	3点	4点	5点	7点	8点	9点	10点	11点
1点	×	√	×	√	×	√	×	√	×	√
2点	√	×	√	×	√	×	√	×	√	×
3点	×	√	×	√	×	√	×	√	×	√
4点	√	×	√	×	√	×	√	×	√	×
5点	×	√	×	√	×	√	×	√	×	√
7点	√	×	√	×	√	×	√	×	√	×
8点	×	√	×	√	×	√	×	√	×	√
9点	√	×	√	×	√	×	√	×	√	×
10点	×	√	×	√	×	√	×	√	×	√
11点	√	×	√	×	√	×	√	×	√	×

注：竖列表示拼装好的管片。横向：√表示可选后续的管片；×表示不可选后续的管片。

管片的16点位排布原则与10点位类似，具体图片如图2-38所示。

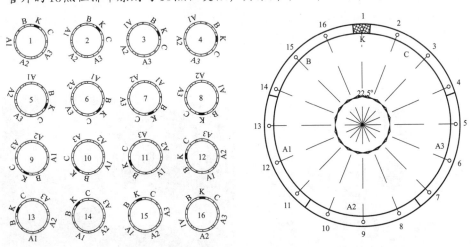

图2-38 管片点位图（16点位）

任务 2.10　人舱保压系统调节

教学目标

知识目标：
　　1. 掌握人舱作业的基本安全要求；
　　2. 掌握人舱工作压力调节方法；
　　3. 掌握人舱升降压基本流程。
技能目标：
　　1. 能够正确识别人舱安全作业条件；
　　2. 能够规范进行舱内升压操作；
　　3. 能够规范进行舱内降压操作；
　　4. 能够正确合理进行舱内压力计算及调节。
思政与职业素养目标：
　　1. 具备规范作业、安全防范的意识；
　　2. 具备严谨负责、科学作业的职业态度。

任务布置

某盾构机掘进过程中发生刀具磨损，需要进仓开展带压换刀作业。经检测后需要在土仓内加注3bar压缩空气，并以2人为一组进入人舱进行换刀作业。请遵循规范流程检测人舱安全检查，并进行人舱升降压作业。

知识学习

当工作人员需要在不良地质条件下（如软弱地层、高渗透性地层等）进入土舱作业时，可通过安全操作人舱进入土仓或刀盘前方。人舱具有主、副舱室。见图2-39。主舱通过螺栓与前盾连接，是带压作业的主要舱室。副舱是辅助舱，用于带压作业期间舱外物资的出入转运，另外在作业期间出现紧急情况时可作为急救舱，供舱外人员进入舱内实施救助。人舱各舱室均配置以下系统：加减压系统（内外双向控制）、压力监测和显示系统、通信系统（包括一套紧急通信系统）、消防系统、加热系统等，空气经过精密过滤达到人体呼吸空气的要求。

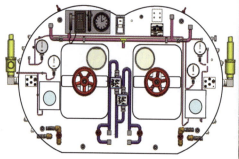

图2-39　盾构机人舱

为了检查刀盘和刀具、更换刀具、测试压力传感器和检查掌子面，人员必须定期进入开挖仓。在人员进舱之前需要向开挖仓中加入压缩空气。调节空气保压系统使得开挖仓顶部的气压高于原有土压0.1bar。当开挖仓与压力室之间的压力基本相等后，可打开中隔板的小门。

（1）安全说明

开挖仓是危险区，在此区域工作时必须遵守相应安全规则。

① 停止刀盘和螺旋输送机并关闭螺旋输送机的后闸门，并停止皮带输送机。

② 人员进入主舱并在人舱管理员的帮助下根据人舱操作规程规定适应开挖仓的压力比。

③ 一定要先关闭螺旋输送机后闸门，以防加入的空气有突然从螺旋输送机泄漏的危险。这将导致掌子面失去稳定（渣土坠落或涌水）。压力突然下降和掌子面丧失稳定性都可能导致严重的人员伤亡。

④ 掌子面有部分坍塌的可能，操作时小心观察渣土的塌落，这一过程中必须一直密切关注掌子面的情况和水位的变化。

⑤ 只有遵守了所有安全规定并确保工作材料不会坠落，才可能保证运输工具的安全。

⑥ 所有要求的吊装工具都必须经过荷载测试以保证安全操作。

⑦ 所有需要的平台和荷载工具都必须固定在中隔板或盾壳上。

⑧ 所有人员必须系好安全带（尤其是在刀盘上工作时），并将其固定在提供的固定点上。

⑨ 人舱过渡舱必须保持其空间以便工作人员随时可以进入，作为紧急藏身处。管线、电缆或其他材料不能堵塞门。

⑩ 必须定期检查电话和紧急电话设备是否能按照规定要求工作。

⑪ 犯有感冒或流感的人不能进入人舱，因为可能有耳膜破裂的危险。

⑫ 人员进出人舱时必须穿干衣服。

⑬ 所有人舱前部和内部的警示和信息标志都必须遵守，其他规定和限制也应遵守。

⑭ 检查门密封和密封面是否干净和损坏，必要时更换密封。

⑮ 使用人舱时测试记录仪是否能正常工作。

（2）人舱操作规程

① 必须遵守我国有关压力舱升压和降压的规定及人舱管理员制定的规定。

② 人舱的操作应由受过训练的人舱管理员执行。所有人舱管理员需要用到的操作和显示元件均放在人舱的外面。

③ 只有通过了压缩空气测试并经过了相关培训的人员才可进入人舱。人舱中配备了同样的元件（压力表、时钟、电话等）。

（3）进仓作业的工作气压确定

一般在不发生漏气、爆炸的情况下，气压愈高，愈能提高掌子面的稳定效果。但从作业效率和进仓作业者的健康方面考虑，则取低值较好。确定工作气压时，可由公式计算。

$$P_{初步设定} = P_{水平侧向力} + P_{水平轴向力} + P_{调整压力}$$

经过计算给出能稳定掌子面的最低气压$P_{初步设定}$，$P_{初步设定} \times$（掌子面稳定）安全系数K便是进仓作业工作气压P_W，即

$$P_W = P_{初步设定} \times K$$

（4）压力仓工作压力的调试

压力仓的工作压力由盾构的保压系统来确定，因此带压进仓之前保压系统的调试是非常

重要的。保压系统一般由空压机组、管道、球阀、PID空气站、碟形控制阀、反馈回路等组成。PID空气站用来进行仓内压力的控制,整个保压系统的控制采用闭式、比例、积分、微分控制,能有效地保障仓内恒定的工作气压。

(5) 土仓作业

① 人员在土仓作业期间由自动保压系统的恒压器向刀盘供气,保证土仓内气压保持在给定值。

② 向土仓内接入单独的管路以供氧,同时必须定期检查流速计,以保证土仓的通风并排出废气。流速计安装在人舱外的卸压阀上。

③ 土仓内作业采用轮班制,根据标准在工作压力 P_W 情况下,在带压工作减压表中选择合适的工作时间 T_W,工作人员 T_W 小时为1班,每班3~4人。作业人员在土仓内作业 T_W 小时后,通过降压程序离开加压仓。下一班人员按照以上作业程序进入主舱作业。

④ 作业过程中若需向土仓内运送物资,则启用准备仓。准备仓的操作和人员仓类似。

⑤ 考虑作业人员安全,每人每天带压工作不宜超过8h,但可根据工作量的大小按照带压工作减压表适当调整工作时间。

✱ 任务实施

以2人为一组,设定3bar目标压力值,根据规范作业要求实现盾构人舱模拟升降压控制流程。

(1) 加压操作

人员仓的加减气压可按国家《空气潜水减压技术要求》(GB/T 12521—2008)所规定的原则进行,不得随意调整。

① 作业人员进入主舱室。

② 打开主舱上的双倍记录仪,并检查它是否能正常工作。

③ 关闭主舱的人舱门并确保它正确锁好。

④ 压力挡板上的卸压球阀关闭(在EPB模式下一般都是关闭的)。

⑤ 人舱管理员要通过电话一直与坐在主舱中的人员联系。

⑥ 人舱管理员慢慢打开球阀,严格按照20L/min的流量增加主舱室的压力,直到到达操作压力值。作业人员也可以根据自己身体的实际状况,在人舱内操作球阀来增加主舱室压力,但流量不得超过20L/min。

⑦ 加压过程中,打开主舱外的卸压球阀以保证主舱内一定的通风量。通风量必须保证至少500L/min。

⑧ 主舱室内的人员可根据舱内温度调节加热系统。

⑨ 当主舱室的压力等于盾构土仓的压力时,主舱内人员缓慢打开主舱和土仓之间的卸压球阀。

⑩ 在主舱和土仓之间进行了压力补偿之后,作业人员打开压力挡板的门,进入土仓。按照检查刀盘及换刀作业程序进行工作,并详细填写刀盘检查情况及刀具磨损损坏情况。

⑪ 加压完成后人舱管理员关闭记录仪。

(2) 减压操作程序

减压程序一般分为主舱减压(人员舱减压)和减压舱减压(带压进舱附属设备),减压术语参照国家《空气潜水减压技术要求》(GB/T 12521—2008)的规定。

1）主舱减压

① 工作人员进入主舱后，人员舱管理员根据工作人员的工作时间 T_W 和工作压力 P_W 选择减压方案。

② 关闭压力挡板上的小窗和压力补偿用压力挡板上的球阀。

③ 主舱内的人员通过电话与人舱管理员联系。

④ 人舱管理员打开记录仪。

⑤ 人舱管理员通过球阀开始逐渐降低主舱中的压力至第一停留期压力，并同时观察流量表和流速计。

⑥ 人舱管理员通过球阀卸压阀开始人舱的通风，但此时不应再升高压力。

⑦ 调节球阀和卸压阀直到通过给主舱通风的方法，使得压力能稳定而缓慢的下降。在降压过程中流速计的值至少为每人 $0.5m^3/min$。

⑧ 当主舱的内压力到达了第一停留期的压力，人舱管理员通过调节球阀和卸压阀将压力保持在这一阶段值上，并同时记录时间。此外，还要定期检查流速计以检查人舱的通风。

⑨ 压力保持期内这一程序必须重复进行直到周围的压力变为正常。在降压过程中工作人员可打开加热系统。推荐的温度范围为15~28℃。

⑩ 第一停留期结束后，人舱管理员通过球阀开始逐渐降低主舱中的压力至第二停留期压力，操作方法和第一停留期减压方法相同。以此类推直至减压结束。此时，可打开主舱通往大气压室的人舱的门。

⑪ 人舱管理员停止记录仪，将人舱程序（日期、时间、压力、人数等）输入人舱手册。

2）辅舱减压

① 工作人员在人舱内缓慢降压后离开主舱直接进入单独的辅舱。人舱管理员根据工作人员的工作时间 T_W 和工作压力 P_W 选择减压方案。

② 关闭辅舱舱门与压力挡板上的小窗和压力补偿用压力挡板上的球阀。

③ 辅舱内的人员通过电话与人舱管理员联系。

④ 人舱管理员通过球阀开始逐渐降低辅舱中的压力至第一停留期压力，并同时观察流量表和流速计。

⑤ 人舱管理员通过球阀卸压阀开始辅舱的通风，但此时不应再升高压力。

⑥ 调节球阀和卸压阀直到通过给辅舱通风的方法使得压力能稳定而缓慢的下降。在降压过程中流速计的值至少 $0.5m^3/min$。

⑦ 当辅舱的内压力到达了第一停留期的压力，人舱管理员通过调节球阀和卸压阀将压力保持在这一阶段值上，并同时记录时间。此外，还要定期检查流速计以检查人舱的通风。

⑧ 压力保持期内这一程序（指前三步）必须重复进行直到周围的压力变为正常。在降压过程中工作人员可打开加热系统。推荐的温度范围在15~28℃之间。

⑨ 第一停留期结束后，人舱管理员通过球阀开始逐渐降低辅舱中的压力至第二停留期压力，操作方法与第一停留期减压方法相同。以此类推直至减压结束。此时，可打开辅舱通往舱外的舱门，工作人员离开辅舱。

考核评价

本任务主要介绍人舱升降压的调节方式，重点考察人舱入舱前安全检查、人舱升压及降压控制作业。考核评价表见表2-15。

表2-15 人舱控制考核评价表

评价项目	评价内容	评价标准	配分
知识目标	人舱作业的基本安全要求	掌握人舱作业的基本安全要求	10
	人舱工作压力调节方法	掌握人舱工作压力调节方法	10
	人舱升降压基本流程	掌握人舱升降压基本流程	10
	识别人舱安全作业条件	能够正确识别人舱安全作业条件	10
技能目标	舱内升压	能够规范进行舱内升压操作	15
	舱内降压	能够规范进行舱内降压操作	15
	舱内压力计算及调节	能够正确合理进行舱内压力计算及调节	20
素质目标	规范作业、安全防范	具备规范作业、安全防范的意识	5
	严谨负责、科学作业	具备严谨负责、科学作业的职业态度	5
合计			100

 知识拓展

带压进仓换刀作业需要遵循的注意事项。

① 建立健全安全质量责任制,进仓、检查刀盘及换刀、减压作业、运输严格按规程操作。

② 进行必要的岗前培训,对作业人员上岗前针对进仓、检查刀盘及换刀、减压作业的特点进行安全教育,树立起安全作业的意识。

③ 实行主要领导24h现场值班制度。

④ 保证现场材料供应,确保作业过程的有效运转。

⑤ 值班工程师现场24h值班,并在值班过程中做好带压进仓作业的各种记录并收集、整理,第二天及时上报公司。

⑥ 带压作业过程中,加强各种检测仪表、空压机、气路电路的观测,如发现空压机故障,应立即启动另一台空压机;如发现停电,应立即启动内燃空压机;如发现管路漏气,应立即汇报并及时处理,以防意外情况发生。并将监测及时地上报值班领导。

⑦ 每班作业时,电工应加强用电管理,确保工地施工用电安全。

⑧ 人舱、自动保压系统由专人负责操作,同时做好各项记录。

⑨ 作业人员作业时应佩戴好个人防护用品,防止意外伤亡事故的发生。

⑩ 仓内严禁携带易燃易爆物品、严禁使用明火,防止爆炸、造成事故。

任务2.11 盾构机本地控制

 教学目标

知识目标:
    1.掌握主控室控制与本地控制模式间的关系;
    2.掌握皮带输送机、螺旋输送机、刀盘等常用系统本地控制界面及控制说明。

技能目标:
    1.能够正确完成主控室控制与本地控制室模式切换;

2.能够正确识别各系统本地控制盒面板；
3.能够正确理解并控制各系统本地控制盒。

思政与职业素养目标：
通过各系统本地控制模式与主控室模式间的控制关系，培养学生分工各自担当、协同工作的能力。

 任务布置

以铁建重工系列盾构机为例，重点理解盾构机各系统本地控制模式与主控室模式间的控制关系，能够正确切换控制模式。认知各系统本地控制面板并正确使用。

 知识学习

盾构机的操作大部分是在主控制内的控制台上完成的，但很多情况也不仅限于此。例如刀盘、螺旋输送机等关键部件要进行清障或维修工作时，则需要在本地进行控制作业，并通过PLC连锁控制系统实现与主控室间的相互切换与制约，确保在现场控制作业时不会发生因主控室操作失误导致设备突然启动。本任务以铁建重工系列盾构机为例，重点介绍盾构机上各类设备本地控制及控制说明。

以下为铁建重工系列常见皮带输送机、螺旋输送机、喂片机、人舱刀盘、注浆泵机、水管卷筒、污水泵机等盾构机控制子系统本地控制，安装于各个作业系统附近。通过钥匙实现"远程-本地"模式切换，其中"远程"通指控制室内控制，"本地"通指在现场进行控制。当"本地就绪"的指示灯亮起时，说明本地控制有效，此时控制室内对该系统暂时无法进行控制，确保在现场作业时待维修设备不会突然启动，造成事故。

（1）皮带输送机本地控制（见图2-40、表2-16）

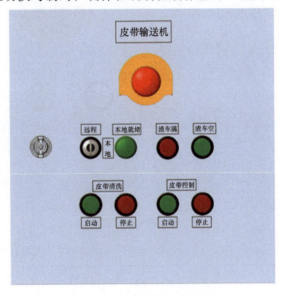

图2-40 皮带输送机本地控制盒

表2-16 皮带输送机本地控制盒说明

按钮名称	功能	说明
急停	用于紧急停止当前动作的急停操作	紧急停止被按下时,所有动作都无法执行
远程—本地模式	用于皮带机的本地/远程模式选择的操作	本地模式:在外部操作箱控制皮带机 远程模式:在控制室操作皮带机
本地就绪	本地工作就绪指示灯	
渣车满	渣车满的动作操作及渣车满状态指示	当检测到渣车装满以后,按下此按键,则指示灯亮
渣车空	渣车空的动作操作机及渣车空状态指示	在没有得到渣车满命令的情况下,此指示灯一直亮

续表

按钮名称	功能	说明
皮带控制启动—停止	皮带机的本地启动—停止操作及运行状态指示	软启无故障 紧急开关没有接通 速度监测传感器无故障 操作模式处在PBC模式下 渣车没有装满 运行后实现自锁
皮带清洗启动—停止	皮带机的本地启动—停止操作及故障状态指示	启动—停止皮带机冲洗气动球阀

(2) 喂片机本地控制（见图2-41、表2-17）

(3) 螺旋输送机本地控制（见图2-42、表2-18）

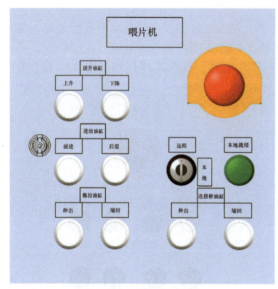

图2-41　喂片机本地控制盒　　　　图2-42　螺旋输送机本地控制盒

表2-17　喂片机本地控制盒说明

按钮名称	功能	说明
顶升油缸上升—下降	喂片机的顶升—下降操作及动作运行指示	顶推油泵运行 喂片机由控制台控制 喂片机下降、前进、后退没有动作
进给油缸前进—后退	喂片机的前进—后退操作及动作运行指示	顶推油泵运行 喂片机由控制台控制 喂片机上升、下降、后退没有动作
拖拉油缸伸出—缩回	喂片机的拖拉油缸伸出—缸缩回操作及动作运行指示	顶推油泵运行 喂片机由控制台控制 喂片机拖拉油缸伸出没有动作
急停	紧急停止当前动作的操作	

续表

按钮名称	功能	说明
远程/本地模式/本地就绪	喂片机的本地/远程模式切换选择操作	远程:遥控操作 本地:现场操作 本地就绪:在本地模式下,系统无故障,则指示灯亮
连接桥油缸伸出—缩回	用于连接桥拖拉油缸缩回操作及动作运行指示	顶推油泵运行 连接桥油缸缩回限位没有接通 连接桥压力没有大于高限 喂片机由控制台操作 连接桥油缸伸出没有动作
本地就绪	本地就绪指示灯	

表2-18 螺旋输送机本地控制盒说明

按钮名称	功能	说明
急停	紧急停止当前动作的操作	
液压泵启动	液压泵运行指示	
远程—本地	螺旋机的本地—远程模式选择的操作	本地模式:在外部操作箱控制螺旋机 远程模式:在控制室操作螺旋机
正转—反转	螺旋机的正反转动作操作及运行状态指示	螺旋机处于PSC操作模式 螺旋输送机主泵在运行状态 螺旋机油脂脉冲正常 泄漏油温度正常 液压系统压力正常 后门开度正常 皮带输送机处于运行状态/旁通状态 螺旋机土压正常 没有工作在反转状态 点动控制,按住才能转
螺旋机伸—缩	螺旋机的伸出—缩回动作操作及运行状态指示	螺旋机处于PSC操作模式 顶推油泵运行 螺旋机缩回没有动作 螺旋机前闸门开到位 伸出限位开关没有工作
前闸门打开—关闭	螺旋机的前闸门打开—关闭动作操作及运行状态指示	螺旋机处于PSC操作模式 顶推油泵运行 前闸门关闭没有动作 左侧或者右侧前门开限位开关没有工作
上后闸门打开—关闭	螺旋机的上后闸门动作操作及运行状态指示	螺旋机处于PSC操作模式 顶推油泵运行 上后闸门关闭没有动作 上后闸门打开到位限位开关没有工作
下后闸门打开—关闭	螺旋机的下后闸门打开—关闭动作操作及运行状态指示	螺旋机处于PSC操作模式 顶推油泵运行 下后闸门关没有动作 下后闸门开到位限位开关没有工作

（4）人舱刀盘本地控制（见图2-43、表2-19）

（5）同步注浆本地控制（见图2-44、表2-20）

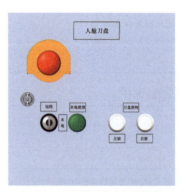

图2-43 人舱刀盘本地控制盒

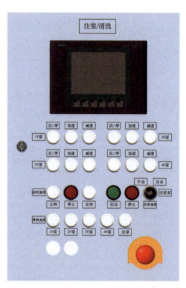

图2-44 同步注浆本地控制盒

表2-19 人舱刀盘本地控制盒说明

按钮名称	功能	说明
急停	紧急停止当前动作的操作	
远程/本地	用于刀盘本地/远程模式选择的操作	本地模式:在人舱内控制刀盘 远程模式:在控制室操作刀盘
本地就绪	本地就绪指示灯	
刀盘旋转左旋—右旋	用于刀盘左旋—右旋的动作操作及运行状态指示	变频器准备就绪 刀盘驱动系统与主PLC通信正常 刀盘冷却润滑密封正常 变频器就绪 盾构机翻转角度没有超限 刀盘旋转右旋不工作

⚠ 注意：此处启动刀盘为点动，一般用于换刀作业。

表2-20 同步注浆本地控制盒说明

名称	功能	说明
1#泵启动—停止	注浆泵启动—停止(运行/故障指示)的操作	管片拼装机液压泵在运行状态 注浆/清洗模式选择在注浆模式 如果通道压力大于设置最大压力值,则被复位 注:点击一下启动,再次点击一下停止
1#(1#~4#)注浆泵加速	注浆泵速度调节加速	每按一次"加速"按键,则注浆速度增加1%。一直按住此按键,同时按一次1号泵"减速"按键,则注浆速度增加10% 当注浆速度增加到100%后,还执行上述操作,注浆速度维持100%不改变

续表

名称	功能	说明
1#(1#~4#)注浆泵减速	注浆泵速度调节减速操作	每按一次"减速"按键,则注浆速度减少1%。一直按住此按键,同时按一次1号泵"加速"按键,则注浆速度减少10% 当注浆速度减少到0后,还执行上述操作,注浆速度维持0不改变
砂浆搅拌电机正转—反转—停止	砂浆搅拌电机正转—反转—停止操作/运行指示	
注浆泵启动—停止	注浆泵的启动—停止操作/运行指示	
注浆选择手动—自动	注浆模式的自动/手动模式选择	手动模式下,开启本路开关后,当该路压力超限后,该路注浆将停止注浆 自动模式下,当压力低于启动值,原来选择该路启动的会再次自动启动
1#(1#~4#)泵启动(清洗选择)	注浆泵的清洗选择启动/运行指示	管片拼装机液压泵在运行状态
反泵	注浆模式下,执行反泵操作	
急停	按下该按钮后紧急停止当前动作	

(6) 水管卷筒本地控制(见图2-45、表2-21)

(7) 污水泵本地控制(见图2-46、表2-22)

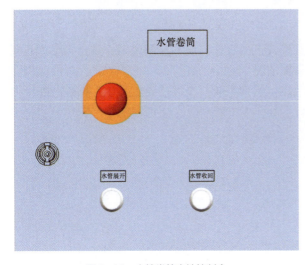

图2-45 水管卷筒本地控制盒

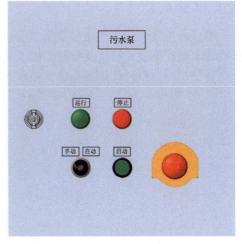

图2-46 污水泵本地控制盒

表2-21 水管卷筒本地控制盒说明

按钮名称	功能	说明
急停	紧急停止当前动作的操作	
水管展开—收回	水管卷筒水管展开—收回的动作操作及运行状态指示	

表2-22　污水泵本地控制盒说明

按钮名称	功能	说明
急停	紧急停止当前动作的操作	
运行	运行状态指示	
停止	停止状态指示	
自动—手动	手动—自动模式的切换选择	污水到达高液位,泵自动开启,到达低液位,泵自动停止,在低液位和高液位之间,用户可根据情况手动启停泵
启动	手动启动污水泵	点动控制

资讯单见《全断面隧道掘进机操作（中级）实训手册》实训任务9盾构机本地控制

 任务实施

① 识别各控制系统本地控制盒位置及面板。
② 通过钥匙开关实现各控制系统"本地模式"切换。
③ "本地模式"下启动各控制系统。
④ "本地模式"下停止各控制系统。

任务实施单见《全断面隧道掘进机操作（中级）实训手册》实训任务9盾构机本地控制

 考核评价

本任务主要介绍盾构机各系统本地控制模式下的操作界面和控制说明，重点考察学员对于盾构本地控制模式切换及控制面板说明掌握情况。

评价单见《全断面隧道掘进机操作（中级）实训手册》实训任务9盾构机本地控制

项目 3
盾构机姿态控制

任务 3.1 盾构机导向系统控制界面及姿态参数识读

 教学目标

知识目标：
  1.熟悉盾构机导向系统控制界面；
  2.熟悉盾构机姿态控制主要参数及含义；
  3.理解盾构机的理想姿态。
技能目标：
  1.能正确识读盾构机主要姿态控制参数；
  2.能根据导向系统控制界面参数及小飞机初步判定盾构机当前姿态。
思政与职业素养目标：
  1.培养学生科学分析数据的能力；
  2.姿态参数的变化预示着盾构姿态趋势的变化，直接影响盾构掘进的安全，从中培养学生通过数据现象看本质，防微杜渐的意识及能力。

 任务布置

  某软弱地层，一台土压平衡盾构机由直线段进入缓和曲线段掘进，导向系统控制界面如图 3-1 所示。请识读当前盾构姿态参数，并初步判断盾构姿态。

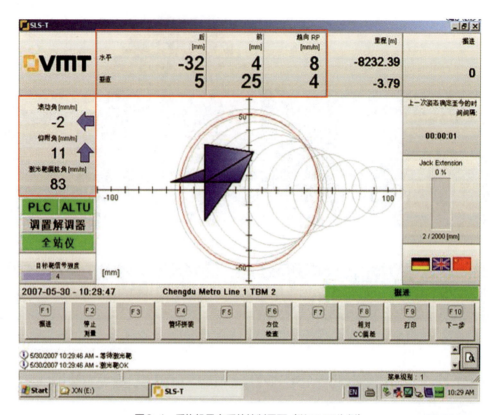

图3-1 盾构机导向系统控制界面（以VMT为例）

 知识学习

3.1.1 盾构机导向控制系统界面

盾构机导向系统的组成及姿态参数

盾构机导向控制系统的基本功能是引导盾构机沿着隧道设计轴线向前掘进，当盾构机偏离隧道设计轴线时，还可以引导操作人员进行盾构的姿态调整及纠偏。所以，导向系统是盾构机的"眼睛"，是盾构掘进必不可缺少的"导航灯塔"。

不同品牌的导向控制系统界面布置形式各不相同，但展现的姿态参数基本一致。以VMT为例，如图3-1所示。界面的正中央是一个十字坐标系，横坐标代表水平方向，纵坐标代表垂直方向，纵横坐标的交点为隧道设计中心，单位皆为mm。蓝色的小飞机代表盾构机盾头部分所处的位置，飞机前端中心为盾首即切口环中心的位置，飞机后端中心为盾尾中心的位置，飞机的方向表示当前盾构机的掘进姿态。从图中可以看到，盾构当前位置偏向隧道设计轴线的左侧，正仰头向右上掘进。

界面的上方为盾构机前后的水平与垂直偏差、趋向及里程等参数，左侧为盾构机滚动角、仰俯角、激光靶偏航角等。其中里程数"8232.39"为掘进段总长度，单位为m；"3.79"为当前已掘进长度，单位亦为m；"−"号表示当前盾构机向里程减少方向掘进。其余9个数据皆为盾构机的姿态参数。

3.1.2 盾构机姿态参数

盾构机姿态包括水平姿态、垂直姿态、仰俯及扭滚姿态等。其中水平姿态参数有水平偏差、水平趋向及偏航角等，垂直姿态参数有垂直偏差与垂直趋向等，仰俯姿态参数为仰俯角，扭滚姿态参数为扭滚角。

（1）水平偏差、水平趋向及偏航角

如图3-2所示。

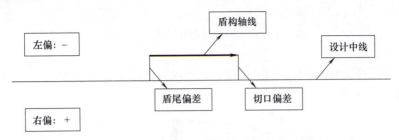

图3-2 水平偏差与水平趋向示意图（俯视图）

水平偏差指盾构机轴线偏离隧道设计中线的水平距离，单位为mm，右偏为正，左偏为负。分别以盾首（切口环）水平偏差与盾尾水平偏差表示。

水平趋向指在水平面内盾构机轴线偏离隧道设计中线的趋势，以每掘进1m产生的水平偏移量表示，计算方法为（盾首水平偏差-盾尾水平偏差）/盾构机长度，单位为mm/m，右偏为正，左偏为负。

偏航角指水平面内盾构机轴线偏离隧道设计中线割线的夹角，右偏为正，左偏为负，单位为mm/m，见图3-3。

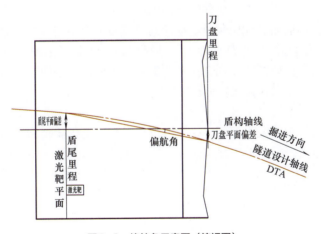

图3-3 偏航角示意图（俯视图）

（2）垂直偏差与垂直趋向

如图3-4所示为垂直偏差与垂直趋向示意图（立面图）。

垂直偏差指盾构机轴线偏离隧道设计中线的垂直距离，单位为mm，上偏为正，下偏为负。分别以盾首（切口环）垂直偏差与盾尾垂直偏差表示。

垂直趋向指在铅垂平面内，盾构机轴线偏离隧道设计中线的趋势，以每掘进1m产生的垂直偏移量表示，计算方法为（盾首垂直偏差-盾尾垂直偏差）/盾构机长度，单位为mm/m，上偏为正，下偏为负。

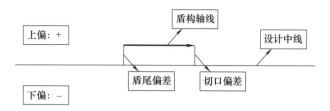

图3-4 垂直偏差与垂直趋向示意图（立面图）

（3）仰俯角

仰俯角指盾构机轴线与水平面的夹角，亦称俯仰角。仰俯角反映盾头上仰或下附的姿态，上仰为正，下俯为负，单位为mm/m，见图3-5。

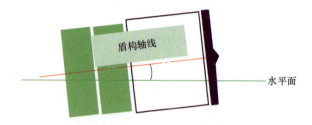

图3-5 仰俯角示意图

（4）滚动角

盾体垂直轴线与铅垂线发生偏转的夹角称为滚动角，用盾体滚动偏差量mm/m表示，右滚偏差为正，左滚偏差为负，如图3-6所示。滚动角主要是由于刀盘长时间朝同一方向旋转所致，推进千斤顶的不平衡推力也会导致盾构机产生滚动角。

需要说明的是，偏航角、仰俯角及滚动角的单位习惯上不用度数而是用偏差变化量mm/m来表示，其主要原因有三：一是这种表示计算简单，避免了繁琐的角度与弧度之间的转换；二是便于操作人员快速判断每掘进一米的偏差变化值；三是便于与水平、垂直趋向变化量的表示保持一致，便于操作人员掌握。

（5）方位角

部分品牌的导向控制系统界面还有一个方位角参数，是指盾构轴线与坐标系正北方向的夹角，其测量方法是由坐标纵轴正北方向起，顺时针量到盾构轴线的夹角。盾构的轴线指切

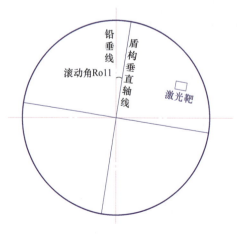

图3-6 滚动角示意图（正视图）

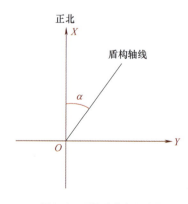

图3-7 盾构方位角示意图

口中心与盾尾中心的连线。如图3-7所示。盾构方位角反映了盾构机在空间的绝对方位。

(6) 盾构机的理想姿态

如图3-8所示，S为隧道设计中线、D为盾构机轴线、G为管片中线，盾构机掘进的理想姿态应为S、D、G三线重合。事实上，由于盾构机是刚体，无法实现圆滑调整，所以盾构机总是围绕着隧道设计中线呈蛇形掘进，很难保证盾构机轴线与隧道设计中线及管片中线的重合，三线之间往往会存在一定偏差。操作人员的一般做法是尽量控制盾构机坐标跟踪隧道设计坐标，同时使管片中线与盾构机轴线重合，力求将三线之间的偏差控制在一定的允许范围之内。

资讯单见《全断面隧道掘进机操作（中级）实训手册》实训任务10盾构机姿态控制

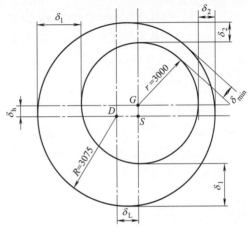

图3-8 三线重合示意图

任务实施

某软弱地层，一台土压平衡盾构机由直线段进入缓和曲线段掘进，导向系统控制界面如图3-1所示。请识读当前盾构姿态参数，并初步判读盾构姿态。

参照任务内容，根据学习的盾构机导向系统界面及参数相关知识，可知盾构当前位于–8232.39里程处，完成任务如下。

① 水平姿态：盾体前4mm，后–32mm，水平趋向8mm/m，盾体水平姿态偏左。
② 垂直姿态：盾体前25mm，后5mm，垂直趋向4mm/m，盾体垂直姿态偏上。
③ 盾体仰俯角11mm/m，滚动角–2mm/m，偏航角83mm/m。

结合小飞机的方向，可以判定盾构正仰头向右纠偏。

任务实施单见《全断面隧道掘进机操作（中级）实训手册》实训任务10盾构机姿态控制

考核评价

通过本任务内容学习，主要考查学生导向系统界面是否熟悉，对水平、垂直姿态，偏航角、仰俯角、滚动角等姿态参数的含义是否理解到位。

评价单见《全断面隧道掘进机操作（中级）实训手册》实训任务10盾构机姿态控制

任务3.2 盾构机姿态控制

教学目标

知识目标：
1. 了解盾构机姿态控制的基本原理；
2. 熟悉盾构机姿态控制标准；
3. 掌握盾构机姿态纠偏操作基本方法；

4. 熟悉典型工况下盾构姿态控制操作要点。

技能目标：
1. 能判断盾构机当前姿态是否需要实施纠偏；
2. 能按规范流程及标准对盾构机姿态进行调整与纠偏。

思政与职业素养目标：
1. 培养学生养成规范作业的习惯；
2. 培养学生崇德崇学，向上向善的职业道德。

任务布置

某软弱地层，一台土压平衡盾构机由直线段进入缓和曲线段掘进，导向系统界面如图3-1所示，其中水平姿态，盾体前4mm、后-32mm，水平趋向8mm/m；垂直姿态，盾体前25mm、后5mm，垂直趋向4mm/m；盾体，偏航角83mm/m、仰俯角11mm/m、滚动角-2mm/m。请分析判断当前盾构姿态是否需要纠偏，如何纠偏，同时规范实施盾构纠偏。

知识学习

3.2.1 盾构机姿态控制的基本原理

盾构机姿态控制主要是通过推进油缸分区控制来实现的。为了便于盾构机掘进方向调整，盾构机推进油缸采用分区设计，见图3-9，将推进油缸划分为A、B、C、D四个区域，通过合理选择各分区油缸的推进压力，可调整盾构机的偏航角、俯仰角等姿态，实现盾构机向上、下、左、右四个方向掘进的调向以及纠偏。如盾构机左偏时，加大左侧D区油缸推力，减少右侧B区油缸推力，可让盾构机逐渐回到线路中心；再如盾构上仰时，加大上部A区油缸推力，减少下部C区油缸推力，亦可让盾构机逐渐回到线路中心。

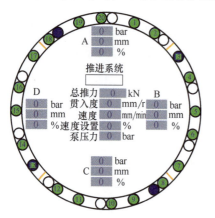

图3-9 推进油缸分区布置图

3.2.2 盾构机姿态调整的方法

在盾构机掘进过程中，盾构机的姿态数据经导向系统测量与运算后，实时传输并显示在盾构机导向控制系统界面上。操作人员依据盾构机当前姿态数据及其与隧道设计中线之间的偏差与趋向对盾构姿态进行实时调整。调整时，以隧道的设计线形参数包括平面线形要素、纵坡坡率、线路走向等（统称为隧道设计中线DTA）为准，通过对盾构机推进液压缸区域油压的调整，对盾体偏航角、俯仰角、滚动角等进行有效控制，使盾构机的空间位置和姿态始终趋近DTA数值，从而使盾构机的姿态偏差达到最小值。

（1）偏差、趋向、偏航角及俯仰角的调整

当发现盾构机水平偏差、垂直偏差、仰俯角、偏航角等即将偏离控制范围时，可分别对A、B、C、D等区域油缸的压力进行调整以达到纠偏的目的。具体如图3-10所示，如旋钮D

组调大、B组调小可实现盾构机向右的纠偏；旋钮C组调大、A组调小可实现盾构机向上的仰俯角调整，其他调整与纠偏同理。

（2）滚动角的调整

盾构机产生滚动角，主要是由于盾构机刀盘持续朝向一个方向旋转引起的，所以，滚动角调整的基本方法是让刀盘进行反转。当发现盾构机滚动角接近极限值时，通过调整刀盘旋转方向，利用刀盘旋转的反作用力，使盾体向相反方向滚动，具体操作见刀盘控制区（如图3-11所示）。刀盘换向，先停止刀盘旋转，选择刀盘旋转方向，再启动刀盘旋转，缓慢将刀盘转速旋钮调整到合适的转速。

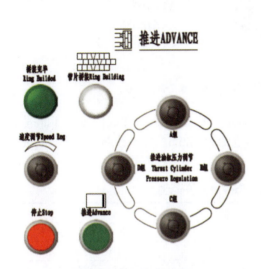 

图3-10 推进油缸推力控制　　　　　图3-11 刀盘控制区图

3.2.3 盾构机姿态控制标准

（1）隧道工程的允许偏差

不同隧道工程的允许偏差见表3-1。以地铁隧道为例，规范要求水平与高程的最大允许偏差为±50mm。同时，设备设计规定，盾体滚动角应控制在±8mm/m范围以内。

表3-1 隧道允许偏差范围

项目	最大允许偏差/mm					
	地铁隧道	公路隧道	铁路隧道	水务隧道	市政隧道(排水、电力)	油气隧道
隧道中线平面位置	±50	±75	±70	±100	±100	±100
隧道中线垂直位置	±50	±75	±70	±100	±100(隧道底线)	±100

（2）姿态管控标准

施工企业要求，姿态偏差管理范围为隧道工程最大允许偏差的60%。所以，地铁隧道工程盾构姿态的偏差允许范围为：水平和高程±30mm，滚动角小于±5mm/m。对于操作手，控制范围要求更加严格，水平和高程的控制范围为±20mm，滚动角控制范围为±3mm/m。

地铁隧道工程允许偏差范围、施工企业盾构姿态偏差管理范围及操作手控制范围三者之间的关系见图3-12。

所以，当盾构机水平位置或高程位置偏离隧道设计中线±20mm时，就要进行盾构机姿态的纠偏。纠偏时，要求做到"早纠，勤纠，缓纠"，杜绝"急纠、猛纠"。每一环水平方向纠偏不允许超过±8mm，垂直方向纠偏不允许超过±5mm。

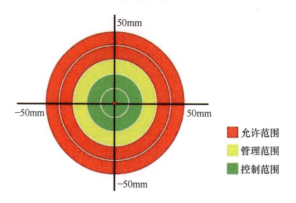

图3-12 盾构姿态控制范围标准

同时规定，直线段每一环推进油缸行程差不允许大于20mm；曲线段每一环推进油缸行程差不大于10mm；铰接油缸的行程差管理控制范围为30mm，操作控制范围为20mm。

综上，盾构机姿态控制允许范围见表3-2。

表3-2 盾构机姿态控制允许范围

姿态类型	姿态内容	参数	备注
盾构机掘进姿态	姿态允许控制范围	±50mm以内	超出此范围属于施工事故
	姿态管理控制范围	±30mm以内	施工安全管理的富余量
	姿态操作控制范围	±20mm以内	超出该范围需及时进行纠偏
	允许控制滚动角	±8mm/m以内	每米盾构直径滚动5mm
	操作控制滚动角	±5mm/m以内	
	仰俯角	+3mm/m以上	始终保持上仰,根据地层调整
	允许控制偏航角	±10mm/m以内	每环
	操作控制偏航角	±5mm/m以内	每环
姿态纠偏	水平纠偏偏移量	±8mm/m以内	每环
	垂直纠偏偏移量	±5mm/m以内	每环
盾构管片姿态控制	推进油缸行程差（直线）	20mm以内	每环
	推进油缸行程差（曲线）	10mm以内	每环
	铰接油缸行程差（允许）	30mm以内	满足盾尾间隙调控
	铰接油缸行程差（控制）	20mm以内	满足盾尾间隙调控
	盾尾间隙接近 （保持管片与加强环距离10mm）	55mm时（最小处）	以盾尾间隙进行管片选型
	盾尾间隙大于 （根据盾尾间隙设计调整）	65mm时（最小处）	以管片中线趋向进行管片选型

（3）姿态调整的基本原则

基于对盾构机掘进姿态控制的要求，盾构机姿态调节时，应遵循以下原则：

① 偏离量增加之前及早纠正；

② 宜"早纠、勤纠、缓纠"，杜绝"急纠、猛纠"；

③ 纠偏量应控制在允许范围之内，禁止超出允许范围的纠偏；

④ 推进时，应使管片受力均匀，不承受推进的偏心力和盾尾内部的刮蹭。

3.2.4 不同工况下盾构机姿态控制要点

（1）直线段掘进

一般情况下，当盾构机直线段掘进时，左右推进油缸行程差值不会很大，因此直线段盾构机掘进姿态控制比较简单，只考虑推进油缸行程差与盾构机姿态的关系，无需考虑轴线变化。

① 土质均匀情况下的盾构姿态控制　在土质比较均匀以及盾构机姿态良好的情况下，保持盾构机 A 区推进油压小，C 区推进油压大，即让盾构机始终保持抬头姿态，B 区、D 区推进油压居中且基本相同，区域推进油压调整好后，仅需调整盾构机推进速度旋钮实施掘进，推进油缸的行程差变化不会很大，盾构机能保持良好的姿态掘进，推进油缸分区布置如图 3-9 所示。

直线段掘进时，尽量将切口环轴线与隧道设计中线偏移量控制在±10mm 之间，最大不超过±20mm；左右两侧的推力应始终保持一致，盾构机保持一定的上仰姿态，根据实际情况进行调整，纠偏时可适当调整对应两组推进油缸油压差，实现向上、下、左、右四个方向的调整；比如盾构机向右侧调整时，可适当增加左侧推进油缸压力，减少右侧推进油缸压力，实现盾构机向右侧调整纠偏，否则反之，但需注意每环水平纠偏量不得超过±8mm，垂直纠偏量不超过±5mm。

油缸行程差值最大不应超过 20mm，如出现行程差过大就应该选择转弯环拼装修补行程差，将转弯环最大的楔形量补充到最长行程的油缸位置，通过转弯环的调整，保持左右与上下的油缸行程差控制在 20mm 以内，同时，合理调整铰接与盾尾间隙，铰接油缸行程差控制在 20mm 范围内，有利于掘进时管片不受盾尾刮蹭而损坏，养成经常伸、缩被动铰接油缸的习惯，使盾尾与管片间隙自动耦合。

每一环刀盘要进行 N 次换向，刀盘换向可调整盾体向相反方向滚动，保证盾体滚动量控制在±5mm/m 以内，特殊情况下不得超过设计允许滚动量±8mm/m。

② 软硬不均地层情况下的盾构姿态控制　地层属于软硬不均，常规调整已无法达到预期效果时，可适当降低掘进速度，合理分配各区域推进油缸压力，加大较软一侧推进油缸油压，同时减少较硬一侧推进油缸油压，必要时可适当屏蔽一部分油缸，以达到调整姿态的目的。效果不佳时则需要考虑使用超挖刀，扩挖较硬的一侧掌子面，从而达到调整姿态的目的，如图 3-13 所示。

（2）曲线段掘进

盾构机由前盾、中盾、尾盾和后配套辅助系统组成，主机（前盾、中盾）组成直桶形刚性结构，在圆曲线段掘进时，

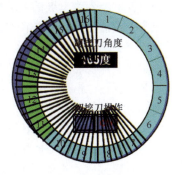

图 3-13　超挖图

不能很好地拟合隧道设计曲线，因此，圆曲线段的姿态控制难度要远大于直线段的姿态控制，且隧道设计曲线半径越小，每环的纠偏量就越大，盾构机姿态控制难度越大。在施工中仅仅调整盾构机轴线和管片中线重合，而没有调整管片姿态的话，会造成盾构机轴线和管片中线越来越偏离隧道设计中线。因此，在曲线段掘进过程中，还需根据实际情况设置转弯环

管片及合理选择转换环管片的拼装位置，来调整盾构机的姿态。左、右转弯环管片拼装位置的选择，除应遵循直线段标准管片的安装原则外，还应考虑曲线段本身引起的管片纠偏量。

① 通过直线形标准管片和转弯环管片的组合来拟合隧道设计曲线　在曲线段施工中，通过直线形标准管片和转弯环管片的不同组合来拟合隧道设计的曲线半径。同时，盾构机在圆曲线段时，若盾尾间隙太小，容易导致直线形标准管片被盾尾加强环挤压破损，严重时会出现开裂、错台、漏水。通常，结合盾构机曲线掘进的方向姿态，将转弯环管片的最大楔形量放在盾尾间隙最小的一侧来调节盾尾间隙。

② 保持管片端面垂直于盾构机轴线　曲线段姿态控制是尽量让管片端面垂直于盾构机的轴线，当推进油缸各分区的行程有差异，就是管片端面不垂直于盾构机轴线，曲线段推进油缸行程差不得大于10mm，当推进油缸行程差值过大时，推进油缸的推力就会在管片径向产生较大的分力，从而影响已拼好的管片以及盾构机推进姿态。常常以转弯环最大的楔形量补充在推进油缸行程最大的一侧，从而减小推进油缸行程差，始终保持管片端面垂直于盾构机轴线。

③ 将盾构机姿态控制向设计曲线内侧偏移　曲线掘进时，盾构机姿态往往向曲线外侧偏移，因此，一般情况下，将盾构机姿态控制向设计曲线内侧偏移一定量，补充管片姿态往曲线外侧的偏移量，根据偏移量大小的不同，选择补充范围，从而保证成型管片在隧道设计中线上。

④ 将纠偏量控制在允许范围内　在曲线段掘进过程中，盾构机轴线与隧道设计中线的水平偏差量控制在±20mm范围内；垂直偏差量控制在±10mm范围，最大偏差量不得超过±20mm。同时偏航角应控制在±5mm/m内，最大不超过±10mm/m；掘进时左右两侧的推进油缸压力会有一定的差值，根据刀盘的受力情况进行调整；推进油缸行程差或转弯环超前量（楔形量）的最大偏差不应超过10mm；按照隧道设计曲线段的趋向进行管片选型拼装，并调整好管片环面平整度，防止管片拼出喇叭口。

（3）其他工况的姿态控制

① 前盾栽头　前盾栽头通常发生在软土、淤泥质地层中，当土体本身强度不高，因盾构机刀盘、前盾重量相对较重易造成栽头现象；或是掘进时俯仰角未能及时进行上仰姿态调整；或者下坡变为上坡的变坡段时，未能及时根据情况调整盾构机高程趋向，也易造成盾构机栽头；或者由于设备故障或操作失误，盾构机下部推进油缸油压过小，导致盾构机栽头；或者前方突遇溶洞，也易导致盾构机栽头。无论何种地层盾构机应始终保持上仰姿态掘进，地层越软上仰姿态越大，以防止栽头。

② 前盾上漂　前盾上漂多发生于上软下硬地层，由于土体下部较硬，上部较软，造成盾构机向上部软弱地层偏移，从而造成盾构机前盾的上漂抬升；或是掘进时俯仰角未能根据隧道中线进行及时调整，比如上坡变为下坡的变坡段，如果未能及时根据情况调整盾构机垂直姿态趋向，极易造成盾构机头上漂；或者由于设备故障或操作失误，上部推进油缸油压过小，从而导致盾构机前盾上漂。此现象需要适当调大上部油缸压力或者减小下部油缸压力，将上漂姿态向下压，俗称压头。

③ 管片与盾尾上浮　管片与盾尾上浮多发生于富水地层的下坡段，地下水沿隧道后方管片壁后注浆裂隙通道前灌，水头越高浮力越大，当管片拼装完成脱离盾尾后，缺少了盾尾的束缚，受到地下水浮力和浆液浮力双重作用，从而造成管片的上浮，最终导致盾尾因管片上浮而抬升；同时，在盾构机的压头操作过程中，如果压头趋向过大，同样会导致盾

尾抬升。

如上浮过大，管片偏移量达到+50mm时，盾构机掘进姿态可向隧道设计中线以下调整到-60mm至-40mm之间，上浮偏移量刚好保持成型管片隧道最终在隧道设计中线上，此时需及时进行管片环向分段二次双液注浆，封堵成型隧道后方水头压力的通道，同时减小盾构机压头趋向。

④ 上坡段变坡法掘进　变坡法掘进指在每一环掘进过程中，采用不同的掘进坡度进行推进，最终达到隧道设计的纵坡。根据管片与盾构机的相对位置，采用"先抬后压或先压后抬"的措施提高盾构机高程或降低盾构机高程，掘进结束时盾构机坡度调整至与隧道设计中线的坡度相近。变坡法掘进的优点是盾构机四周间隙不受盾构机与管片间折角的影响，便于管片拼装；缺点是盾构机坡度变化较大，加大了盾构机周围土体的扰动，注浆量有所增加。

⑤ 上坡段稳坡法掘进　稳坡法掘进指每一环采用同一个纵坡进行掘进，以符合纠坡要求。稳坡法对土体扰动比较小，可根据上一环坡度稳坡连续掘进。缺点是盾构机与隧道间往往会存在一个夹角，在盾构机掘进结束后，盾构机轴线与管片中线间的夹角会影响管片的四周间隙，影响管片的拼装。

⑥ 推进油缸油压差值与行程差值的控制　在小半径曲线段掘进过程中，调整左右推进油缸油压的差值是完成左右纠偏的主要方法。在具体的纠偏过程中，可根据左右推进油缸的行程差判断盾构机现状是否满足纠偏量（根据上一环的参数报表、判断推进油缸左右行程差与当前掘进环的中线变化），当盾构机切口环刚刚由直线段进入曲线段（或缓和曲线段进入圆曲线段）时，由于盾尾管片还未进行曲线段管片的拼装，即管片还未作超前量调整，通过增加左右推进油缸的行程差，使盾构机正好处于缓和曲线段设计中线的切线位置；而在同一曲线段掘进时，管片的超前量调整正好起到一个调整盾构机掘进方向的作用，如盾构机姿态与管片姿态良好，保持原有的推进油缸行程差值即能使盾构机保持良好姿态。

⑦ 刀具磨损的检查　当刀具磨损严重时，易造成刀盘局部欠挖现象，从而导致盾构机姿态发生偏移或开挖直径不够，严重时出现盾构机"卡盾"现象。应定期检查盾构机刀具磨损情况，特别是边缘刀具的磨损，保证刀盘的开挖直径足够大。

资讯单见《全断面隧道掘进机操作（中级）实训手册》实训任务10盾构机姿态控制

任务实施

某软弱地层一台土压平衡盾构机由直线段进入缓和曲线段掘进，导向系统界面如图3-1所示。水平姿态：盾体前4mm、后-32mm，水平趋向8mm/m。垂直姿态：盾体前25mm、后5mm，垂直趋向4mm/m。盾体：滚动角-2mm/m、仰俯角11mm/m、偏航角83mm/m。请问这种情况盾构机应该进行哪些方面的调整与纠偏？

参照任务内容，根据学习的盾构机姿态调整知识，盾构机于软弱地层、缓和圆曲线段掘进，根据导向系统界面显示分析哪些参数偏离姿态控制范围，进行纠偏步骤如下。

（1）步骤1

根据导向界面显示判断，盾构机超出姿态控制范围的参数有垂直姿态前点25mm，偏航角83mm/m，水平姿态后点-32mm三个参数超限，因此需及时采取调整措施，将这四个参数调整到控制范围以内，实现盾构机的纠偏调整。

(2) 步骤 2

仰俯角 11mm/m 满足仰俯角控制始终保持在 +3mm/m 以上的要求，垂直姿态前点 25mm 已超出姿态控制范围 ±20mm 以内的要求，垂直趋向 4mm/m 满足垂直偏移量 ±5mm/m 以内的要求；且盾构机又在软弱地层掘进，2/3 的姿态参数满足姿态控制要求，综合判断仰俯角无需调整，保持现仰俯姿态掘进，适当减小掘进速度，利用主机自重使盾体垂直姿态前点 25mm 自然下沉到 ±20mm 控制范围以内。掘进中当垂直趋向超过 ±5mm/m 时，调大 A 组旋钮，增加 A 区（上部）推进油缸压力，将盾体垂直趋向控制在 ±5mm/m 以内。

(3) 步骤 3

偏航角 83mm/m 远远超出允许范围 ±10mm/m 以内的要求，水平姿态后点 −32mm 已超出姿态管理范围 ±30mm 以内的要求，水平趋向 8mm/m 已接近水平偏移量 ±8mm/m 以内的要求，两个姿态参数已超限，综合判断对偏航角、水平姿态进行调整纠偏。盾构机掘进在右转缓和曲线段，适当调大 B 组旋钮，增加 B 区（右侧）推进油缸压力，水平趋向保持正值姿态掘进，并向 ±8mm/m 数值以下调整，缓慢地将偏航角 83mm/m、水平姿态后点 −32mm 纠正到控制范围以内，保持盾构机姿态向右转缓和曲线中线方向掘进。

(4) 步骤 4

滚动角 −2mm/m 满足滚动角控制范围在 ±5mm/m 以内的要求，掘进中，密切关注滚动角变化情况，发现滚动角接近 ±5 时，调整刀盘旋转方向，利用刀盘旋转的反作用力控制盾体滚动角。

任务实施单见《全断面隧道掘进机操作（中级）实训手册》实训任务 10 盾构机姿态控制

 考核评价

通过本任务内容学习，主要考查学生对水平、垂直姿态，偏航角、仰俯角，滚动角控制的理解是否全面；水平、垂直姿态，偏航角、仰俯角，滚动角调整作业的流程是否规范。

水平、垂直姿态控制评价单见《全断面隧道掘进机操作（中级）实训手册》实训任务 10 盾构机姿态控制

 知识拓展

(1) 盾构机始发时的姿态控制

① 直线始发　盾构机直线始发进入洞门，机体脱离始发架的承载和导向后，因盾构机主机自重原因常出现栽头现象，影响已拼装负环管片的稳定，所以安装始发架时，有意将始发架前端抬高 10~15mm，以克服盾构机的栽头现象。加固区范围内稍微抬高盾构机上仰姿态，防止盾构机推出加固区后，由于土层的软硬程度不同而导致盾构机栽头。

在始发掘进时，由于端头加固区的正面土体强度较大，往往造成推进油缸推力过高，加大了反力架承受的荷载，为了防止反力架变形过大导致管片失稳或崩塌，反力架应受力均衡，并严格控制盾构机推力的大小。

反力架平面与始发架中心轴线应垂直，反力架中心轴线与盾构机中心轴线水平偏差控制在 ±10mm，垂直偏差控制在 ±5mm。盾构机始发时，应采取盾体防滚动装置、始

发架防偏移装置、负环管片稳定（三角木、钢丝绳）装置等措施确保盾体的稳定，并严格控制洞门漏浆漏水。

② 曲线始发　曲线始发通常有切线始发和割线始发两种方式，当曲线半径较大时采取切线始发，当曲线半径较小时采取割线始发。见图3-14。

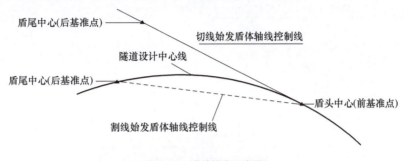

图3-14　曲线始发示意图

由于始发架刚性导向的作用，盾构机始发姿态在始发架上无法调整，只有当盾尾全部脱离始发架进入洞门，并完成洞门封闭堵水作业后，才可进行盾构机姿态调整。如果曲线半径过小，盾构机进洞后前端就会出现姿态超限，如图3-15所示。所以，在小曲线半径段始发时，既要保证盾构机进洞的姿态，又要给盾构机一个转弯的趋向，使得盾构机完全进洞后能平滑地沿着隧道设计中线掘进。因此在始发架定位时，除要求前端抬高10~15mm 的同时，还需要保证始发架前端中线与隧道中线对齐，把始发架的后端往曲线外侧偏移一定的距离。始发架调整如图3-16所示。

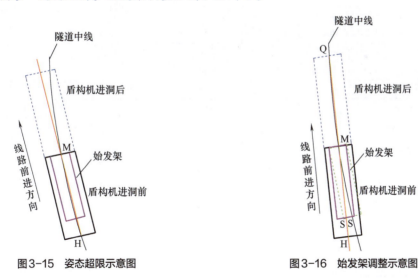

图3-15　姿态超限示意图　　　　图3-16　始发架调整示意图

（2）盾构机到达时的姿态控制

① 掘进至最后50~100m时　盾构机掘进至最后50~100m即到达段时，应复核导向系统是否正确，确保贯通测量准确无误。根据掘进段姿态控制经验，盾构机贯通前100m时，应及时修正盾构机姿态，确保盾构机顺利到达，到达段掘进的参数见表3-3。

加大贯通前的人工测量频率，复检盾构机所处的方位，确保盾构机标高高出接收架的轨道面20~30mm。盾构机进入加固区后，适当增大同步注浆量与水泥用量，水泥量增加至100kg/m³，注浆系数1.3；盾尾末端2环管片采用二次双液注浆。

表3-3　到达段掘进控制参数

编号	参数	控制范围	备注
1	土仓压力/bar	1.2~1.5	根据地表监测及出渣量调整
2	刀盘转速/(r/min)	1.5~1.7	
3	推力/kN	12000~15000	根据掘进速度及刀盘扭矩调整
4	盾构机水平姿态/mm	前±5后±5	按照测量结果及时调整
5	盾构机垂直姿态/mm	前−10后−20	
6	盾构机姿态垂直趋向/(mm/m)	+3	始终保持上仰姿态
7	掘进速度/(mm/min)	30~40	
8	每环出土量/m³	60~65	理论出土的98%
9	注浆量/m³	6~6.5	理论注浆量的130%

② 掘进到地下连续墙前3m时　盾构机掘进到地下连续墙前3m时，采用全土压模式掘进，主要掘进参数见表3-4。

表3-4　主要掘进参数（1）

编号	参数	控制范围	备注
1	土仓压力/bar	1.0~1.2	根据地表监测及出渣量调整
2	刀盘转速/(r/min)	1.0~1.2	
3	推力/kN	≤10000	根据切削地下连续墙参数变化调整
4	扭矩波动/N·m	15~20	异常时及时分析判断
5	盾构机水平姿态/mm	前0后0	按照接收架安装测量结果调整
6	盾构机垂直姿态/mm	前20后10	
7	盾构机姿态垂直趋势/(mm/m)	+3	始终保持上仰姿态
8	掘进速度/(mm/min)	≤20	
9	每环出土量/m³	60~65	
10	注浆量/m³	6~6.5	根据密封效果和测量情况及时调整

注：1bar=10^5Pa。

③ 进入地下连续墙时　盾构机进入地下连续墙时，采用小推力、低转速、空仓敞开模式缓慢掘进，主要掘进参数见表3-5。

表3-5　主要掘进参数（2）

编号	参数	控制范围	备注
1	土仓压力/bar	0.5~1.0	根据地表监测及出渣量调整
2	刀盘转速/(r/min)	1.0~1.2	
3	推力/kN	≤8000	根据切削地下连续墙参数变化调整
4	扭矩波动/N·m	15~20	异常时及时分析判断
5	盾构机水平姿态/mm	前0后0	刀盘破洞后根据盾构机实际姿态调整并加固接收架
6	盾构机垂直姿态/mm	前20后10	
7	盾构机姿态垂直趋势/(mm/m)	+3	始终保持上仰姿态
8	掘进速度/(mm/min)	≤10	
9	每环出土量/m³	60~65	考虑清仓出土
10	注浆量/m³	6~6.5	根据密封效果和测量情况及时调整

注：1bar=10^5Pa。

④ 防止到达段管片止水带欠挤压导致隧道渗漏水　盾构机在进入端头区域时，为避免推力过大导致端头墙突然贯通造成端头失稳，盾构机推力相应减小。推力的减小使得在靠近端头区域20环左右范围内的管片止水带得不到较好的压紧，处于欠压状态，易导致管片环间出现渗浆漏水现象，需要在管片止水带上加贴遇水膨胀止水条的同时，还要对管片螺栓进行三次紧固（第一次在管片安装时，第二次在下一环掘进1000mm时，第三次在掘进完成收推进油缸前），并且在管片的纵向螺栓上焊接拉杆，如图3-17、图3-18所示。

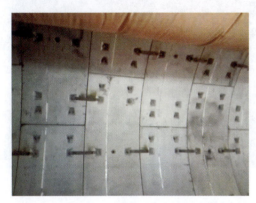

图3-17　管片纵向扁钢连接

图3-18　管片纵向槽钢连接

项目 4
盾构机的维护与保养

任务 4.1　刀盘刀具维护与保养

 教学目标

知识目标：
　　1.熟悉刀盘维护和保养的内容；
　　2.熟悉刀具维护和保养的内容。
技能目标：
　　能进行简单的维护和保养。
思政与职业素养目标：
　　具有团队协作精神、吃苦耐劳和精益求精的劳动精神。

 任务布置

某区间隧道采用盾构法施工，盾构穿越地层主要以砂卵石为主，掘进过程中发现推力大、掘进速度慢等现象，通过开仓检查发现部分刀具磨损严重，并进行了更换。隧道贯通后发现刀盘也存在一定的磨损，需要进行维修。盾构机运行期间刀盘与刀具应如何开展维护与保养工作？

 知识学习

4.1.1　刀盘

盾构机维保的意义、目的及作用

刀盘是盾构的主要工作部件，它的主要作用是切削掌子面，并对渣土进行搅拌。刀盘四周和边缘部分堆焊有耐磨条和耐磨格栅。刀盘经由牛腿、法兰盘和主轴承连接在一起，由4个牛腿承受推进力和径向荷载，以及驱动马达提供的扭矩。在刀盘的开口边缘和主、副刀梁上安装有刀具。由于盾构在施工过程中会遇到各种不同的地层，如淤泥、黏土、砂层、软岩、硬岩等，因此作为盾构关键部件之一的刀盘工作环境恶劣、受力复杂。一旦出现故障维修处理困难，因此在掘进过程中必要时进入开挖舱应对刀盘进行维护保养。

4.1.2 刀具

刀具是盾构掘进系统的主要部件，必须根据地质条件对刀具的运转状况进行检查。在刀具严重磨损或损坏的情况下进行推进，会导致刀盘严重损坏。刀具在掘进施工过程中地质条件的变化，其刀具的耐用度是不同的，在一项工程开工以后，应根据在初期掘进过程中制订的换刀计划和掘进参数，预测刀具的磨损状况。也就是利用盾构上配备的数据采集装置采集与刀具磨损相关的参数进行分析，通过分析掘进速度或刀盘总扭矩的理论值与当前实际值之间的偏差值来判断刀具的磨损状况，在换刀计划之内统计找出一个能反映刀具变化的合理周期进行刀具检查，可以实现在施工过程中及时发现刀具的磨损状况，对还没有达到换刀计划周期，但已经磨损或失效的刀具应及时进行更换。

刀具的保养要点如下。

① 必要时进入开挖舱检查刀具的磨损情况，根据地质情况决定是否换刀。
② 检查盘形滚刀的滚动情况和刀圈的磨损量。应使用专用盘形滚刀磨损量检测板检查。
③ 在换装刀具过程中检查盘形滚刀紧固螺栓的扭矩。
④ 检查切刀的数量和磨损情况，如有丢失、脱落须立即补齐。
⑤ 检查齿刀的切削齿是否有剥落或过度磨损，必要时更换。
⑥ 刀具检查按照以下标准执行。

回转中心与仿形刀维保

a. 安装刀具为齿刀时，检查齿刀有否刃口蹦刃，刃口磨损，当刃口磨损至刀具基体时则更换。

b. 安装刀具为滚刀时，对周边滚刀需检查其磨损值，当磨损值达到35mm时必须更换；但如果前部地层不能确定能否进入土仓换刀，而根据刀具磨损进度预计换刀点，对于磨损量在20mm左右的刀具也需更换新刀，可将拆卸下的刀装于正面区域；当发现有刀鼓位移时，表明该刀具轴承已损坏，必须更换新刀。

c. 安装刀具为切刀时，检查切刀磨损情况，对于掉齿或刃齿磨损至基体的刀具必须更换。对掉落的切刀必须安装新切刀。

⑦ 检查所有安装刀具螺栓紧固情况，松动时紧固。
⑧ 在间隔一个月的刀盘检查中，所有螺栓必须用风动扳手紧固一次。
⑨ 所有刀具安装件必须用水、钢刷清洁后，吹干后才可安装。

资讯单见《全断面隧道掘进机操作（中级）实训手册》实训任务11 刀盘刀具维护与保养

任务实施

（1）刀盘的维护与保养

① 步骤1：必要时进入开挖舱检查刀盘各部分的磨损情况，检查耐磨条和耐磨格栅是

否有过度磨损，必要时可进行补焊。

② 步骤2：检查刀盘内搅拌棒的磨损情况，以及被动搅拌棒上的泡沫孔是否堵塞。

③ 步骤3：在有条件的情况下检查刀盘面板、各焊接部位是否有裂纹产生。

（2）刀具检查与更换

① 步骤1：在人闸内操作刀盘，清洗刀具和刀座，测量刀具刀刃的高度，并完全记录在案；如果与理论高度间的误差超过设定值，将进行刀具的更换；根据本次换刀之后所遇到的地层，需要能够完好的刀具进行开挖，因此，有相对一定量的磨损时，将进行更换。

② 步骤2：将刀盘需更换刀具的部位旋转到刀盘中心右方（左装刀左方）。

③ 步骤3：在更换刀具部位上方前体上焊接吊装刀具用的吊耳。

④ 步骤4：在刀盘更换刀具部位下方焊接支架，搭建人站操作小平台。

⑤ 步骤5：将刀具及刀座清洗干净。

⑥ 步骤6：取刀，即利用葫芦将刀具挂好，用风动工具松开刀具螺栓，然后取出刀具，从人闸内转运到盾构机内。

⑦ 步骤7：装刀，即将须更换的刀具运送进到土仓，按拆刀的相反步骤将刀具装好、拧紧至设计扭矩值。

任务实施单见《全断面隧道掘进机操作（中级）实训手册》实训任务11刀盘刀具维护与保养

考核评价

通过学习本节内容后对刀盘刀具的检查更换与维修操作，检查学员有关刀盘刀具的检查更换与维修内容理解是否正确，作业流程是否规范，掌握是否熟练，操作结果是否达标。

评价单见《全断面隧道掘进机操作（中级）实训手册》实训任务11刀盘刀具维护与保养

知识拓展

（1）增加刀盘耐磨性能方法

一般可通过采用适宜的材料与合理的工艺来提高刀盘及刀具的耐磨性，具体有如下几点。

① 刀盘的面板焊接网状耐磨条。

② 刀盘的外圈焊接高强度的耐磨板。

③ 对刀盘开口部位的表面进行耐磨处理。

④ 刀具均采用高耐磨的合金钢碳化钨刀具，以确保刀具的高耐磨性。

⑤ 在搅拌棒的表面堆焊网状耐磨条，网状耐磨条的网眼尺寸一般为80mm×80mm，耐磨条的高度约为5mm，宽度为10mm。

（2）刀具配置应注意问题

刀具的布置方式需要充分考虑工程地质情况进行针对性设计。不同的工程地质特点，采用不同的刀具配置方案，以获得良好的切削效果和掘进速度。根据地质条件特点，可以大致分为四种地层：软弱土地层、砂层、砂卵石地层、风化岩及软硬不均地层、单纯的纯硬岩地层。

软弱土地层，如南京、上海、杭州等地，其地质条件主要以淤泥、黏土和粉质黏土为主，在软弱土地层一般只需配置切削型刀具，如切刀、周边刮刀、中心鱼尾刀、先行刀和超挖刀。切刀安装在开口槽的两侧，覆盖了整个进渣口的长度。刮刀安装在刀盘边缘。由于刀盘需要正反旋转，因此切刀的布置也在正反方向布置。为了提高切刀的可靠性，在每个轨迹上至少布置2把。由于在周边工作量相对较大，磨损后对盾构机切口环尺寸影响较大，故一般在正反方向各布置了8把周边刮刀。考虑到刀盘的受力均匀性，刀具布置应具有对称性。刀具安装采用螺栓固定以便于更换。在切刀或刮刀的刃口和刃口背面镶嵌有合金和耐磨材料，以延长刀具的使用寿命。切刀的破岩能力为20MPa，可以顺利地通过进出洞端头的加固地层。

砂层、砂卵石地层，如北京、成都等地，其地质条件主要以砂、卵石地层为主，如遇到粒径较大的砾石或漂石，应配置滚刀进行破碎。

在砂层、砂卵石地层施工时，应设置（宽幅）切刀、周边刮刀、先行刀（重型撕裂刀）、中心鱼尾刀、仿形刀等刀具。其中切刀是主刀具，用于开挖面为大部分断面的开挖；周边刮刀也称保径刀，用于切削外周的土体，保证开挖断面的直径；先行刀在开挖面沿径向分层切削，预先疏松土体，降低切刀的冲击荷载，减少切削力矩，同时重型撕裂刀用于破碎强度较低和粒径较小的卵石和砾石；中心鱼尾刀用于开挖面中心断面的开挖，起到定心和疏松部分土体的作用；仿形刀用于曲线开挖和纠偏；滚刀用于破碎粒径较大的砾石或漂石。

风化岩及软硬不均地层，如广州、深圳、大连上软下硬、地质不均的复合地层，其局部岩石的单轴抗压强度较高（150~200MPa），除配置切削型刀具外（包括宽幅切刀、先行刀），还需配置滚刀，因而刀盘结构相对复杂。对于岩层，首先通过滚刀进行破岩，滚刀的超前量应大于切刀的超前量，且在滚刀磨损后仍能避免切刀进行破岩，确保切刀的使用寿命。在曲线半径小的隧道掘进时，为了保证盾构机的调向和避免盾壳被卡死，需要有较大的开挖直径，因此刀盘上需配置滚刀型的仿形刀（或超挖刀）。

（3）复杂地层刀具配置案例

北京地铁9号线06标段，单线盾构隧道长1238m，地层主要为卵石层、圆砾层、强风化~中风化砾岩层、强风化黏土岩层，局部为粉质黏土层和细砂层。开挖面围岩不稳定，黏土岩和强风化砾岩的单轴抗压强度为0.3~2.0MPa，为极软岩。根据详勘报告推测，大于400mm粒径卵石含量为15%~40%，隧道附近基坑内有1500mm×2000mm漂石，不排除有粒径更大的漂石存在，且随机分布。随机取样卵石和砾石的单轴抗压强度为120~187MPa，石英和长石含量为70%~95%。

针对本标段的地层，在刀具配置方面提出了新的设计理念和思路。为了使刀具能够充分发挥作用，盾构机设计使用了3130mm大直径轴承，配备了1200kW的驱动力，使刀盘的脱困扭矩为7740kN·m，转速可达0~3.2r/min，同时在刀盘面板和周边焊接碳化铬超硬耐磨板和耐磨网。

刀具布置方面（初步预案），开口槽密排宽幅切刀100把（带耐磨合金头）；面板上配备大横断面高耐磨双层碳化钨重型撕裂刀（先行刀）31把；刀盘外周和边缘位置配备双刃滚刀10把，中心锥形刀1把。滚刀和重型撕裂刀采用刀盘背装式，可通过刀盘内的刀箱方便地进行拆卸、互换。该工程上首次提出了"锤击"破碎大粒径漂石的理念，即利用刀盘高速转速产生的冲击惯性能量，通过大横断面重型撕裂刀将漂石在刀盘前"锤击"破碎。该工程的成功贯通为富含大粒径漂石地层的盾构施工开创了新的思路。

任务 4.2　主驱动维护与保养

　教学目标

知识目标：
  1. 熟悉主驱动的正常工作条件；
  2. 掌握主驱动各部件的保养要求；
  3. 掌握主驱动保养工作内容。
技能目标：
  1. 能够检查主驱动保养状态；
  2. 能够确认主驱动保养工作的完成程度；
  3. 能够对主驱动各部件完成正确、全面的保养工作。
思政与职业素养目标：
  1. 培养学生树立规范操作的意识；
  2. 培养学生遵守规章制度的态度。

　任务布置

  主驱动装置是盾构机动力输出的中心，并且支撑着刀盘。施工过程中，主驱动装置的损坏对整个项目是巨大的损失，地下维修或更换十分困难，盾构机主驱动的日常保养是不可忽视的重要环节。一台土压平衡盾构机在使用过程中应如何做好主驱系统的维护保养，进而提高使用寿命呢？

盾构主驱动（电机、液压马达）维保

　知识学习

盾构主驱动系统的结构

  在盾构机结构中，主驱动系统可以看作是盾构机的心脏，因此在日常维护过程中，要重点关注对盾构机主驱动的维护管理，要安排专门的机电工程师进行看管，且要制订完善的保养和维护计划。其次要加强对盾构机配件的存放管理，同时要提高盾构机主要部件的维修技术，以维修为主，以替换为辅，这样可以大大提高盾构机的使用性价比。
  （1）主驱动密封
  盾构机作为一种较为高端的施工机械，其在运行过程中主要依托于主驱动系统。在对主驱动系统进行维护时，要关注主驱动的密封是否良好。实践经验可知，在对盾构机进行使用后，经过一段时间会出现沟槽。沟槽的出现主要是由于长时间的使用，使得主驱动的 VD 密封唇口及渣土与密封衬套摩擦时间增多，从而会导致唇形密封在衬套圆周方向磨出沟槽。沟槽的深浅不一致，在对其进行处理时，要意识到沟槽对主驱动密封性的影响，如果不能及时地控制和处理沟槽，严重的话会导致主轴承腔室齿轮油泄漏或是进入渣土，并最终对主驱动造成损害，影响盾构机的正常运行。
  根据对主驱动密封失效的原因分析，为保证密封达到设计的使用寿命，操作和保养人员必须加强密封状态的监测工作。通过配置完善的主驱动密封状态监测系统，对油脂注入量、油温、泄漏实时监测，定期进行油样分析，通过分析油质杂质情况判断主驱动轴承、密封面

等关键部位的磨损情况，并优化温度传感器的设置位置和数量，使反馈的信息真实、可靠。同时需要定期检查或更换润滑、密封油质。盾构机完成调试和试掘进阶段后要及时更换新的齿轮油，或者加强对齿轮油品的检测，监视齿轮油中的杂质或金属磨粒是否超标，及时更换或添加齿轮油。

（2）润滑油

维修保养人员每班应观察润滑油液位2~3次，记录液位，做好交接班记录，发现报警或液位下降立即停机检查，消除故障方可启动。操作人员应注意观察密封油脂流量和压力，在不影响推进参数情况下，土仓压力尽量降低。油脂流量和压力不达标切忌屏蔽报警信号，防止仓内杂质进入主驱动。维修人员常规保养结束后，要做到多"听"多"摸"，听主驱动声音是否有异响，有无机械撞击和高强度摩擦声。摸减速器和电机温度是否正常，摸主驱动传动有无震动迹象等。如有上述现象，停机检查，排查故障。

（3）主轴承日常保养

① 每天坚持主轴承齿轮油油位，并做记录。

② 检查主轴承齿轮油温度，若温度不正常须立即停机并查找原因。

③ 检查主轴承密封（HBW）油脂分配器动作是否正常（观察油脂分配电动机上的脉冲传感器的发光二极管闪烁次数，以实际设定为准）。在检查刀盘刀具时，进入开挖仓实际检查主轴承密封油脂的溢出情况（正常应有黑色HBW油脂从密封处溢出）。

④ 检查主轴承齿轮油分配器工作是否正常（观察齿轮油分配电动机上的脉冲传感器的发光二极管的闪烁次数，以实际设置为准）。

⑤ 检查主轴承外圈润滑脂注入情况（观察蓝色油脂分配器工作是否正常，溢流阀是否有油脂溢出。若有油脂溢出则表明管路堵塞，要及时清理）。

⑥ 每天给主轴承内圈密封手动注润滑脂，每点每次3~5下，并检查内圈密封的工作情况。

⑦ 定期提取主轴承齿轮油并送检，根据检查报告决定是否需要更换齿轮油或滤芯。更换齿轮油的同时必须更换滤芯。

⑧ 定期检查齿轮油滤芯，并根据压差开关反映的情况判断是否更换滤芯。

⑨ 定期检查主轴承与刀盘螺栓连接的紧固情况。

（4）减速器日常保养

① 检查减速箱油位，若油位过低应先找出漏油故障，解决故障后补充齿轮油。

② 检查减速箱温度是否在正常范围内，观察冷却水的流动情况（观察减速器上的水轮指示器）。

③ 检查减速箱的温度开关，定期清理上面的污垢。

④ 第一次工作50h后更换所有齿轮油。

（5）主驱动电机/液压马达的保养

① 检查电机/液压马达的工作温度和泄漏油温度。

② 定期检测液压马达的工作压力。

③ 定期检查电机的转速传感器和刹车片移动传感器，紧固其接头及连线。

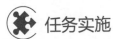

主驱动减速器维保

资讯单见《全断面隧道掘进机操作（中级）实训手册》实训任务12主驱动维护与保养

任务实施

参照任务内容，针对主驱动实物，检查主驱动保养状态，确认主驱动保养工作的完成程度，对主驱动各部件进行正确、全面的保养工作。

（1）步骤1：检查主驱动运行状态

观察驱动箱的整体外观；检查主驱动运行有无异常振动或噪声；检查各部件保养情况。

（2）步骤2：确认主驱动保养工作内容

检查各部件状态；确认保养工作范围。

（3）步骤3：实施保养工作

根据日常保养制度并结合实际情况，对主驱动完成保养工作。

（4）步骤4：记录汇总

根据保养工作实施情况做好详细记录，并做好保养记录的保存备案。

任务实施单见《全断面隧道掘进机操作（中级）实训手册》实训任务12主驱动维护与保养

 考核评价

通过学习本节内容后对主驱动保养工作的相关知识进行复核，检查学员有关主驱动保养工作的理解是否正确，知识掌握是否全面，细节理解程度是否达标。

评价单见《全断面隧道掘进机操作（中级）实训手册》实训任务12主驱动维护与保养

 知识拓展

对盾构机液压系统进行维护，应该重点关注液压元件的磨损情况，找出导致液压元件磨损的具体原因。结合相关的工程案例可知，最常见的原因在于油污染故障，一旦出现油污染故障，整个液压系统的工作性能都会受到影响。除油污染故障之外，固体颗粒污染也会导致盾构机的液压系统出现故障。面对液压系统，维护保养人员应该将液压系统重污染的原因作为重要的工作突破口，且要熟悉盾构机的掘进施工流程，全面提升液压系统的维护保养水平。在选择相应的污染处理方法时，应该明确措施执行的目的，即减少液压污染形成的停机时间，这一措施的主要作用在于尽量保证盾构机中设备的完好率。

在盾构机的工作过程中，操作人员要密切关注液压油的温度，过高的油温会对液压系统中的工作元件造成损害。在实际的盾构机的施工过程中，应该将温度控制在小于65℃的范围，且要时刻监视液压系统中的冷却器的性能，确保其正常发挥功效。此外，液压系统的维护保养人员还应该严格地控制整个液压系统中的油量，同时要定期更换液压油，更换时要确保排空油箱中的全部的旧液压油。在此基础上，做好滤油器的检查，确保滤油器的净化值符合施工要求。对液压系统进行维护保养时，操作人员要合理地控制液压系统的过滤比，尽可能地过滤外界的污染颗粒，降低液压系统的污染度。

盾构机维护操作人员应该充分地了解气动部件的管理手册，掌握气动元件的结构以及工作原理和操作时的注意事项。在启动气动部件之前，应该确保使用气动部件的合理条件和工程环境。在气动部件的使用过程中，要定期对元件进行检查，以了解元件的使用寿命和使用条件，同时要了解元件的日常维护需求。在实施气动部件的维护保养工作时，要关注冷凝水的排放问题，同时要检查相应的工作系统，如空压机、储气罐等。若设备处于停机状态，在停机时要及时地排放冷却水，同时要做好相关的检查，即检查自动排水器，看其工作状态是否正常。对于分水滤清器而言，要关注其水杯中的存水量，避免过度存水。若需要提供冷却水，操作人员要检查提供冷却水的过程中的声音状态和热度状态，避免出现声音异常和过度发热。此外，还要对油雾器进行检查，确保其中不存在灰尘和水分，提高油品纯度，确保油品具有良好的色泽度，同时确保油量合理。

盾构机自动化的实现需要多个系统的配合与控制，通过 PLC、变频器、液压等可以实现隧道掘进的不同环节的工程自动化。盾构机在具体施工时，主要的施工过程有注浆、推进等，而施工环节则涉及管片运送、拼装以及箱涵安装等。在盾构机施工过程中，传感器可以实现对各个环节的监控，操作人员可以通过 PLC 上的操控按钮实现人机对话，进一步提高盾构机的自动化水平。对电气系统进行保养，操作人员需要及时检查控制柜中的冷却系统的工作状态，还要检查不同电气系统的连接状况。若系统中存在容易进水的部位，则要检查其传感器是否受到良好的保护。

对盾构机的主要部件进行日常养护，需要操作人员对盾构机的主要部件有足够的了解，且要根据实际工作中的常见设备故障进行主要部件的针对性维护。盾构机的操作人员应该具备现代化的机械管理意识和管理手段，建立完善的盾构机主要部件的日常维护管理制度，确保为盾构机设备的正常运行提供技术支持。

任务4.3　渣土输送系统维护与保养

教学目标

知识目标：
　　了解渣土输送系统维护和保养的内容。

技能目标：
　　通过对渣土输送系统的知识学习，可以进行简单的维护和保养。

思政与职业素养目标：
　　通过渣土输送系统的维护和保养的学习，树立学生规范意识及严谨的工作态度。

某区间隧道采用盾构法施工，土压平衡盾构机掘进到1213环时，螺旋输送机出现异响并伴有较大震动现象，操作人员立即停机并上报项目部，项目部技术人员初步判断为螺旋输送机的减速机故障。那么在使用渣土输送系统前如何开展对螺旋输送机和皮带输送机的检查及维护保养工作？

4.3.1　渣土输送系统组成与功能

土压平衡盾构机渣土输送系统通常由螺旋输送机和皮带输送机两部分组成。

螺旋输送机的主要功能是：①从有压力的密封土仓内将开挖下的泥土排出土仓；②泥土在螺旋输送机内形成密封土塞，阻止泥土中水的流出，保持密封仓内土压稳定；③改变螺旋输送机转速，调节排土量，即调节密封土仓内土压力值，使其与开挖面水土压力保持动态平衡。

4.3.2 渣土输送系统维护保养

皮带传输机主要功能是用来运输螺旋输送机输送过来的渣土。

根据相关企业执行的盾构机维护（修）与保养规范，渣土输送系统维护保养分为以下几种。

4.3.2.1 螺旋输送机

维修保养时，首先必须停机并将"运行/维护"开关拨到"维护"位置，确保维修保养结束前不会再开机。液压油路维修保养时还必须释放压力。如图4-1所示为螺旋输送机控制面板。

（1）日常维护

① 检查螺旋输送机油泵有无漏油现象，如漏油即进行处理，并清洁。

② 检查螺旋输送机驱动及液压管路有无漏油现象，如漏油即进行处理，并清洁。如图4-2所示为螺旋输送机液压马达。

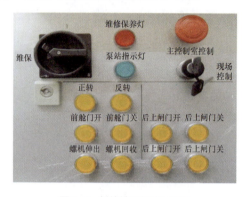

图4-1 螺旋输送机控制面板

图4-2 螺旋输送机液压马达

③ 检查螺旋输送机油泵电机温度是否过高，如果温度过高即查明原因进行处理。

（2）周维护

① 检查变速箱油位，如果变速箱油位低于三分之二，需要添加齿轮油，如图4-3所示。

图4-3 螺旋输送机变速箱油位检查

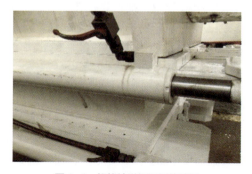

图4-4 螺旋输送机闸门伸缩缸

② 检查轴承、闸门、伸缩缸的润滑情况，及时添加润滑脂，如图4-4所示为螺旋输送机闸门伸缩缸。

（3）月维护

① 检查螺旋片磨损情况，如果磨损严重，即补焊耐磨层，如图4-5和图4-6分别为螺旋输送机叶片磨损前和磨损后的情况。

图4-5 螺旋片磨损前

图4-6 螺旋片磨损后

② 用超声探测仪检查螺旋管厚度，记录检测数据报机电部。
③ 清洁电路灰尘，如图4-7所示。

4.3.2.2 皮带输送机

维修保养时，首先必须停机并将运行-维护开关拨到维护位置，确保维修保养结束前不会再开机，如图4-8所示为皮带输送机控制面板。

图4-7 清洁电路灰尘

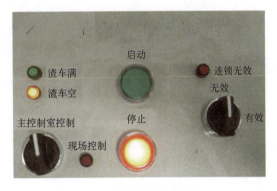

图4-8 皮带输送机控制面板

（1）周维护

① 检查各滚子和边缘引导装置的滚动情况，如滚动不好，即清洗，打油，如图4-9所示为皮带输送机的组成图。
② 检查皮带的磨损情况，如皮带磨损严重，即更换皮带。
③ 检查皮带是否走偏，如皮带走偏，即调正，如图4-10所示。

（2）月维护

① 检查变速箱油位，如果变速箱油位过低，即添加齿轮油。
② 检查轴承润滑，添加润滑脂。
③ 检查皮带松紧情况，必要时增加皮带张力。

图4-9 皮带输送机的组成

图4-10 皮带输送机皮带跑偏检查

④ 清洁电路，电机。

⑤ 检查电路接线端子有无松动，如松动，即紧固。

⑥ 检查断路器、接触器、继电器触点烧蚀情况，如烧蚀明显即用细砂打磨平；如严重烧蚀，即更换触点。

（3）半年维护

检查和清洁所有零件。

资讯单见《全断面隧道掘进机操作（中级）实训手册》实训任务13渣土输送系统维护与保养

 任务实施

根据任务内容，以土压平衡盾构机为例对渣土输送系统进行检查。

（1）螺旋输送机

① 步骤1：检查螺旋器运行过程中是否存在异响、振动、发热等异常。

② 步骤2：检查减速器的油位是否正常。

③ 步骤3：检查减速器的油液颜色是否正常。

④ 步骤4：检查闸门的动作是否正常。

⑤ 步骤5：检查液压马达运行声音是否正常。

⑥ 步骤6：检查液压马达运行温度是否异常。

⑦ 步骤7：测试闸门的紧急关闭功能是否正常。

⑧ 步骤8：检查闸门密封是否磨损无影响。

⑨ 步骤9：检查各处螺栓连接是否正常。
（2）皮带输送机
① 步骤1：检查并清理主动轮、被动轮、压轮、刮泥板积土。
② 步骤2：检查皮带主动轮橡胶刮泥板的松紧程度、皮带跑偏现象。
③ 步骤3：检查主动轮、被动轮、压轮轴承加注黄油情况。
④ 步骤4：检查皮带机驱动联轴器。
⑤ 步骤5：皮带机驱动部电机加注黄油、检查齿轮箱液位。
⑥ 步骤6：检查皮带机防护设置功能。

任务实施单见《全断面隧道掘进机操作（中级）实训手册》实训任务13渣土输送系统维护与保养

考核评价

通过学习本节内容后对渣土输送系统进行使用前后的维护保养，检查学员对渣土输送系统维护保养内容理解是否正确，作业流程是否规范，掌握是否熟练，操作结果是否达标。

评价单见《全断面隧道掘进机操作（中级）实训手册》实训任务13渣土输送系统维护与保养

知识拓展

某区间隧道采用盾构法施工，在掘进过程中发现推进液压泵异响，经检查发现油泵磨损严重，更换油泵后异响消除，但在盾构机推进15环后出现螺旋机无力，操作台螺旋机速度调整按钮不起作用速度时快时慢，后来又发现推进油缸的推进压力无法调整，这样又影响了盾构机的姿态调整，所以只能停止推进，做进一步检查维修。

经过分析检查，得出这台盾构机先是推进液压泵异响，螺旋机速度无法控制再到推进压力不能调整等，这里有一个共性特征——都是液压系统，这样检查的范围就大大缩小了，最后判断可能是液压油太脏。

通过液压油的检测报告显示，油的污染严重超标，那么这么多的油泥是哪来的？只能是螺旋机里来的，因为推进油缸及拼装机等附近没有泥，进一步检查发觉螺旋机的齿轮箱里也都是泥，螺杆的密封不好引起泥挤到齿轮箱里，螺旋机的马达是装在齿轮箱上，这样油泥由齿轮箱进入马达，再由马达的泄油管流到了油箱。针对这种情况我们怎样做到螺旋输送机日常的维护与保养呢？

维保人员平常要做到及时检测油样、油路、齿轮箱、管路，防止由于出渣时，泥土太多进入螺旋输送机，导致螺旋输送机停止转动，从而影响整个施工进度。

任务4.4　推进系统维护与保养

教学目标

知识目标：
　　了解推进系统维护和保养的内容。

技能目标：
　　　　能进行简单的维护和保养。
思政与职业素养目标：
　　1. 防范风险意识；
　　2. 文化传承的使命和担当。

 任务布置

某区间隧道采用盾构法施工，为保证盾构推进系统设备处于良好技术状态，减少故障停机，确保正常生产。贯彻"养修并重，预防为主"的原则，对盾构推进设备进行维护保养，做到定期保养、强制进行。

 知识学习

盾构的推进系统由推进油缸、铰接油缸、液压泵、控制阀件和液压管路组成。盾构推进是靠液压系统带动推进油缸的伸缩动作驱使盾构在土层中向前掘进的。盾构推进装置在曲线段施工时，通过推进控制方式，把液压推进油缸进行分区操作，使盾构按预期的方向进行调向运动。结合采用安装楔形环与伸出单侧推进油缸的方法，使推进轨迹符合设计线路的弯道要求。另配合盾构的铰接装置使曲线施工更容易控制。

目前常用推进油缸分为四组，即分为上下左右4个区域，在掘进时便于进行控制。通过改变各区油缸的伸出速度和伸出长度来控制盾构掘进的方向。每组推进油缸中部配置一个行程传感器，用来实时测量油缸速度和行程。

盾构推进系统是盾构机的核心，对推进系统进行必要的检查，及时掌握设备情况。

资讯单见《全断面隧道掘进机操作（中级）实训手册》实训任务14推进系统维护与保养

任务实施

根据任务内容，以土压平衡盾构机（或仿真操作平台）为例进行盾构机推进系统常规检查。

（1）推进系统相关设备的检查

① 检查油箱油位，油位高于总油量的三分之二。必要时加注液压油。

② 检查阀组、管路和油缸有无损坏或渗漏现象，如有要及时处理。

③ 定期检查所有过滤器工作情况，并根据检查结果和压差传感器的指示更换滤芯。

④ 定期取油样送检。

⑤ 监听泵的工作声音，发现异常应及时停机检查。

⑥ 检查泵、马达和油箱的温度，温度一般为40~60℃。

⑦ 检查液压油管的弯管接头，是否松动，及时上紧。

⑧ 检查冷却器的冷却水进/出水口的温度和油液的温度，必要时清洗冷却器的热交换器。

⑨ 检查液压系统的压力，与控制室面板显示值进行比较。

（2）检查频率

1）日常检查

① 油泵的状态（吐出量、吐出压、噪声、漏油）是否正常。

② 液压油罐的油面是否在允许范围内，油温是否良好。

③ 阀门、管类的固定件及安装螺栓有无松动。

推进系统的维护与保养

④ 液压系统配管有无漏油。
⑤ 盾构主体到台车间的软管连接有无脱落及软管破损、弯折。
⑥ 过滤器的指示器指示（油流动状态下如指示绿色则表示正常）。

推进与铰接装置维保

2）月度检查

排掉油罐内的水，即使油罐完全与水分隔离，但随着安装场所及时间的推移，空气中的湿气凝结成水滴，会混入到液压油中，所以，要打开油罐下部的泄水阀，每月排水一次。

3）6个月检查

液压油的点检。根据使用温度、运行时间不同而不同，一年至少请液压油厂家进行2次检验。

(3) 推进系统维护与保养

1）推进油缸、铰接油缸的保养

① 及时清理盾壳内的污泥和砂浆，防止长时间污染油缸杠杆。

铰接系统的维护与保养

② 推进油缸与铰接油缸的球头部分加注润滑脂。
③ 检查推进油缸靴板与管片的接触情况（正常时二者边缘平齐）；如有较大的偏差应及时调整推进油缸定位螺栓。在曲线段时调整较为重要。
④ 润滑推进油缸定位调整螺栓，防止锈蚀。

2）铰接密封的保养

① 及时清理盾壳内的污泥和砂浆。
② 检查铰接密封有无漏气和漏浆情况，必要时调整铰接密封的压板螺钉缩小间隙。
③ 铰接密封注脂，每个注入点注入量为0.5升/天。
④ 检查铰接密封情况，如有漏水和漏浆要及时处理，并检查铰接油脂密封系统的工作情况。
⑤ 在每环管片安装之前必须清理管片的外表面，防止残留的杂物落入铰接密封内。

任务实施单见《全断面隧道掘进机操作（中级）实训手册》实训任务14推进系统维护与保养

 考核评价

通过学习本节内容后对推进系统进行常规维护保养，检查学员有关推进系统维护保养内容理解是否正确，作业流程是否规范，掌握是否熟练，操作结果是否达标。

评价单见《全断面隧道掘进机操作（中级）实训手册》实训任务14推进系统维护与保养

知识拓展

盾构机为何要设铰接装置？

在城市地铁建设中，所使用的盾构机直径 D 一般都在6m多，而其长度 L 一般则为8m左右，甚至更长，盾构机的灵敏度 L/D 通常达到1.3左右，难以在曲线段施工。为了提高盾构机的操作性能，通常将其分成前后两个部分，中间用千斤顶连接起来，形成一个铰接装置，这样可使盾构机的前后弯曲，以适应曲线段的掘进。在盾构机前后结合处装有密封圈，防止地下泥水侵入。

两道密封圈之间可注入油脂，不仅能提高密封效果，还能延长密封圈的使用寿命。有些盾构机还装有紧急充气密封圈，当正常密封圈损坏时，就可对紧急充气密封圈充气，靠气压挡住外部的泥水。铰接千斤顶的两端与盾构机的前后部分别用铰销连接，由于铰接千斤顶沿盾构机圆周布置，其两端的铰销处都装有球铰，以保证铰接千斤顶轴线与盾构机轴线之间有一定的摆动角度。

任务4.5　人闸系统维护与保养

 教学目标

知识目标：
　　熟悉人闸维护和保养的内容。
技能目标：
　　能进行简单的维护和保养。
思政与职业素养目标：
　　1. 具备风险防范意识；
　　2. 具备规范操作意识。

 任务布置

某4区间隧道采用盾构法施工，掘进至134环时出现推力大、扭矩小、速度慢等现象，经分析认为盾构刀具磨损，无法正常掘进，决定停机开展带压开仓刀具检查或更换作业。作业人员要进入到开挖仓内进行检查或更换刀具等带压作业时，需使用人闸。那么在使用人闸前如何开展对人闸的检查及维护保养工作？

 知识学习

4.5.1　人闸系统的基础知识

人闸系统维护与保养

人闸是进行气压作业时，能实时实现升、降压功能，并能使作业人员、物资安全出入盾构开挖仓的设备。进行常压作业时，此设备仅作为进入盾构开挖仓的一个通道。包括主仓和副仓两部分。

4.5.2　人闸系统维护保养

根据相关企业执行的盾构机维护（修）与保养规范，由于人闸的特殊工作性质，其维护保养分为使用前保养和使用后日常保养。

（1）使用前保养
① 检查测试气动电话和有线电话。如有故障和损坏要及时修理和更换。
② 检查压力表、压力记录仪、空气流量计、加热器、照明灯工作是否正常。给压力记录仪添加记录纸，并作功能性测试。
③ 检查舱门的密封情况，首先清洁密封的接触面，如有必要可更换密封条。

④ 清洁整个密封舱。
⑤ 检查刀盘操作盒操作是否正常。
⑥ 清洗消声器和水喷头。

(2) 使用后日常保养

① 人闸使用后如近期不再使用，可将人闸外部的压力表、记录仪拆除，并清洗干净。妥善保管以备下次使用。
② 工作完成，减压后，应清理舱内物品，清洁舱内卫生，检查舱内各装置性能是否良好。
③ 将人闸清洗干净，并将人闸门、密封门关紧。
④ 平时应检查供、排气装置的密封性能。
⑤ 三级空气过滤器下部的自动疏水装置可以自动排污，其过滤材料应按说明书要求更换。
⑥ 舱内电话应经常通话试验，如有话音不清和声音很小必须维修。
⑦ MSA气体分析仪的传感器应按使用说明书的要求及时更换。
⑧ 平时要保养各减压器和阀门。
⑨ 清洁各传动、转动部件，更换硅油、硅脂。
⑩ 检查各管路的气密性。
⑪ 检查舱内外电器线路的绝缘电阻。
⑫ 检查照明系统的安全使用性能。
⑬ 检查舱门密封圈是否老化。
⑭ 清洁各排污口等。
⑮ 每次关门前检查每一个密封，如有必要进行清洗或更换。
⑯ 门的连接部位每月润滑一次。

人闸并非盾构机掘进中的常用设备，做好使用后日常保养可提高下一次使用前保养的效率。使用前保养的根本目的在于确保人闸使用时的功能要求。而其根本功能在于实时精准地升降压。因此，在人闸使用前必须进行加减压试验以检查其气密性。试验时不要求人员进入，只进行无人压力试验，以检查主仓和副仓的各功能及试验压力的工作情况。

加压试验时，应缓慢升高仓内压力达到工作压力且持续一定时间后气密性良好，则加压满足要求。减压试验时，舱内气压分级并在规定时间内保持压力恒定后降压至与外界常压相同。

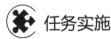 任务实施

根据任务内容，以土压平衡盾构机（或仿真操作平台）为例进行人闸使用前检查及加减压试验操作。

(1) 人闸检查
① 步骤1：检查压力记录器是否能正常工作。
② 步骤2：检查紧急照明是否能正常照明。
③ 步骤3：检查电话是否能正常通话。
④ 步骤4：检查各个压力表是否能正常显示。

⑤ 步骤5：检查主仓与副仓的温度计是否能正常显示。
⑥ 步骤6：检查主仓和副仓的时钟是否能正常工作。
⑦ 步骤7：检查主仓和副仓的溢流阀是否能正常工作，并将溢流阀压力调整为3.0bar。
⑧ 步骤8：检查各个手动球阀开关是否能正常工作。
⑨ 步骤9：检查流量计是否能正常工作。
⑩ 步骤10：检查各道密封门能否正常开关。
⑪ 步骤11：检查各个加热装置能否正常加热。

（2）人闸主仓加压试验

① 步骤1：检查显示仪表、带式记录仪、钟表、温度计、电话、紧急电话及阀门、仓门密封件是否干净。
② 步骤2：打开主仓的记录器，检查工作是否正常，纸带是否足够。
③ 步骤3：关闭主仓仓门，确保关闭正确。
④ 步骤4：关闭仓壁密封门（通常在进行"土压平衡"工作时已为关闭状态），并关闭主仓与前仓之间的密封门。
⑤ 步骤5：人闸管理员（操仓员）缓慢地打开进气阀。
⑥ 步骤6：缓慢升高主仓压力（加压速度宜控制在0.05~0.10MPa/10min），直到达到工作压力。
⑦ 步骤7：当主仓内压力达到工作压力时，人闸管理员（操仓员）关闭带式记录器。待工作压力能持续一段时间时，可判断主仓的气密性良好。

（3）人闸主仓减压试验

① 步骤1：人闸管理员（操仓员）打开带式记录器。
② 步骤2：降低主仓的压力，观察主仓压力表和进气流量计。与此同时，人闸管理员（操仓员）打开排气阀，开始排气，无论如何此时压力不可以再次升高。
③ 步骤3：调节进气阀和排气阀，直到达到排气过程所规定的缓慢而恒定的压力降低速度，透气流量计的流量值至少为0.5m³/min。
④ 步骤4：观察主仓压力表，当主仓内部的气压降到第一级压力值时，人闸管理员（操仓员）通过调节排气阀和进气阀，在规定的时间内保持压力恒定，人闸管理员（操仓员）应通过主仓进气流量计经常检查人闸的排气情况。
⑤ 步骤5：在保压过程中重复以上步骤，直到仓内压力与外界的常压相同。
⑥ 步骤6：人闸管理员（操仓员）关闭带式记录器并将减压过程（日期、时间、压力等）记录在人闸记录本上。

（4）人闸副仓加压试验

① 步骤1：检查显示仪表、带式记录器、供暖装置、钟表、温度计、电话、紧急电话和阀门、仓门密封件是否干净。
② 步骤2：打开副仓的带式记录器，检查工作是否正常，纸带是否足够。
③ 步骤3：关闭副仓舱门，确保关闭正确。
④ 步骤4：关闭副仓与主仓之间的仓门，确保关闭正确。
⑤ 步骤5：人闸管理员（操仓员）缓慢打开进气阀。
⑥ 步骤6：缓慢升高副仓的压力，直到达到工作压力。由于主仓与副舱之间有单向阀导通，压缩空气能从副仓进入主仓，因此，加压过程较为缓慢。

⑦ 步骤7：当副仓内压力达到工作压力时，人闸管理员（操仓员）关闭带式记录器。

（5）人闸副仓减压试验

① 步骤1：人闸管理员（操仓员）打开带式记录器。

② 步骤2：降低副仓的压力，观察副仓压力表和进气流量计。与此同时，人闸管理员（操仓员）打开排气阀，开始排气，无论如何此时压力不可以再次升高。

③ 步骤3：调节进气阀和排气阀，直到达到排气过程所规定的缓慢而恒定的压力降低速度，副仓进气流量计的流量值至少为 $0.5m^3/min$。

④ 步骤4：观察副仓压力表，当前舱内部的气压降到第一级压力值时，人闸管理员（操仓员）通过调节进气阀和排气阀，在规定的时间内保持压力恒定，人闸管理员（操仓员）应通过副仓进气流量计经常检查人闸的排气情况。

⑤ 步骤5：在保压过程中重复以上步骤，直到仓内压力与外界的常压相同。

⑥ 步骤6：人闸管理员（操仓员）关闭带式记录器并将减压过程（日期、时间、压力、人数等）记录在人闸记录本上。

人闸现场维护操作如图4-11所示。

图4-11　人闸现场维护操作

考核评价

通过学习本节内容后对人闸系统进行使用前后的维护保养和加减压试验操作，检查学员有关人闸系统维护保养内容理解是否正确，作业流程是否规范，掌握是否熟练，操作结果是否达标，具体见表4-1。

表4-1　人闸系统维护保养及使用前加减压试验考核评价表

评价项目	评价内容	评价标准	配分
知识目标	人闸系统使用前保养项目描述	能否正确描述人闸系统使用前保养项目	5
	人闸系统使用后日常保养项目描述	能否正确描述人闸系统使用后日常保养项目	5
	人闸系统使用前检查项目描述	能否正确描述人闸系统使用前检查项目	5
	人闸系统使用前加减压试验操作流程描述	能否正确描述人闸系统使用前加减压试验操作的流程	5
技能目标	人闸系统使用前检查操作	能否正确进行人闸系统使用前检查操作	20
	人闸系统使用前主仓加压试验操作	能否按步骤正确操作主仓加压试验	10
	人闸系统使用前主仓减压试验操作	能否按步骤正确操作主仓减压试验	10
	人闸系统使用前副仓加压试验操作	能否按步骤正确操作副仓加压试验	10

续表

评价项目	评价内容	评价标准	配分
技能目标	人闸系统使用前副仓减压试验操作	能否按步骤正确操作副仓减压试验	20
素质目标	规范作业	人闸主仓与副仓增压与减压操作流程是否规范	5
	科学分析	分析对人闸系统的维护保养结果作出分析评价	5
	合计		100

 知识拓展

2017年2月12日下午,厦门市轨道交通2号线一期工程盾构施工现场,3名工人带压进仓清理碎石。作业完成后进入减压仓吸氧减压过程中副仓起火。在采取打开应急排气口、关闭氧气管路阀门、开仓后使用灭火器喷射等紧急措施后,施救人员进入减压仓施救,3名工人送医院抢救无效死亡。

事故调查专家组对事故原因作出以下分析。

(1) 直接原因

综合技术分析,以及施工程序、专项方案、事故过程、设备技术资料等分析表明:盾构机减压仓在富氧环境下,连接部位均为金属构件的仓内自动翻折式座椅,在反复翻折、摩擦碰撞的情况下产生静电、火花;非阻燃材料在两座椅之间起火,导致该位置人员着火;该位置人员起火后未启动手动喷淋装置,在向盾构减压仓主仓逃生时,将火种带入主仓,引起主仓瞬间燃爆。

(2) 间接原因

① 减压仓内座椅配有非阻燃材质坐垫;操作人员未严格遵守带压进仓作业规程,未正确穿着、佩带阻燃材质的劳动防护用品;当班人员未严格落实作业审批制度,未对带压进仓作业的非阻燃材质物品进行点验、甄别,致使仓内留存有非阻燃材质化纤衣服、编织袋、饮用水塑料瓶、抹布等,具备事故发生的可燃物条件。

② 减压仓未配备固定式气体实时检测系统,对氧气浓度检测方法不科学;当班人员未严格遵守相关安全生产规范及安全操作规程,未采取相应的安全防护监护措施;带压进仓作业时未对作业场所气体实时检测和氧气浓度进行有效控制,致使事故发生时减压仓内处于富氧状态,具备事故发生的助燃物条件。

从人闸的维护保养角度分析,该人闸使用前未对整个密封舱进行清洁整理,致使仓内留存化纤衣服、编织袋、饮用水塑料瓶、抹布等非阻燃材质物品,违反了人闸使用前保养第4条规定。

任务4.6 流体系统维护与保养

 教学目标

知识目标:
    1. 了解盾构机流体维护和保养的内容;
    2. 掌握盾构机流体维护和保养的基本操作步骤和注意事项。

技能目标：
    1. 能进行简单的流体系统维护和保养；
    2. 出现故障时，能快速对流体系统进行检查操作。

思政与职业素养目标：
    1. 培养学生树立规范作业的意识；
    2. 培养学生科学分析问题的态度。

 任务布置

某区间隧道采用盾构法施工，掘进至134环时出现噪声大、不动作或速度慢等现象，经分析故障原因，认为是盾构流体系统故障，导致无法正常掘进，于是，决定停机开展流体系统的检查或维修。

除了流体系统出现故障时对它展开检查和维修，在日常使用中，该如何对盾构机中的流体系统进行维护与保养呢？

 知识学习

4.6.1 流体系统的组成

盾构机是一个复杂的现代化施工设备，从狭义层面上讲，流体系统主要有水冷却系统、油脂润滑系统、压缩空气系统、齿轮油润滑系统、泡沫系统、膨润土系统、自动保压系统、人仓系统、盾尾密封系统、同步注浆系统、二次通风系统。

盾构机是集机、电、液、气等技术为一体的大型施工机械，涉及的流体介质复杂多样，几乎涉及了目前流体传动的所有介质。在盾构中，用到的流体介质有液压油、润滑油、润滑脂、盾构密封专用脂、砂浆、膨润土、工业压缩空气、化学物质泡沫等，这些介质的传动系统通过各种可控制有机地组合在一起，保证了盾构机的正常工作。

4.6.2 流体系统的维护保养

根据相关企业执行的盾构机维护（修）与保养规范，各个组成系统的维护保养内容如下。

（1）水循环系统

① 检查进水口压力（一般为5bar左右）和温度（小于30℃），如压力过低或温度过高，应检查隧道内的进水管路的闸阀、水泵及冷却器工作是否正常。

② 检查水过滤器，定期清洗滤芯。定期清理自动排污阀门。

③ 检查冷却水管路上的压力和温度指示器，如有损坏及时更换。

④ 检查水管卷筒、软管，如有损坏应及时修理。并对易损坏的软管作防护处理。

⑤ 检查水管卷筒的电机、变速箱及传动部分。如有必要加注齿轮油，并为传动部分加注润滑脂。

⑥ 定期检查主驱动的马达变速箱、冷却器和温度传感器。清除传感器上的污物。

⑦ 定期检查热交换器，并清除上面的污物。

⑧ 每天检查排水泵，如有故障应及时修理。

⑨ 每天检查所有的水管路，修理更换泄漏、损坏的管路闸阀。

(2) 压缩空气系统

① 检查气动元件的使用条件是否恰当。
② 检查冷凝水排放装置、检查润滑油和空压机系统的管理。
③ 检查油雾器的滴油量是否符合要求，油色是否正常，即油中不应混入灰尘和水分等，确保油品的纯净度。
④ 检查各处泄漏情况，紧固松动的螺钉和管接头。
⑤ 检查换向阀排出气体的质量。
⑥ 检查各调节部分的灵活。
⑦ 检查各指示仪表的正确性。
⑧ 检查电磁换向阀切换动作的可靠性。

压缩空气供气系统维护与保养

(3) 集中润滑系统

① 检查作业的实际情况，并正确设定加注润滑剂的时间周期。
② 检查密封性，防止灰尘、空气进入，保证良好的密封性。
③ 检查安全阀及各润滑部位。
④ 检查润滑脂是否变质，并及时更换变质的润滑脂。
⑤ 进行电焊维修时应拔下控制器的电缆插头。
⑥ 在严寒地区使用时应添加防冻剂。

通风系统维护与保养

(4) 铰接密封系统

① 及时清理盾壳内的污泥和砂浆。
② 检查铰接密封有无漏气和漏浆情况，必要时调整铰接密封的压板螺钉缩小间隙。
③ 铰接密封注脂，每个注入点注入量为0.5升/天。
④ 检查铰接密封情况，如有漏水和漏浆要及时处理，并检查铰接油脂密封系统的工作情况。
⑤ 在每环管片安装之前必须清理管片的外表面，防止残留的杂物落入铰接密封内。

(5) 盾尾油脂密封系统

1) 盾尾刷维护

① 盾尾密封必须在每次启动前以及推进过程中予以润滑。如果密封没有定期润滑，则加注材料会透过密封刷并填充密封之间的间隙，从而使密封刷被浆液固化，失去弹性而达不到密封效果。
② 如果停机时间较长，应注意不要让密封件被加注的砂浆所固结。为避免这种情况的发生，有必要在砂浆黏结前，将盾构机向前位移若干厘米，并使用盾尾密封油脂填充当前间隙。

2) 盾尾油脂泵站的维护

① 检查油脂桶是否还有足够的油脂，如不够应及时更换。
② 经常检查油脂泵站的油水分离器，加注润滑油。
③ 检查油脂泵的工作情况，控制工作压力。
④ 检查油脂泵的气管是否有泄漏现象，如有泄漏应及时修理或更换。
⑤ 更换油脂桶时应对油脂量位置开关进行测试。
⑥ 检查盾尾密封注脂次数或压力是否正常，否则应检查油脂管路是否堵塞。特别是重

点检查气动阀是否正常工作。要使用合格的油脂，避免分配阀、油道频繁堵塞。

（6）主驱动润滑系统

① 检查齿轮油泵出口压力，一般为30bar左右。

② 检查泄漏油箱液位是否在规定位置。

③ 检查油流量是否满足要求。

主驱动润滑油脂系统及HBW密封油脂系统的维护与保养

④ 检测油液中含杂质量，并检验大轴承磨损情况。

⑤ 检测运转过程中油温，若温度过高，应检测滤清器是否应清洗，或管路是否堵塞。

⑥ 检查是否需要打开齿轮箱底部球阀排水。

（7）渣土改良系统

① 定期清洗泡沫箱和管路，清洗时要将箱内沉淀物和杂质彻底清洗干净。

② 检查泡沫泵的磨损情况，必要时更换磨损的组件。

③ 检查泡沫水泵的工作情况，给需要润滑的部分加注润滑油或润滑脂。

④ 检查水泵压力开关的整定值，必要时进行校正。

⑤ 检查压缩空气管路情况，必要时清洗管路。

泡沫系统的维护与保养

⑥ 检查电动阀和流量传感器的工作情况，电动阀开闭动作是否正常，流量显示是否正确，如有必要进行维修或更换。

⑦ 定期检查回转接头处的泡沫管路有无堵塞，如发生堵塞要及时清理。

（8）液压系统

① 定时检查盾构机设备的油温。

液压站系统维护与保养

② 定时检查油箱是否密封并装设高效能的空气滤清器，管路接头等连接处密封严密。

③ 定时对滤油器进行检查和净化。

④ 定期进行油样检查、定期滤油。

（9）同步注浆系统

① 每次注浆前应检查管路的畅通情况，注浆后应及时将管道清理干净，防止残留的浆液不断累积堵塞管道。

② 每次注浆前必须对注浆口的压力传感器进行检查，紧固其插头和连线。

③ 注浆前要注意整理疏导注浆管，防止管道缠绕或扭转，从而增大注浆压力。

④ 定期检查注浆管的使用情况，如发现泄漏或磨损严重应及时修理或更换。

⑤ 经常对砂浆罐及其砂浆出口进行清理，防止堵塞。

⑥ 定期对注浆系统的各阀门和管接头进行检查，修理或更换有故障的设备。

⑦ 定期对注浆系统的各运动部分进行润滑。具体润滑方式参考保养说明书。

⑧ 经常检查注浆机水冷池的水位和水温，必要时加水或换水。注意防止砂浆或其他杂物进入冷却水池。

流体系统是盾构机中的重要设备，包括的分系统较多，由于流体系统的特殊性和复杂性，需时刻注意流体系统的保养，操作前应加强各项检查、试验工作，做好记录和数据统计，并定期对系统进行检查保养和维护，在遇到问题时及时与设备生产制造商进行联系并解决，不断提高设备维护的专业性。

资讯单见《全断面隧道掘进机操作（中级）实训手册》实训任务15 流体系统维护与保养

任务实施

根据任务内容，以土压平衡盾构机（或仿真操作平台）为例，进行流体系统使用前检查操作及操作注意事项。

（1）水循环系统

1）操作流程

① 参照原理图，确认所有工作管路球阀打开，预留球阀关闭。

② 启动外循环水泵。

③ 启动内循环水泵，根据水泵标识确认电机旋向正确。

④ 当土仓泡沫注入量不够，渣土较干时，可启动增压水泵向土仓注水（需确认电机旋向正确）。

⑤ 可从预留口接出水管，以清洗隧道管片、台车，但须操作时注意泄压。

水循环系统现场维护如图4-12所示。

水循环系统的维护与保养

图4-12 水循环系统现场维护

2）注意事项

① 外循环水池必须保持干净，以保证外循环水的清洁。

② 外循环水过滤器进口前压力达到10bar时，应及时更换滤网，清洗金属滤芯。

③ 内循环用水应严格控制清洁度，采用蒸馏水或纯净水，用量约$1.5m^3$。

④ 在寒冷地区施工，应根据当地最低气温，向内循环水按配比加注一定量的防冻液，以免在寒冷区域施工冻坏相关元器件。

⑤ 掘进一段时间后，由于外循环水泵扬程有限，需在掘进途中增设水泵，以保证盾构进水压力达到3~5bar。

⑥ 隧道延伸较长时，排污泵亦需增设中继泵，保证污水顺利排出洞外。

⑦ 管路延长时，应保证外循环进水管、回水管对接的正确性。

⑧ 停机检修时，应按下急停按钮，待修复正常后，将急停复位。

⑨ 拆卸管路维修时，必须先确保管路压力已经释放。

（2）压缩空气系统

1）操作流程

压缩空气系统的维护与保养

① 参照原理图，确保工作管路球阀手柄打开，预留口球阀手柄关闭。

② 启动内循环水泵，以保证空压机冷却供水。

③ 启动任意一台空压机，交替使用，如有特殊需要，可以同时启动两台空压机；空压

机出口压力为6.5~8bar。

④ 所有气动三联件供气压力调至3~5bar，如需提高执行机构动作，可顺时针调节旋钮，增加供气压力，反之降低。

⑤ 可从预留口引出气，以供隧道使用。

2）注意事项

① 每次空压机启动时，要打开储气罐底部球阀，将储气罐内底部积水排出，打开频率为2次/天。

② 掘进时，2台空压机交替使用，建议两台空压机平均使用，以同时达到空压机保养时间，避免浪费。

③ 空压机第一次使用时间为500h，一次保养后，使用间隔时间为2000h。

④ 气动三联件的油雾器内应保持一定量的润滑油，润滑油选用25#透明机械油，油位在1/5左右。

⑤ 停机检修时，应按下急停按钮，待修复正常后，将急停复位。

（3）集中润滑系统

1）操作流程

① 参照原理图，确保工作管路球阀手柄打开，预留口球阀手柄关闭。

② 启动内循环水泵，确保其正常工作。

③ 启动空压机，确保其正常工作。

④ 启动多点泵电机；从电机尾端观察，叶片转动方向为顺时针。

⑤ 确认各油脂分配器工作次数是否满足使用要求，有问题需及时排查。

油脂系统马达分配器和分配阀清洗维护如图4-13所示。

图4-13 油脂系统马达分配器和分配阀清洗维护

2）注意事项

① 气动油脂泵进气压力调至3~5bar即可。

② 更换油脂桶时，必须保证油脂桶外形完整，防止变形难以更换。

③ 更换油脂桶时，注意保持桶内油脂清洁，防止杂物进入桶内，以免导致主驱动损坏。

④ 保证多点泵电机的工作环境清洁，防止水进入电机，将电机损坏。

⑤ 定期按说明书或图纸要求完成手动注入油脂。

（4）HBW密封系统

1）操作流程

① 参照原理图，确保工作管路球阀手柄打开，预留口球阀手柄关闭。

② 启动内循环水泵，确保其正常工作。
③ 启动空压机、确保其正常工作。
④ 保证马达分配器前气动球阀打开。
⑤ 调节气动泵供气压力及闸阀开度，使油脂注入量达到理论设定值。

2）注意事项

① 气动油脂泵进气压力调至3~5bar即可。
② 更换油脂桶时，必须保证油脂桶外形完整，防止变形难以更换。
③ 保证更换油脂的清洁，不可将异物带入到系统中。
④ 需要拆卸管路或拆泵维修时，必须先切断气源，防止误动作。
⑤ 油脂需使用设备制造商推荐的型号，若更换型号，需由设备制造商方面的技术人员确认。

（5）盾尾油脂密封系统

1）操作流程

① 参照原理图，确保工作管路球阀手柄打开，预留口球阀手柄关闭。
② 启动内循环水泵，确保其正常工作。
③ 启动空压机，确保其正常工作。
④ 手动模式：手动选择油脂管路进行压注油脂，当注脂点的压力达到预设压力值后，压注操作自动停止。
⑤ 自动模式：以压力传感器监测压力为标准，自动循环强制定量注入，达到既定压力自动转移到下一点继续注盾尾油脂直至完成停止。

2）注意事项

① 提升油脂泵压盘时，要缓慢提升，注意上方是否会发生干涉。
② 更换油脂桶时，必须保证油脂桶外形完整，防止变形难以更换。
③ 保证更换油脂的清洁，不可将异物带入到系统中。
④ 需要拆卸管路或拆泵维修时，必须先切断气源，防止误动作。
⑤ 拆卸油管时，必须先打开泵出口处的泄压球阀进行泄压。
⑥ 进气管路的三联件内需时刻添加润滑油至油杯三分之二处，喷油润滑量3~5滴/min即可。

油脂泵站现场维护如4-14所示。

图4-14 油脂泵站现场维护

(6) 主驱动润滑系统

1) 操作流程

① 参照原理图，确保工作管路球阀手柄打开，预留口球阀手柄关闭。

② 从气动齿轮油泵电机尾端观察，叶片转向为逆时针转动。

③ 盾构掘进前开启主润滑系统，掘进结束，继续运行一段时间后，再关闭此系统，以满足冷却与润滑作用。

2) 注意事项

① 注意齿轮油泵出口压力，一般为30bar左右。

② 注意观察泄漏油箱是否有油（正常时应无任何油液）。

③ 注意观察齿轮油流量是否满足要求。

④ 在施工中，应定期检测油液中含杂质量，检验主轴承磨损情况。

⑤ 运转过程中监测油温，若温度过高，应检测滤清器是否应清洗，或管路是否堵塞。

⑥ 每隔一周，需打开齿轮箱底部球阀排水（设备静置一段时间后）。

盾构机膨润土系统的维护与保养

(7) 渣土改良系统

1) 操作流程

① 参照原理图，确保工作管路球阀手柄打开，预留口球阀手柄关闭。

② 开启泡沫存储罐前方气动球阀，启动泡沫原液泵，按预定配比往泡沫混合液罐生成泡沫混合液；从泡沫泵电机尾端观察，叶片转动方向为逆时针转动。

③ 开启气调节器，控制气体流量，于泡沫发生器内生成泡沫。

④ 根据施工具体条件，合理选取全自动、半自动、手动三种模式。

泡沫系统维保

2) 注意事项

① 开机前注意检查泵上的减速器内有无加润滑油。

② 开机前将进气压力调至5bar。

③ 开膨润土泵前，必须先将与泡沫系统管路连接的球阀打开。

④ 根据地质控制泡沫注入量，以改善渣土的和易性，防止刀盘结泥饼。

⑤ 泡沫喷嘴被堵时，必须另接高压泵疏通，不允许用泡沫混合液泵加压疏通，以免损坏混合液泵。

膨润土系统的维保

(8) 自动保压系统

1) 操作流程

① 保压系统进气减压阀调至6bar。

② 打开控制器进气球阀。

③ 控制器三联件压力调至4bar，三联件后的减压阀调至1.4bar。

④ 关闭土仓进气闸阀，打开土仓进气球阀，打开压力变送器的进气阀。打开调节阀和压力变送器的输入输出球阀。

盾构机液压系统

⑤ 将调节器中间旋钮打到手动挡，调节控制器最上方的旋钮，将绿色指针调至所需设置的压力。调节最下方旋钮至0.2~0.4bar。

⑥ 此时红色指针应在最上方位置，打开进气管路上的泄压球阀，使红色指针下降（红色指针显示的是土仓实际压力），当红色指针下降接近绿色指针时，将中间旋钮打到自动挡，此时，红色指针在绿色指针附近上下波动，表示该系统工作正常。

2）注意事项

① 保持气体清洁。

② 土压平衡盾构保压系统只有在带压进仓工作时才允许使用，因为在掘进时，土仓内都是泥土，容易堵塞管路，也容易使泥土进入保压系统损坏元件。

③ 使用保压系统前，必须先检查保压系统各部件是否能正常工作。

④ 使用保压系统前，必须先检查保压系统管路通畅。

（9）同步注浆系统

1）操作流程

① 注浆系统使用前，检查各管路球阀是否开关正确。

② 检查水箱内是否有水。

③ 启动注浆泵进行注浆。

④ 注浆完成后注意清洗管路。

注浆系统现场维护如图4-15所示。

图4-15　注浆系统现场维护

2）注意事项

① 每次注浆结束后必须清洗注浆泵和注浆管路，防止残余浆液在泵内和管道内凝固而造成堵泵、堵管。

② 注浆泵水箱内必须保持一定的水量。

③ 如果正在注浆时发生故障无法继续注浆，必须将管道内和泵内的砂浆排出，并清洗管路和泵。

④ 在开工前制订详细的注浆作业指导书，并进行详细的浆材配比试验，选定合适的注浆材料及浆液配比。

⑤ 制订详细的注浆施工设计和工艺流程及注浆质量控制程序，严格按要求实施注浆、检查、记录、分析，及时做出 P(注浆压力)-Q(注浆量)-t(时间) 曲线，分析注浆速度与掘进速度的关系，评价注浆效果，反馈指导下次注浆。

⑥ 成立专业注浆作业组，由富有经验的注浆工程师负责现场注浆技术和管理工作。

⑦ 根据洞内管片衬砌变形和地面及周围建筑物变形监测结果，及时进行信息反馈，修正注浆参数和施工工艺，发现情况及时解决。

⑧ 做好注浆设备的维修保养，注浆材料供应，定时对注浆管路及设备进行清洗，保证注浆作业顺利连续不中断进行。

⑨ 每环掘进之前，都要确认注浆系统的工作状态处于正常，并且浆液储量足够，掘进中一旦注浆系统出现故障，立即停止掘进进行检查和修理。

任务实施单见《全断面隧道掘进机操作（中级）实训手册》实训任务 15 流体系统维护与保养

考核评价

通过学习本节内容后对盾构机流体系统进行维护保养和操作流程及注意事项，检查学员有关盾构机流体系统维护保养内容理解是否正确，作业流程是否规范，掌握是否熟练，操作结果是否达标。

评价单见《全断面隧道掘进机操作（中级）实训手册》实训任务 15 流体系统维护与保养

知识拓展

某区间隧道采用盾构法施工，掘进至 134 环时出现噪声大、不动作或速度慢等现象，于是，决定停机开展流体系统的检查或维修。

针对盾构机无法正常工作的原因作出以下分析。

结合施工程序、设备技术资料等综合分析，结果表明：

① 发现其泡沫喷口严重堵塞，开仓检查时发现由于未采取有效的渣土改良措施，导致刀盘开口被糊死，泡沫喷口严重堵塞，只能开仓清理，进而导致了工程风险的增加，泡沫系统属于渣土改良系统，主要改善渣土流动性，对于盾构机掘进起着至关重要的作用。

为避免这种情况，在施工过程中应根据相应地层选择合适的渣土改良添加剂和改良方法，使渣土流动性增强，减小渣土堵塞刀盘开口和堵仓的风险。

② 盾构机外循环水 Y 形水过滤器内置滤芯破损，如图 4-16 所示，由于使用的外水杂质含量超标，在盾构掘进中，滤芯堵塞，无法满足盾构机泡沫系统、皮带冲洗等用水要求。检查水循环系统发现外水系统袋式过滤器多层滤芯和 Y 形水过滤器有细小粉尘堵

图 4-16 盾构机外循环水 Y 形水过滤器内置滤芯破损

图 4-17 拆解的主驱动减速器

塞，清洗滤芯后外循环水正常。

盾构机正常掘进时，如发现进水流量满足使用要求，外循环水安全阀泄漏，须及时检查并清洗水循环滤芯。水过滤器滤芯破损如图4-16所示。

③ 经拆解检查后发现，减速器冷却水通道严重锈蚀，密封圈断裂。此盾构机加注内循环水时，使用的是车站降水井内地下水，杂质及硬度含量均严重超标，长期循环导致管道及元器件内部均大量锈蚀，元器件损坏。拆解主驱动减速器如图4-17所示，此盾构机发生主驱动减速器漏水故障。

在加注内循环水时，必须严格按照要求加注蒸馏水。

从流体系统的维护保养角度分析，该流体系统使用前未按流体系统的维护与保养操作规程进行清洁整理，致使泡沫喷口阻塞，内循环水含有杂质及硬度超标，违反了流体系统保养的相关规定。

任务4.7　注浆系统维护与保养

 教学目标

知识目标：
1. 了解土压平衡盾构机同步注浆的概念；
2. 熟悉土压平衡盾构机同步注浆系统的结构和作用；
3. 掌握土压平衡盾构机同步注浆系统的工作原理；
4. 掌握土压平衡盾构机同步注浆系统的主要技术参数。

技能目标：
1. 能够识别注浆系统控制面板各按钮和显示所表达的含义；
2. 能够依据标准流程正确检查和清理砂浆罐内情况；
3. 能够正确检查注浆系统管路是否完好；
4. 能够正确对注浆泵进行日常的维护保养。

思政与职业素养目标：
1. 培养学生树立规范作业的意识；
2. 培养学生科学分析问题的能力。

同步注浆系统的维保

 任务布置

同步注浆可使围岩获得及时的支撑，可有效防止岩体的坍塌，控制地表沉降。某台采用同步注浆技术的土压平衡盾构机当前正处于停机状态，为确保同步注浆系统能正常工作，应当如何对注浆系统进行维护保养？

 知识学习

随着盾构机的不断推进，当尾盾脱离管片后，管片外径与隧道地层之间会存在一定距离的空隙，为防止地面沉降、隧道扭曲、管片错台等危害的发生，必须及时消除该空隙。盾构机注浆系统正是为了消除这一隐患而发明的，在拼装管片完成后盾构机掘进时，通过开启注浆泵施加压力使得浆液通过注浆管路输送到尾盾壳体内部的注浆通道内，进而注入到已经固定好的管片外侧，填充管片与隧道地层之间的空隙，起到保护的作用。

4.7.1 同步注浆系统目的

盾构同步注浆就是在隧道内将具有适当的早期及最终强度的材料，按规定的注浆压力和注浆量在盾构推进的同时填入管片背部建筑空隙内。其目的是：

① 尽早填充地层，减少地表沉陷量，保证周围环境的安全。
② 确保管片衬砌的早期稳定性和间隙的密实性。
③ 作为衬砌防水的第一道防线，提供长期、均质、稳定的防水功能。
④ 作为隧道衬砌结构的加强层，使其具有耐久性和一定的强度。

同步注浆是通过同步注浆系统及盾尾的注浆管，在盾构向前推进、管片背部建筑空隙形成的同时进行，浆液在空隙形成的瞬间及时填充，从而使周围土体及时获得支撑。可有效地防止岩土的坍塌，控制地表的沉降，控制管片的稳定。

4.7.2 同步注浆系统组成

同步注浆系统主要由注浆泵、砂浆罐以及管路三部分组成，同步注浆系统的示意图如图4-18所示。注浆泵如图4-19所示。砂浆罐如图4-20所示。

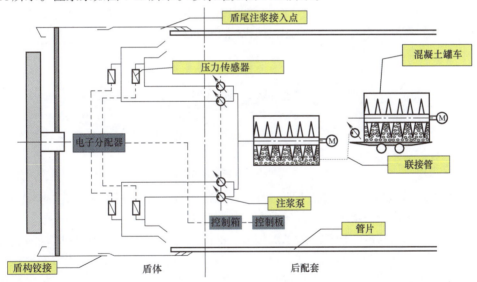

图4-18 同步注浆系统示意图

图4-19 注浆泵

图4-20 砂浆罐

在竖井，浆液被放入浆液车中，电瓶车牵引浆液车至盾构机砂浆罐旁，浆液车将浆液泵入砂浆罐中。注浆泵直接连至盾尾上圆周方向分布的注浆管上，盾构机掘进时，注浆泵泵出的浆液被同步注入隧道管片与土层之间的环隙中，浆液凝固后就可以起到稳定管片和地层的作用。

为了适应开挖速度的快慢，注浆装置可根据压力来控制注浆量的大小，可预先选择最小至最大的注浆压力，这样可以达到两个目的，一是盾尾密封不会被损坏，管片不会受过大的压力，二是对周围土层的扰动最小。

4.7.3 同步注浆注浆材料

同步注浆是盾构一边向前推进，一边不停地向管片背部建筑空隙加压注浆材料的一种注浆方法，用不间断的加压，使注浆材料在充入建筑空隙后，没有达到土体相同强度前，能保持一定的压力和土体相当，从而使地面沉降控制在最小的范围。

注浆材料如果单纯从成分上可以分为单液型和双液型两种。单液型浆液（俗称A液）是在搅拌机等搅拌器中一次拌合成为流动的液体，再经过液体-固体的中间状态（流动态凝结及可塑状凝结）后，固结（硬化），譬如常用的水泥砂浆类浆液。采用单液类型的注浆系统称为单液同步注浆，是指通过盾构机同步注浆系统及尾盾注浆管，在盾构机向前推进时，管片脱离尾盾壳体后与岩土形成空隙的同时进行单液浆注入填充，其结构示意图如图4-21所示。单液同步注浆由于水泥的水化反应非常缓慢，所以达到固结需要几小时至几十小时不等。特别是惰性浆液，不发生化学凝固，所以固结时间更长。

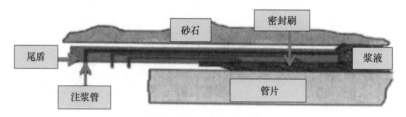

图4-21 单液注浆系统示意图

双液浆液通常是指化学注浆，即把A液（水泥类）和B液（通常是水玻璃类作硬化剂）两种浆液混合，变成胶态溶液，混合液的黏性随时间的增长而增长，随之进入流动态固结和可塑态固结区。采用双液浆液的注浆系统称为双液同步注浆，是指同步注浆时，为了克服单液同步注浆凝固时间较长的缺陷，在A液中添加B液，加速A液的凝固，从而缩短A液的凝固时间，更加有效地防止岩体塌陷，快速控制地表沉降。双液注浆通常由一路管路输送A液，一路管路输送B液，经过混合，注入开挖缝隙，如图4-22所示。双液同步注浆的凝胶时间通常很短，一般为0~60s。

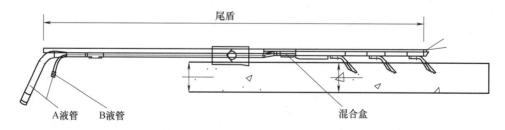

图4-22 双液注浆系统示意图

4.7.4 同步注浆参数

同步注浆系统为自动注浆系统，使用的注浆泵为全液压双缸双出口活塞注浆泵，该泵由电动液压泵站提供动力。浆液在搅拌站配置好以后，由砂浆运输车（带搅拌叶片）运至注浆站，通过软管抽送至砂浆存储罐内（即搅拌罐），连接好注浆管路，并在设定压力和流量后进行注浆。要正确理解同步注浆系统，必须了解同步注浆的主要技术参数，即注浆压力、注浆量和注浆速度。

（1）注浆压力

盾构机刀盘开挖直径比盾壳外直径一般要大3cm左右，所以高压力浆液就会通过盾壳和地层之间的空隙流入土仓，掘进中易发生喷涌，严重影响掘进效率和出碴速度且由于管背上部浆液流失，造成管片上浮严重且施工成本增加；盾尾止浆板在盾构掘进一段距离后就会被磨损破碎，基本起不到阻止浆液前流的作用。如果注浆压力不够，会造成地层坍陷、管片变形、隧道扭曲等。所以注浆压力必须控制在一定范围内。

盾构机在盾尾处设有四个浆液注入点，盾尾同步注浆的压力因浆液注入点位置的不同而不同。盾尾四个注浆点的位置分别为上下左右四点，A1与A4为拱顶注入点，A2与A3为底部注入点。

通过实地勘探计算得出盾构拱顶水压和土压，管道中的压力损失在盾构机厂内组装时已测定，则A1、A4拱顶注入点注浆压力理论计算值为：

P_{max}=最大注入压力=（拱顶水土压力+管道中的压力损失）×1.25

P_{min}=最小注入压力=（拱顶水土压力+管道中的压力损失）×0.75

A2、A3底部注入点注浆压力理论计算值为：

P_{max}=最大注入压力=（拱顶水土压力+管道中的压力损失+侧向土压系数×H+侧向水压系数×H）×1.25

P_{min}=最小注入压力=（拱顶水土压力+管道中的压力损失+侧向土压系数×H+侧向水压系数×H）×0.75

式中，H为该处土层深度，m。

可根据以上理论计算所得结果分别设定A1、A2、A3、A4点的注浆压力。目前，一般采取的是设定一个稍微偏高的注浆压力并同时进行注入量的管理。

（2）注浆量

注浆量的确定是以管片背部建筑空隙量为基础并结合地层、线路线性及掘进方式等考虑适当的饱满系数，以保证达到充填密实的目的。根据施工实际，这里的饱满系数（即注浆率）包括由注浆压力产生的压密系数、取决于地质情况的土质系数、施工消耗系数、由掘进方式产生的超挖系数等。一般主要考虑土质系数和超挖系数。

土质系数取决于地层特征，一般取值为1.1~1.5。在完整性好、自稳能力强的硬质地层中，浆液不易渗透到衬砌周围的土体中去，可取较小土质系数甚至不用考虑。但在裂隙发育的岩质地层或以砂、砾石为主的大渗透系数地层浆液极易渗透到周围的土体中，因此对这样的地层应考虑较大的土质系数，可取1.3~1.5。在以黏土、粉砂为主的小渗透系数地层中，浆液在注入压力的作用下也会对土体产生劈裂渗透，故也应考虑1.1~1.3的土质系数。超挖系数是正常情况下管片背部建筑空隙的修正系数，一般只在曲线段施工中产生（直线段盾构机机体与隧道设计轴线有较大夹角时也会产生，其值一般较小可不予考虑），其具体数值可通过计算得出。

以上饱满系数在考虑时需累计。

同步注浆量经验计算公式为

$$Q = V \lambda$$
$$V = \pi(D^2 - d^2)L/4$$

式中 V——充填体积（盾构施工引起的空隙）；

λ——注浆率（消耗系数+土质系数+超挖系数，一般取130%~180%）；

D——盾构切削外径；

d——预制管片外径；

L——回填注浆段长度，即预制管片衬砌每环长度。

（3）注浆速度

注浆速度主要是指每单位时间内注射浆液的快慢情况，单位是L/min。注浆速度主要由注浆泵的性能、单环注浆量确定，应与掘进速度相关。

以土压平衡盾构机注浆设备的操作面板为例，如图4-23所示，表4-2为注浆控制面板按钮功能表。

图4-23 注浆控制面板（单液注浆）

表4-2 注浆控制面板按钮功能表

按钮名称	功能
注浆冲程	显示:显示每个注浆管线的注浆次数(触摸屏显示)
压力显示	显示:显示每个注浆管线的当前注浆压力(触摸屏显示)
注浆启动/停止	带灯按钮:打开和关闭每个注浆管线
0-MAX	旋钮:注浆管流量或压力控制
手动/停止/自动	选择开关:砂浆注入方式的手动或自动选择
自动启动	带灯按钮:打开和关闭自动模式
推进速度显示	显示:显示当前推进速度,以便注浆操作人员参考(触摸屏显示)
搅拌启/停	带灯按钮:打开和关闭砂浆罐搅拌器
紧急停止	紧急停止按钮:关闭注浆泵
注浆泵启/停	带灯按钮:打开和关闭注浆机

注浆参数仅注浆压力一项，可在上位机"参数设置"页面进行设定。其数值应根据工程实际综合地质、注浆量等情况考虑。压力参数设定后，当注浆压力达到设定的最大停止压力则注浆泵将自动停止。只有随盾构的继续掘进，浆液流动，压力减小到设定的启动压力时，注浆泵才可能再次启动。

资讯单见《全断面隧道掘进机操作（中级）实训手册》实训任务16注浆系统维护与保养

🧩 任务实施

参照任务内容，以处于停止挖掘状态下的土压平衡盾构（或仿真操作平台）为例，完成对其注浆系统日常维护和保养的操作。

（1）步骤1：注浆设备操作面板巡视

识别注浆控制面板上的控制及显示区域；紧固控制面板的插头和连线；观察面板上各开关完好；检查各个注浆口压力显示是否归零；若注浆口压力不为0则需检查盾构机尾部注浆口的压力传感器是否故障，做相应的维修或更换部件操作；若传感器无故障则检查管路是否发生堵管现象；用钥匙打开面板观察其内部所有部件有无红灯报警情况；根据注浆控制面板内部干燥情况更换干燥剂，并清理控制面板内部的灰尘。控制面板内部如图4-24所示。

（2）步骤2：清理砂浆罐，检查砂浆罐搅拌器磨损情况

图4-24 注浆机控制面板内部

若刚完成一次注浆作业，不再继续注浆，应立即清洗砂浆罐，防止浆液凝固损坏搅拌棒。首先确保搅拌棒处于启动状态；关闭注浆泵；断开盾尾处注浆口管路；接通清水管路从砂浆罐上方对砂浆罐进行冲洗，如图4-25所示；启动注浆泵将清洗浆液排出。

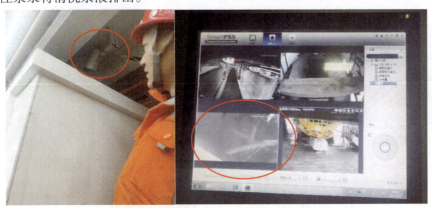

图4-25 砂浆罐监控设备与主控室内显示情况

同时为避免搅拌器轴承过度磨损，确保搅拌器电动注油泵内油脂量处于正常水平，若油脂不足则打开油脂桶进行添加，其中电动注脂系统如图4-26所示，或者手动进行注浆，如图4-27所示。

若注浆系统近期不再使用，可对砂浆罐进行彻底清洁，并检查砂浆罐搅拌器磨损情况。首先确认注浆泵与搅拌棒处于停机状态；打开砂浆罐门进入砂浆罐内部进行人工手动清理，如图4-28所示。

清理完毕后，确保搅拌叶片表面无明显砂浆；测量搅拌叶片端面至砂浆罐底部灌壁距离，判断是否大于20mm；若是则补焊耐磨层或贴焊耐磨钢板，保证叶片端面距砂浆罐底部灌壁10~20mm之间，如图4-29所示。

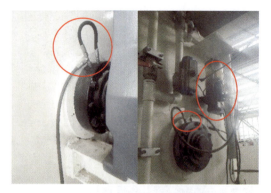

图4-26 砂浆罐搅拌轴电动注脂系统

图4-27 砂浆罐搅拌轴手动注脂

图4-28 砂浆罐门

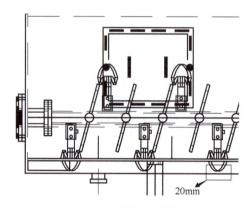

图4-29 搅拌叶片纵断面

(3)步骤3：清理管路保持管路畅通，并检查管路以及各个阀门是否完好

管路是用作输送浆液至管片缝隙的工具，主要包括砂浆罐到注浆泵以及注浆泵到盾尾两部分，由于浆液调配不恰当、大压力注浆或者未定期清理注浆管道等原因，就会导致注浆堵管。尤其在注浆后要及时将管道清理干净，防止残留的浆液不断累积堵塞管道。

首先停止注浆泵；同时确保砂浆罐搅拌机继续运转；断开盾尾处注浆口管路；打开砂浆罐尾部的清水控制阀，如图4-30；关闭砂浆罐连接注浆泵之间的砂浆控制阀，如图4-31所示；启动注浆泵自动冲洗注浆泵与管路；沿管路检查注浆泵与管路是否有漏浆现象。

图4-30 清水控制阀

图4-31 砂浆控制阀

注意：在管路堵塞严重时，则需打开管路进行清洗，此时一定要关闭盾壳注浆管处阀门，防止返浆。清洗盾尾里的注浆管时，用高压清洗泵一小段一小段地清洗，逐步疏通盾壳里的注浆管。同时对球阀进行检查，将损坏的球阀进行更换，将管箍进行清洗，将损坏的进行更换，将破损的管路进行更换，最后进行组装，组装完成后进行刷漆，确保其功能及外观。注浆前要注意整理疏导注浆管，防止管道缠绕或扭转，从而增大注浆压力。

（4）步骤4：清洁注浆泵

若刚完成一次注浆作业，不再继续注浆，应立即清洗注浆机内残存浆液，防止时间一长造成浆液凝固，增加不必要的麻烦，具体清洗方法参见步骤2；若注浆机近期不再使用，应将进排浆阀体及工作缸拆开，清洗干净，刷上防锈液或油脂，再装配起来备用。

（5）步骤5：对注浆泵的活动单元进行润滑处理

注浆泵在长期使用过程中，缸筒内壁与活塞环、活塞之间难以形成油膜，因而造成润滑不良，甚至出现干摩擦的现象，容易出现缸筒拉缸和注浆活塞磨损的故障，严重时甚至发生熔着性磨损。因此可通过眼观耳听的方法观察注浆泵的运转情况粗略判断注浆泵的磨损情况，决定是否拆开注浆泵为其内部的控制杆和接头进行注油脂润滑，若拆机检查发现缸筒或活塞磨损严重则进行部件更换。

注意：日常仍然在掘进的情况下，无需拆开注浆泵，只进行外部的手动注脂润滑操作即可，如图4-32。

图4-32　注浆泵手动注脂润滑

任务实施单见《全断面隧道掘进机操作（中级）实训手册》实训任务16注浆系统维护与保养

 考核评价

通过学习本节内容后对注浆系统进行日常维护，检查学员对有关操作内容理解是否正确，作业流程是否规范，掌握是否熟练，操作结果是否达标。

评价单见《全断面隧道掘进机操作（中级）实训手册》实训任务16注浆系统维护与保养

知识拓展

管路堵塞是注浆过程最常见、最易发生的问题。注浆系统管路包括注浆管路堵塞、输浆管路堵塞等，主要是由于浆液初凝时间偏短、强度高、工序衔接不合理等原因造成。采用长距离管路输送的，尤其容易发生管路堵塞现象，浆液在管路中的损失量较大。如某城市一盾构隧道掘进初期，拟采用通过盾尾注浆管进行注浆的同步注浆系统，计划下一环浆液的拌制在上一环管片拼装时即开始，但由于管片拼装花费时间过长，期间没有对浆液采取任何处理措施，加上掘进速度很慢，导致浆液堵塞了同步注浆管，因没有配备专用疏通工具，导致浆液在注浆管中凝固，最后只能变换注浆工艺，采用管片注浆孔进行注浆。

任务4.8 密封系统维护与保养

 教学目标

知识目标：
  1. 熟悉密封系统维护与保养规范；
  2. 掌握密封系统维护与保养步骤。

技能目标：
  1. 能够根据规范流程进行主轴承密封维护与保养操作；
  2. 能够根据规范流程进行铰接密封维护与保养操作；
  3. 能够根据规范流程进行盾尾密封维护与保养操作。

思政与职业素养目标：
  1. 培养学生树立规范作业的意识；
  2. 培养学生科学分析评价的能力。

 任务布置

某盾构机主驱动中注入油脂不足，导致密封过度磨损，在注入量及注入压力异常的情况下，不允许盾构机掘进工作，否则会损坏主驱动以及主驱动密封。盾构密封系统的可靠性非常重要，轻则影响到部件损坏，重则影响盾构施工安全以及盾构损坏。那么如何开展密封系统的维护与保养工作？

 知识学习

（1）密封系统的组成

盾尾密封系统的维保

盾构的密封系统分为主轴承密封、铰接密封和盾尾密封三部分，是盾构隔绝外界泥水的三大防线，是盾构安全施工的根本。主轴承密封可以防止渣土等进入主驱动，保护主轴承正常工作。铰接密封和盾尾密封可防止水、土等从盾尾进入盾构内。

（2）密封系统的维护保养

为保证密封系统安全高效工作，相关企业根据设计要求制订以下盾构机维护与保养规程。

① 检查主驱动密封处油脂压力。

② 检查主轴承密封（HBW）油脂分配马达动作是否正常（观察油脂分配马达上的脉冲传感器的发光二极管闪烁次数，正常为5~7次）。

③ 检查主轴承外圈润滑脂注入情况（观察油脂分配器工作是否正常，溢流阀是否有油脂溢出，如有油脂溢出表明管路堵塞，要及时检查清理）。

④ 每天给主轴承内圈密封手动注润滑脂，注入量为0.5L/点。

⑤ 检查铰接密封有无漏气和漏浆情况。

⑥ 铰接密封注脂，每个注入点注入量为0.5L/天，当油脂从铰接处冒出时即可。

⑦ 检查盾尾密封情况，如有漏水和漏浆要及时处理，并检查盾尾油脂密封系统的工作

情况。

⑧ 检查盾尾密封压力是否正常，否则应检查油脂管路是否堵塞，特别要重点检查气动阀是否正常工作。

⑨ 检查油脂泵是否有油脂从泵体泄漏，注意监听是否有异常声响。

⑩ 检查油脂泵的气管是否有泄漏现象，如有泄漏应及时修理或更换。

资讯单见《全断面隧道掘进机操作（中级）实训手册》实训任务17密封系统维护与保养

盾尾密封油脂系统的维护与保养

 任务实施

参照任务内容，以土压平衡盾构（或仿真操作平台）为例，完成密封系统检查、电磁气动阀检查。

（1）密封系统检查

① 步骤1：检查主轴承润滑脂注入情况。

② 步骤2：检查主轴承HBW密封油脂泵。检查主齿圈齿轮油是否有液体泄漏；齿轮油泵有无异常。

③ 步骤3：检查EP2润滑油脂泵。检查EP2油脂润滑管路有无磨损及泄漏，脉冲是否正常，压力是否正常，电磁阀工作是否正常，柱塞泵是否工作正常。脉冲和压力不正常需查找原因，检查分配阀及过滤网是否堵塞，电磁阀是否正常，压力传感器或线路是否损坏。

④ 步骤4：检查HBW、EP2油脂的脉冲是否满足系统要求，压力及流量是否正常。

⑤ 步骤5：检查铰接密封有无漏气和漏浆情况，注入的润滑油脂压力和流量是否正常。

⑥ 步骤6：检查盾尾油脂密封压力是否正常，在每次启动前以及推进过程中出现低压报警时能自动注入。

⑦ 步骤7：检查气动球阀、管路及泵。气动球阀操作是否正常及管路有无泄漏，清洁，泵压力检查。

密封油脂启动

⑧ 步骤8：检查盾尾密封压力是否正常。通过在PLC系统控制面板上进行监控，如果不正常，查找原因。

⑨ 步骤9：主轴承内圈密封、铰接密封注润滑脂，通过系统设定油脂的注入量自动补充。

⑩ 步骤10：检查空压机输出气压是否正常。检查电磁气动阀的管路、接头是否有漏气和漏油现象，必要时更换管路和接头。

（2）电磁气动阀检查

① 步骤1：检查电磁气动阀的管路、接头是否有漏气和漏油现象，必要时更换管路和接头。

② 步骤2：检查气路上的油水分离器的油液位，必要时加注润滑油。

③ 步骤3：将主控制室内的盾尾油脂密封控制旋钮转到手动控制挡位，分别控制每路油脂管路单独工作。

④ 步骤4：配合主控室操作人员，检查电磁气动阀气动控制回路的电磁阀是否工作正常（当主控室人员进行操作时，观察电磁阀的指示灯是否有正常的闪烁指示）。

⑤ 步骤5：如果电磁阀动作正常，注意监听气动回路的动作声音（指示灯闪烁的同时

应有气动阀的排气声）。还可以通过用手触摸气动阀的阀杆是否转动来确认工作状况。

⑥ 步骤6：将油脂泵送系统控制旋钮拧至自动挡，油脂泵送压力调至满足泵送频率5次/min（1.1L/min）。

⑦ 步骤7：注意清理堆积在阀体上的杂物。

⑧ 步骤8：防止水进入阀体，如有水进入阀体可能会引起阀体的故障。

⑨ 步骤9：注意保护注入口部的压力传感器，如发生损坏应尽快更换。

盾尾油脂泵的维保

任务实施单见《全断面隧道掘进机操作（中级）实训手册》实训任务17密封系统维护与保养

  考核评价

通过学习本节内容后对密封系统的维护与保养操作，检查学员密封系统维护与保养内容理解是否正确，作业流程是否规范，掌握是否熟练，操作结果是否达标。

评价单见《全断面隧道掘进机操作（中级）实训手册》实训任务17密封系统维护与保养

  知识拓展

某区间隧道施工过程中，发现盾尾多处漏浆，漏浆严重，注浆压力很低，注浆量少，停机检查，发现部分盾尾刷损坏，进行更换，但仍然漏浆，导致注浆量不足，影响施工质量。经过查找分析，引起漏浆的原因如下。

① 盾尾刷损坏。盾尾刷密封装置受过度挤压产生塑性变形，或盾尾刷质量有缺陷，造成密封性能减弱，引起盾尾漏浆。

② 尾刷内的油脂量和注入油脂的压力不足。在掘进过程中，盾尾刷与管片摩擦消耗的油脂与掘进速度成正比，如果速度过快，如果不及时调整油脂泵注脂率，注入油脂不能满足其消耗量，造成盾尾刷内的油脂量和注入油脂的压力不能够及时密封盾尾，密封效果降低，引起盾尾漏浆。

任务4.9　管片拼装系统维护与保养

  教学目标

知识目标：
　　掌握管片拼装系统的日、周、月维护和保养内容。
技能目标：
　　能进行常规的日、周、月维护和保养。
思政与职业素养目标：
　　能够规范操作、科学分析。

任务布置

某台土压平衡盾构机当前正处于停机状态，启动管片拼装机后，拼装机旋转动作不顺畅，且管片拼装机升降不动作，此时应当如何对管片拼装系统进行维护保养？

 知识学习

4.9.1 管片拼装系统的组成

管片拼装机的维保

管片拼装机是管片拼装系统的一个重要组成部分。管片拼装机安装在盾尾部分，是一种安全迅速地把管片组装成所定形式的机械。土压平衡盾构机管片拼装系统包括管片拼装机、管片输送小车、管片吊机。管片拼装过程如图4-33所示。

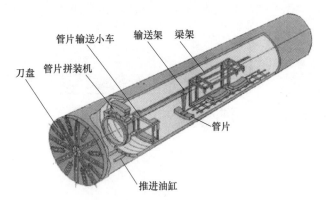

管片拼装系统的维护与保养

图4-33 管片拼装过程示意

4.9.2 管片拼装系统的维护保养原则

管片拼装系统的维护保养应实行全员设备精细化管理模式，坚持"五定""六保持"原则，消除隐患、减少故障、降低维修成本、提高设备综合利用率。

(1) "五定"原则

① 定点　根据管片拼装系统的特点，对系统中的管片拼装机、管片输送小车、管片吊机及其各部位制订精细化维护保养表格，采取通过日保、日检等手段，落实对系统中各部位的保养工作。

② 定法　根据管片拼装系统的特点，制订设备的具体检查方法。

③ 定标　对管片拼装系统的定点、定法，制订检查标准。

④ 定期　根据管片拼装系统特点，制订设备的日检、周检、月检、日保、周保、月保等工作表格。根据制订的表格，落实设备的检查与维保工作。

⑤ 定人　对管片拼装系统确定维护保养员。

(2) "六保持"原则

① 保持管片拼装系统的外观整洁。

② 保持管片拼装系统的维护保养。

③ 保持管片拼装系统的结构完整。

④ 保持管片拼装系统的设计功能。

⑤ 保持管片拼装系统的安全运行。

⑥ 保持管片拼装系统的资料完整。

4.9.3 管片拼装系统的日常维护保养

设备使用人员需对生产设备进行必要的维护和保养，这是延长设备使用寿命、降低设备故障率的有效手段。进行管片拼装系统日常维护和保养时需要注意的要点如表4-3所示。

表4-3 管片拼装系统维护保养要点

要点名称	内容说明
系统初期清洗	系统初期清洗是设备维护保养工作的首要环节，由设备使用人员对设备表面进行清洗(清洗时需注意避开设备电路部分)并检查设备是否存在螺钉松动、漏油、缝隙、晃动等异常情况
困难处清洗	设备困难处是指很难清洗的位置、很难检验的位置和很难加油的位置，设备使用人员在进行设备维护保养时需参照设备图纸与使用说明书对设备困难处进行特别清洗
发生源检查	发生源是指设备发生脏污、故障的根源，设备使用人员在进行设备维护保养时需检查造成设备问题的原因，对能够解决的及时进行解决，不能解决的问题及时上报
设备加油	生产设备在运转一段时间后需要对其易出现磨损、老化的部位进行润滑

4.9.4 管片拼装系统各点的维保内容

4.9.4.1 管片拼装机

（1）整体结构

管片拼装机是管片拼装系统的一个重要组成部分，主要由回转系统、提升系统、平移系统和管片夹取装置构成，其中主要部件有马达、传动轴、传动齿轮、回转盘体、挡托轮、配重块、悬臂梁、提升横梁、油缸、导向柱及管片夹取装置等，如图4-34所示。

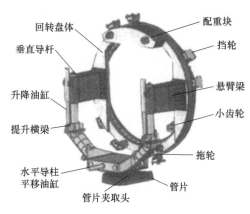

图4-34 环式管片拼装机整体结构

（2）管片拼装机的维护保养

根据相关企业执行的盾构机维护（修）与保养规范，管片拼装机应在盾构机工作间隙中进行"日检"和"周检"，除此之外每月应停机8~12h，进行强制性集中维修保养。管片拼装机应注意以下保养措施。

① 检查管片拼装机，清理工作现场杂物、污泥和砂浆。

② 检查油缸和管路有无损坏或漏油现象，如有故障应及时处理。

③ 检查电缆、油管的活动托架。如有松动和破损要及时修理和更换。

④ 定期（每周）给液压油缸铰接轴承、旋转轴承、伸缩滑板等需要润滑的部位加润滑脂并检查公差和破损情况（旋转轴承注油脂时应加注一部分油脂旋转一定角度，充分润滑轴承的各个部分）。

⑤ 定期检查管片安装机驱动马达旋转角度编码器工作是否正常，如有必要对角度限位进行调整。

⑥ 检查抓取机构和定位螺栓，是否有破裂或损坏，若有必须立即更换。

⑦ 定期检测抓取机构的抓紧压力，必要时进行调整。

⑧ 检查油箱油位和润滑油液的油位。
⑨ 检查各按钮、继电器、接触器有无卡死、粘连现象,测试遥控操作盒。如有故障及时处理。
⑩ 检查充电器和电池,电池应及时充电以备下次使用。
⑪ 检查控制箱、配电箱是否清洁、干燥、无杂物。
⑫ 长时间停机后对管片拼装机停机保养时,应检查管片安装机的抓取头、管片防护尼龙板状况,还应对整个管片拼装系统进行目测检查、运转测试及功能测试。

4.9.4.2 管片输送小车

(1) 管片输送小车的组成

管片输送小车结构如图4-35所示。

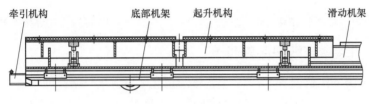

图4-35 管片输送小车结构

(2) 管片输送小车的维护保养

管片输送小车应在盾构机工作间隙中进行"日检"和"周检",除此之外每月应停机8~12h,进行强制性集中维修保养。管片输送小车应注意以下保养措施。

① 及时清理盾构底部的杂物和泥土。
② 每天给须润滑部位加注润滑脂。
③ 定期检查和调整同轴同步齿轮马达的工作情况。如果输送机顶升机构在空载时出现四个油缸起升速度不均的情况,则表明同轴齿轮马达有可能内部有密封损坏,应拆下清洗检查,更换损坏密封件。
④ 长时间停机后,管片输送小车停机保养应注意:管片输送小车尼龙板检查、拖轮总成检查,管片输送小车底部滑行木板检查;还应对整个管片输送小车系统进行目测检查、运转测试及功能测试。

4.9.4.3 管片吊机

(1) 管片吊机的组成

管片吊机结构如图4-36和图4-37所示。

(2) 管片吊机的维护保养

管片吊机应在在盾构机工作间隙中进行"日检"和"周检",除此之外每月应停机8~12h,进行强制性集中维修保养。管片吊机应注意以下保养措施。

① 经常清理管片吊机行走轨道,注意给吊链加润滑脂。
② 检查控制盒按钮、开关动作是否灵活正常。必要时检修或更换。
③ 检查电缆卷筒和控制盒电缆线滑环,防止电缆卡住、拉断。
④ 定期检查管片吊具的磨损情况,必要时进行修理和更换。

⑤ 长时间停机后，管片吊机停机保养应注意：检查吊机行走、提升变速箱，链条链轮滚针轴承；更换吊装头螺栓；检查、紧固吊机梁夹板螺栓；还应对整个管片吊机系统进行目测检查、运转测试及功能测试。

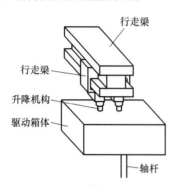

图4-36 管片吊机立体结构

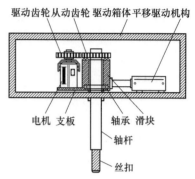

图4-37 管片吊机内部结构

4.9.5 管片拼装系统维护保养清单

管片拼装系统的维修保养工作虽然繁杂，但可总结为八个字，即：清洁、润滑、紧固、调整。管片拼装系统维护保养一般分为日保养、周保养、月保养、停机保养等，各种保养的侧重点有所不同，具体维护保养检查项目详见表4-4。

表4-4 管片拼装系统维护保养检查表

系统	装配组/部件	维保项目及维保内容	时	天	周	月	备注
管片拼装机操作箱	管片拼装机操作箱	框体及按钮开关有无外观损伤		i			
		按钮开关端子部是否松动				i	
		除去箱内的水分、尘埃、土砂等				i	
管片拼装机	升降装置	升降装置是否顺畅	i				
	径向辊	径向辊是否正常运转	i				
	握柄	握柄部的支杆、支架有无变形、磨损、裂隙等	i				
	大小齿轮	旋转轮、齿轮和小齿轮的咬合是否良好	i				
	整体	是否正常无渗漏油，螺栓连接是否紧固无异常		i			
	抓取机构	微动油缸、抓取机构功能动作是否正常		i			
		扣头螺钉、吊装螺栓是否破裂或损坏		i			
	回转部分	拼装机垂直、回转拖链及内部管线是否良好		i			
	减速器	减速器运行、油位、油色是否正常		i			
	马达及刹车	运行是否正常无异响或震动		i			
	钢结构导引装置移动部件	目测检查污染、接头、软管(擦伤痕)、撑脚板、行走装置、连接、拖链、润滑点，如果需要，进行清洁		i			
	驱动	检查油温、噪声、油位，如有必要进行处理		i			
	千斤顶、夹钳	千斤顶、夹钳等是否有异常		i			
	旋转环	旋转环上是否附着、堆积土砂		i			
	电气部分	拼装机声光报警、行走接近开关是否正常工作		i			

续表

系统	装配组/部件	维保项目及维保内容	运行时间				备注
			时	天	周	月	
管片拼装机	管片拼装机整体	清洁			i		
	控制台、紧急制动	功能检查,是否有异常磨损			i		
	管片拼装机、轴承	润滑,是否有异常磨损			i		
	伸缩油缸	润滑			i		
	齿轮油 液压油	取油样分析				i	
管片输送小车	支撑面、滚轮、导轨、拔取装置	目测检查、润滑、清洁		i			
	所有限位开关	功能检查,检查是否正常		i			
	润滑部件	清洁、润滑			i		
管片吊机	链条	加注润滑油		i			
	行程开关	检查行程开关是否工作正常		i			
	吊机	目测检查设备是否运行正常,管片吊机功能是否正常,运行控制,清洁是否良好		i			
		行走机构的大小齿轮啮合是否正常		i			
		导向轮、行走轮磨损是否正常无影响		i			
	电气部分	行走及上下限位、卷盘电缆是否正常		i			
		行走电机声音是否异常,防护是否良好		i			
	起重机系统和提升装置	清洁			i		
	所有控制面板紧急停车	功能检查			i		
	减速机	检查油位、润滑			i		

注:1. 盾构机的保养除了在盾构机工作间隙中进行"日检"和"周检"外,每月应停机 8~12h,进行强制性集中维修保养,长时间停机后应对整个管片拼装系统进行目测检查、运转测试及功能测试。

2. 盾构机停机保养内容:①管片安装机抓取头检查,管片防护尼龙板状况检查;②管片输送小车尼龙板检查、拖轮总成检查,管片输送小车底部滑行木板检查;③管片吊机行走、提升变速箱检查,链条链轮滚针轴承检查,吊装头螺栓更换及吊机梁夹板螺栓检查、紧固。

资讯单见《全断面隧道掘进机操作(中级)实训手册》实训任务 18 管片拼装系统维护与保养

 任务实施

土压平衡盾构机当前正处于停机状态,管片拼装系统也处于静置状态,此时应检查管片拼装系统静置原因,若因为故障而静置,此时应排除故障,查找故障原因,采取故障维修保养措施。

(1)运行时的维保

① 步骤1:检查管片拼装机的升降装置是否顺畅。

② 步骤2：检查管片拼装机的径向辊是否正常运转。
③ 步骤3：检查管片拼装机的握柄部的支杆、支架有无变形、磨损、裂隙等。
④ 步骤4：检查管片拼装机的旋转轮、齿轮和小齿轮的咬合是否良好。

（2）日维保

① 步骤1：检查管片拼装机操作箱框体及按钮开关有无外观损伤，拼装机声光报警、行走接近开关是否正常工作。
② 步骤2：检查管片输送小车的所有限位开关的功能是否正常。
③ 步骤3：检查管片吊机的行程开关是否工作正常。
④ 步骤4：检查管片拼装机是否正常无渗漏油，螺栓连接是否紧固无异常。
⑤ 步骤5：检查管片拼装机的抓取机构的微动油缸和功能动作是否正常，扣头螺钉、吊装螺栓是否破裂或损坏。
⑥ 步骤6：检查管片拼装机的垂直、回转拖链及内部管线是否良好。
⑦ 步骤7：检查管片拼装机的减速器运行、油位、油色是否正常。
⑧ 步骤8：检查管片拼装机的马达及刹车运行是否正常无异响或震动。
⑨ 步骤9：检查管片拼装机的导引装置移动部件污染、接头、软管（擦伤痕）、撑脚板、行走装置、连接、拖链、润滑点，如果需要，进行清洁。
⑩ 步骤10：检查管片拼装机的驱动油温、噪声、油位，如有必要进行处理。
⑪ 步骤11：检查管片拼装机的千斤顶、夹钳等是否有异常。
⑫ 步骤12：检查管片拼装机的旋转环上是否附着、堆积土砂。
⑬ 步骤13：检查管片输送小车的支撑面、滚轮、导轨、拔取装置的润滑，并清洁。
⑭ 步骤14：检查管片输送小车的所有限位开关的功能是否正常。
⑮ 步骤15：检查管片吊机的行走及上下限位、卷盘电缆是否正常，行走电机声音是否异常，防护是否良好。
⑯ 步骤16：检查管片吊机的链条，加注润滑油。
⑰ 步骤17：检查管片吊机是否运行正常，功能是否正常，运行控制、清洁是否良好。
⑱ 步骤18：检查管片吊机行走机构的大小齿轮啮合是否正常。
⑲ 步骤19：检查管片吊机导向轮、行走轮磨损是否正常无影响。

（3）周维保

① 步骤1：检查管片拼装系统的整体是否清洁。
② 步骤2：检查管片拼装机的控制台、紧急制动的功能是否有异常磨损。
③ 步骤3：检查管片拼装机、轴承、伸缩油缸、管片输送小车、管片吊机起重机系统和提升装置、减速器的润滑或油位，是否有异常磨损。
④ 步骤4：检查管片吊机控制面板紧急停止开关。

（4）月维保

① 步骤1：管片拼装机操作箱的按钮开关端子部是否松动。
② 步骤2：除去拼装机操作箱内的水分、尘埃、土砂等。
③ 步骤3：检查管片拼装机齿轮油，取油样分析。

（5）停机维保

① 步骤1：管片安装机抓取头检查，管片防护尼龙板状况检查。
② 步骤2：管片输送小车尼龙板检查、拖轮总成检查，管片输送小车底部滑行木板检查。

③ 步骤3：管片吊机行走、提升变速箱检查，链条链轮滚针轴承检查，吊装头螺栓更换及吊机梁夹板螺栓检查、紧固。

任务实施单见《全断面隧道掘进机操作（中级）实训手册》实训任务18管片拼装系统维护与保养

 考核评价

通过学习本节内容后对管片系统进行故障排除，使用前后的维护保养，检查学员有关管片拼装系统维护保养内容理解是否正确，作业流程是否规范，掌握是否熟练，操作结果是否达标。

评价单见《全断面隧道掘进机操作（中级）实训手册》实训任务18管片拼装系统维护与保养

 知识拓展

管片拼装机是隧道施工用的盾构掘进机的重要关键部件之一，管片拼装的质量会直接影响到地下水的渗透和地表沉降。安装时，一般从下部的标准块管片开始，依次左右两侧交替安装标准管片，然后拼装邻接块管片，最后安装封顶块管片。然而现有的管片拼装机在进行管片拼装工作时，管片的安装效率不高，开挖面将不稳定，安全性得不到保障，而且管片拼装空间难以保证。请创新思考一种能够提高管片安装效率并且安全可靠的管片拼装机。

任务4.10　电气控制系统维护与保养

 教学目标

知识目标：
  1.掌握盾构机电气控制系统的维护作业程序；
  2.了解熟悉电气系统日常巡检内容；
  3.熟悉土压平衡盾构机电气控制系统的维护保养作业程序；
  4.掌握土压平衡盾构机PLC控制系统的维保要点；
  5.掌握土压平衡盾构机传感系统的维保要点；
  6.熟悉土压平衡盾构机供电系统的维保要点。

技能目标：
  1.能够对传感器进行维护保养；
  2.能够对油浸式变压器进行维护保养；
  3.能够对电缆箱、配电柜、应急发电机、PLC系统、上位机、控制面板、传感器等进行维护与保养。

思政与职业素养目标：
  1.培养学生树立规范作业的意识；
  2.培养学生科学分析问题的态度。

任务布置

如何在日常巡视中对传感器进行维护保养？如何开展油浸式变压器日常检修？

 知识学习

盾构机电气控制系统的维护保养工作，需要严格按照施工要求进行。不仅需要进行日常保养，而且还需要进行定期保养。

4.10.1　PLC控制系统的维护与保养

PLC（Programmable Logic Controller 可编程逻辑控制器）控制系统，是专为工业生产设计的一种数字运算操作的电子装置，它采用一类可编程的存储器，用于其内部存储程序，执行逻辑运算，顺序控制，定时，计数与算术操作等面向用户的指令，并通过数字或模拟式输入、输出控制各种类型的机械或生产过程，是工业控制的核心部分。

PLC系统虽然可靠性高，但是由于外部环境影响和内部元件老化等因素，也会造成PLC系统不能正常工作，这对盾构机的使用带来了很大的阻碍，因此，定期对PLC系统做好维护、保养的工作，使系统工作在最佳状态，以免对生产建设带来损失。

4.10.1.1　PLC维护保养的主要操作项目

（1）检查

① 检查PLC插板是否松动。
② 检查PLC连接线是否松动，紧固接线端子。
③ 检查PLC通信口插头连接是否正常。
④ 检查工业电脑与PLC的通信线连接是否可靠。
PLC模块线路现场紧固作业如图4-38所示。

工控柜、PLC、上位机维保

图4-38　PLC模块线路现场紧固作业

（2）清扫

① 定期清洁PLC及控制柜内的灰尘。
② 每六个月或每季度对PLC进行清扫，切断给PLC供电的电源。把电源机架、CPU主板及输入/输出板依次拆下，进行吹扫、清扫后再依次按原位安装好，将全部连接恢复后送电并启动PLC主机。认真清扫PLC箱内卫生。

③ 清洁工业电脑和控制柜内的灰尘。

④ 每三个月更换电源机架下方过滤网。

盾构机PLC系统控制柜如图4-39所示。

（3）测量、备份

① 对柜中给主机供电的电源每月重新测量工作电压。

② 备份PLC程序，冷却机的冷却水流量是否正常并作试验，检查其动作的可靠性。

③ 备份工业电脑的程序。

④ 定期进行PLC的冷启动。

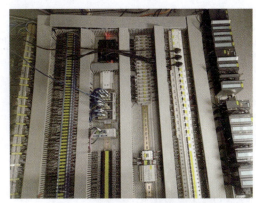

图4-39 盾构机PLC系统控制柜

4.10.1.2 上位机维护保养的主要操作项目

上位机是用于监测和控制盾构施工各个功能系统的专业界面（触摸屏）。它能够显示盾构机在施工中所有的重要参数，并能够根据需要对一些参数和功能进行设置和修改，从而使盾构能适应地层变化的复杂性和多样性。同时，上位机通过与PLC互联通信，交换数据，将需要的数据显示在上位机中，将需要执行的指令传输给PLC。上位机显示面板如图4-40所示。

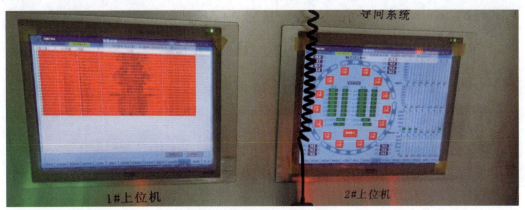

图4-40 盾构机上位机显示面板

图4-41 主控室操作面板灯显示检测

① 检查上位机与PLC的通信线连接是否可靠。

② 定期清洁上位机和控制柜内的灰尘。

③ 备份上位机的程序。

4.10.1.3 控制面板维护保养的主要操作项目

主控室操作面板灯显示检测如图4-41所示。

① 检查面板内接线的安装状况，必要时进行紧固。

② 定期清洁灰尘，注意防水。
③ 检查按钮和旋钮的工作情况，如有损坏及时更换。
④ 检查控制面板上的 LED 显示是否正常。
⑤ 定期对控制面板上的 LED 显示进行校正。校正时要使用标准信号发生器，先校正零点再校正范围，二者要反复校正。
⑥ 定期对推进油缸和铰接油缸行程显示与油缸实际行程进行测量校对，如有误差应及时校准。

盾构机控制面板内接线如图 4-42 所示。

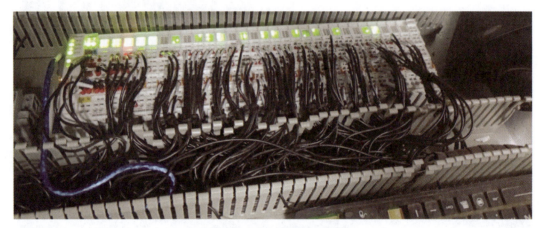

图 4-42　盾构机控制面板内接线

4.10.1.4　控制系统维护保养的注意事项

① 测量电压时，要用数字电压表或精度为 1% 的万能表测量。
② 电源机架，CPU 主板都只能在主电源切断时取下。
③ 在 RAM 模块从 CPU 取下或插入 CPU 之前，要断开 PC 的电源，这样才能保证数据不混乱。
④ 在取下 RAM 模块之前，检查一下模块电池是否正常工作，如果电池故障灯亮时取下模块 RAM 内容将丢失。
⑤ 输入/输出板取下前也应先关掉总电源，但如果生产需要时 I/O 板也可在可编程控制器运行时取下，但 CPU 板上的 QVZ（超时）灯亮。
⑥ 拔插模板时，要格外小心，轻拿轻放，并远离产生静电的物品。
⑦ 更换元件不得带电操作。
⑧ 检修后模板安装一定要安插到位。

控制系统检修内容和判断标准如表 4-5 所示。

表 4-5　控制系统检修内容和判断标准

序号	检修项目	检修内容	判断标准
1	供电电源	在电源端子处测量电压波动范围是否在标准范围内	电压波动范围：85%~110%
2	外部环境	环境温度 环境湿度 积尘情况	0~55℃ 35%~85%RH，不结露 不积尘

续表

序号	检修项目	检修内容	判断标准
3	输入输出用电源	在输入输出端子处测电压变化是否在标准范围内	以各输入输出规格为准
4	安装状态	各单元是否可靠固定 电缆的连接处是否完全插紧 外部配线的螺钉是否松动	无松动 无松动 无异常
5	寿命元件	电池、继电器、存储器	以各元件规格为准

4.10.2 传感系统的维护与保养

传感器系统作为盾构机的感觉器官负责采集相关数据，上传PLC后作为盾构机控制的基础参数，是盾构机实现自动化、智能化的先决条件。采集数据的准确性决定着盾构机控制的精准性，探索其工作原理，做好其维保工作对盾构机操作、技术改进、维护保养有着积极的指导意义。

4.10.2.1 传感器的常见分类和原理

传感器（transducer/sensor）是一种检测装置，能将感受到的被测量信息转换为电信号进行输出。电气信号包括：开关信号；电流信号 4~20mA（或 0~20mA）；电压信号 0~5V DC、0~10V DC 或 -10~10V DC；电阻信号，如 0~2kΩ 等。

（1）压力传感器原理

盾构机上传感器用在各个液压系统、流体系统，液压系统上的压力传感器有用于压力实时检测的压力传感器，为模拟量；也有用在滤芯上检测滤芯是否堵塞的压差开关，为数字开关量。流体用压力传感器多集中在泡沫系统各路空气、混合液、工业水的压力检测。压电效应是压电传感器的主要工作原理。盾构机通常使用的压力传感器主要是利用压电效应制造而成的，这样的传感器也称为压电传感器，且压电式压力传感器大多是利用正压电效应制成的。德系盾构机上常用输出信号为 4~20mA 的传感器。

土压传感器如图 4-43 所示。

（2）温度传感器原理

盾构机用温度传感器用于液压油、齿轮油、内循环水、主减速器、电机等运行温度

图 4-43 土压传感器

的监控。液压油、齿轮油用温度传感器将温度以模拟量信号输出；内循环水、主减速器、电机温度监控使用温度开关，当温度超出许用范围后切断相应线路，为数字开关量。温度传感器是利用物质各种物理性质随温度变化的规律把温度转换为可用输出信号的传感器。盾构常用模拟式热电偶温度传感器，在盾构机上温度传感的另一个主要应用是温度开关。当被检测设备温度超过允许温度后输出一个高电平，该高电平被PLC接受并作进一步处理。例如主驱动减速器温度开关、电动机温度监控器等。温度传感器如图 4-44 所示。

图4-44　温度传感器

（3）流量传感器原理

盾构机用流量传感器均为利用电磁感应原理制作的电磁流量计。用于渣土改良系统上的膨润土、泡沫原液、泡沫混合液和气体流量的检测。它是应用法拉第电磁感应定律，即导电流体通过外加磁场时感生的电动势来测量导电流体流量的一种仪器。压损极小，可测流量范围大，适用的工业管径范围宽，输出信号和被测流量呈线性，精确度较高，可测量范围广。其原理是当导电流体在磁场中作垂直方向流动而切割磁感应力线时，也会在管道两边的电极上产生感应电势。感应电势的方向由右手定则判定，感应电势的大小由下式确定：$E_x=BDv$。在管道直径 D 已定且保持磁感应强度 B 不变时，被测体积流量与感应电势呈线性关系。若在管道两侧各插入一根电极，就可引入感应电势 E_x，测量此电势的大小，就可求得体积流量。盾构机常用的电磁流量计如图4-45所示。

图4-45　电磁流量计

4.10.2.2　传感器维护与保养的主要操作项目

① 检查各种传感器的接线情况，如有必要紧固接线、插头、插座。
② 清洁传感器，特别是接线处或插头处要清洁干净。防止水和污物造成故障。
③ 检查传感器的防护情况，如有必要须采取防护措施。防止损坏传感器。
④ 定期用压力表对压力传感器在控制面板上的显示情况进行检查和校准。

电气装置要定期紧固接线端子；防水、防潮，绝缘检查；除尘，降温；传感器加防护；检查电气线路与元件的机械损伤。预防线路接错、断路、短路、接触不良、破损致使接地或短路。具体如下：检查各种传感器的接线情况，如有必要紧固接线、插头、插座；清洁传感器，特别是接线处或插头处要清洁干净。防止水和污物造成故障；检查传感器的防护情况，如有必要须采取防护措施。防止损坏传感器；用压力表对压力传感器在控制面板上的显示情况进行检查和校正。

4.10.3 供电系统的维护与保养

供电系统主要包括高压电缆、电缆箱、高压开关柜、变压器、配电柜等。

（1）高压电缆

电缆是供电设备与用电设备之间的桥梁，起传输电能的作用，而电缆主要故障就是绝缘问题。引起绝缘问题的关键点就是结构被破坏。现场高压电缆如图4-46所示。

高压电缆从内到外的组成部分包括导体、绝缘、内护层、填充料（铠装）、外绝缘。其维护保养的要点为：

图4-46　高压电缆

① 检查高压电缆是否破损，如有破损要及时处理。

② 检查高压电缆铺设范围内有无可能对电缆造成损坏的因素，若有，应及时采取防范措施。

③ 定期对高压电缆进行绝缘检查和耐压试验（做电缆延伸时进行试验）。

（2）电缆卷筒

① 检查电缆卷筒变速箱齿轮油油位，及时加注齿轮油。

② 检查电缆卷筒链轮的链条，注意加注润滑脂。

③ 检查电缆卷筒滑环和电刷的磨损情况，注意清洁滑环和电刷。

④ 检查电刷的弹力以及电刷与滑环的接触情况，必要时进行修理或更换。

⑤ 检查电缆接头的紧固情况，必要时紧固接头。

⑥ 检查绝缘支座和滑环的情况，必要时进行清洁处理。

（3）高压开关柜

① 进行高压开关柜的分断、闭合动作试验。

② 检查六氟化硫气体压力是否正常（压力表指针在绿色区域内为正确）。

③ 检查高压接头的紧固情况。

（4）电缆箱

高压电缆长时间存放再次启用时，应先进行绝缘耐压检测。

（5）变压器

箱式变压器如图4-47所示。

高压电缆与电缆卷筒的维保

盾构供配电系统的维护与保养

变压器的维保

图4-47　箱式变压器

① 变压器应有专人维护保养,并定期进行维护、检修。
② 检查变压器散热情况和变压器的温升情况。
③ 定期对变压器进行除尘工作。
④ 监视变压器是否运行于额定状况,电压、电流是否显示正常。
⑤ 注意监听变压器的运行声音是否正常。
⑥ 检查接地线是否正常。
⑦ 变压器检修的质量标准

a. 变压器、中性点设备的基础应牢固、完整。
b. 事故排油设施应完好,消防设施齐备。
c. 油漆完整,各相的相色和标志正确。
d. 油箱及所有附件均无渗漏油现象,并擦拭干净。
e. 储油柜、套管等油位表计指示清晰、准确,油色、油位正常;油流继电器及阀门方向、开启正确。
f. 测温装置指示应正确,整定值应符合要求。
g. 气体继电器安装方向正确无误,充油正常,气体排净。
h. 吸湿型呼吸器已装变色硅胶,油杯内的油清洁、油位符合要求。
i. 变压器的相位及绕组的接线组别应符合并列运行要求。
j. 接地引下线及其与主地网的连接应满足设计要求,接地应可靠。
k. 铁芯接地应与地网直接连接。
l. 高压套管的末屏应可靠接地。
m. 中性点放电间隙装设位置正确,间隙距离符合要求。
n. 变压器顶盖、套管等上面应无遗留物。
o. 套管顶部结构的接触及密封应良好。

(6) 配电柜

低压配电柜如图4-48所示。

配电控制柜的维保

图4-48 低压配电柜

① 检查配电柜电压和电流指示是否正常。
② 检查电容补偿控制器工作是否正常。
③ 检查补偿电容工作时的温升情况,温度是否在允许的正常范围内。
④ 检查补偿电容有无炸裂现象,如有需要更换。
⑤ 检查补偿电容控制接触器的放电线圈有无烧熔现象,接线端子应定期检查紧固(建

议每三个月紧固一次），如有松动或烧熔要尽快更换。

⑥ 检查配电柜内的温度是否正常，检查配电柜制冷机是否正常工作，检查制冷机的冷却水流量是否正常。

⑦ 检查低压断路器过载保护和短路保护是否正常。

⑧ 检查大容量断路器和接触器工作时的温升情况，如温度较高说明触点接触电阻较大，需要进行检修或更换。

⑨ 检查柜内软启动器，变频器显示是否正常。

⑩ 对主开关定期进行ON/OFF动作试验，检查其动作可靠性。

⑪ 经常对配电柜及元件进行除尘。

⑫ 定期对电缆接线和柜内接线进行检查，必要时进行紧固。

（7）应急发电机

① 检查PT供油系统油位是否正常。

② 检查冷却水位是否正常。

③ 检查各连接部分是否牢靠，电刷是否正常、压力是否符合要求，接地线是否良好。

④ 检查有无机械杂音、异常振动等情况。

盾构电气日巡检保养维修表如表4-6所示。

表4-6　盾构电气日巡检保养维修表

序号	项目	巡检保养内容	序号	项目	巡检保养内容
1	高压电缆	检查电缆悬挂情况,外表有无破损	6	泡沫和膨润土系统	变频电机运转是否正常
		检查高压电缆敷设范围内有无对电缆损坏的因素			电磁阀、流量计是否正常以及防护情况
					液位传感器有无异常
		检查高压电缆分支箱防水情况是否正常	7	接线盒及插座盒	检查接线盒与插座盒外壳是否破坏
2	油浸式变压器	变压器周围通风情况、温度以及散热是否正常			检查接线盒与插座盒密封情况
		变压器运行声音是否有异常	8	油脂系统	电磁阀、接近开关有无异常
		观察变压器的电压是否在正常范围内			
		检查变压器的防水、清洁情况			
		电容补偿是否正常	9	皮带机	清洁皮带机电机表面水和污渍
3	空压机	空压机是否有进水现象			检查电机接线盒密封情况
		空压机温度是否在允许范围内			检查三号拖车上方皮带下电缆线槽内线缆有无刮蹭现象
		查看空压机操作面板有无故障报警			
		空压机清洁防护情况	10	管片吊机	操作手柄按钮是否灵活、功能完好
4	主驱动	监听液压马达运行声音是否正常			前后行走限位是否正常
		液压马达冷却、温度有无异常			吊机抗拉电缆以及电缆卷筒有无异常
5	主泵站	检查主泵站各电机温度、声音是否有异常	11	管片拼装机	拼装机无线遥控器接收器外观完整无损且干净整洁
		检查各电磁阀块清洁防护情况			

续表

序号	项目	巡检保养内容	序号	项目	巡检保养内容
11	管片拼装机	拼装机旋转移动电缆是否有跑偏刮蹭现象	13	主控室	检查PLC通信灯是否正常
		拼装机上阀组防护是否完好			检查操作面板上各按钮指示灯是否正常
12	盾体	检查盾体左右推进阀组防护清洁情况			查看上位机报警历史，监控数据是否正常
		检查盾体左右侧配电柜清洁情况，是否有进水现象			
		保压系统控制器清洁防护情况	14	紧急停止	各个急停按钮完好且无其他物体遮盖
		盾体内各传感器清洁防护情况			

资讯单见《全断面隧道掘进机操作（中级）实训手册》实训任务19电气控制系统维修与保养

 任务实施

（1）对盾构机的传感器进行维护保养
① 步骤1：检查传感器外观
观察器件是否缺损、受潮；确认各端子连接器连接可靠；确认器件安装无松动现象。
② 步骤2：检查电源状态；
确认DC电源的电压状态正确；
③ 步骤3：检查信号传输功能；
确认传感器和控制器直接的通信联络正常；
④ 步骤4：传感器精度检测；
检查传感器反馈值与实际计量仪表测量值是否相符；
⑤ 步骤5：器件清洁。
确认传感器内外清洁

（2）油浸式变压器日常检修步骤
① 步骤1：箱壳及其附件的检修
用干净的棉纱清扫外壳，特别污秽或大块油斑的地方用汽油棉纱擦拭，局部脱漆的要进行除锈涂漆处理，调制的油漆应和变压器原油漆一致或接近；检查紧固各法兰连接螺栓，受力均匀适当，检查主导电回路的紧固螺栓是否松动，导电排接头处有无过热现象，否则要紧固该螺栓；如贴有示温贴片，应检查其是否变色，若变色要予以更换；清扫套管的瓷瓶，检查瓷瓶外表有无放电痕迹，表面有无破损、裂纹现象，瓷釉脱落面积不超过300mm²的可用环氧树脂粘补，如发现有渗油现象，应对渗油位置作具体处理（处理过程略）；检查其他部分有无渗油情况，并予以处理。
② 步骤2：防爆管的检修
检查紧固法兰，受力均匀适当；检查防爆管连接管畅通完好与否，防爆管薄膜密封严密，平整无缺，压垫无裂纹，若发现有破损或裂纹，应立即予以更换。方法是：先取下压紧环，再取下橡胶垫，然后拆掉防爆膜，以新的薄膜代替，安装顺序与拆卸时相反。复装时，橡胶垫两面要擦拭洁净。
③ 步骤3：油枕的检查
用干净的棉纱擦拭油位计表面，使之清晰透明，发生渗油现象的需要及时处理；观察油

枕的油位是否正常，若油位低，应补以同型号的符合技术要求的变压器油；将油枕底部集污盒内的污油放掉，并清洗干净。

④ 步骤4：检查热呼吸过滤器

更换失效的吸附剂，并清扫管路，检查呼吸器的吸潮剂是否失效，若失效以新的吸潮剂更换。

⑤ 步骤5：瓦斯继电器的检查

检查有无渗漏油现象，若有，可视渗漏油情况做相应的处理；阀门的开闭是否灵活，必要时予以适当调整检查接点闭合与断开是否正确；检查电缆和继电器接点的绝缘电阻是否满足要求，并且引线电缆不得被油浸。

⑥ 步骤6：分接开关的检修

分接开关处渗油是常见缺陷分接开关渗油多发生在中心传动轴与外围密封螺母的缝隙处。

⑦ 步骤7：温度计的检修

测量上层油温的温度计应拆下来进行校验，达到规定精确度；检查测温管是否充满了变压器油，温包金属导管不得有死弯，弯曲直径不得小于150mm；检查接线盒内有无积水或受潮现象，引线正确牢固。

⑧ 步骤8：检查基础

应无纵横严重裂纹，无破损和大面积脱落，支撑件无弯曲变形和裂缝情况。

⑨ 步骤9：冷却装置的检修

检查各管路畅通，无渗漏油现象，有强制风冷装置的应检查风扇电机完好，启动正常；检查冷却装置与主变箱体连接的阀门开启、关闭正常，无渗漏油。

⑩ 步骤10：变压器补油

打开储油柜、散热器及其他应投入运行的闸阀、蝶阀，检查各阀门处于开启状态，并加以定位；将注油管路接至储油柜下部阀门，通过滤油机连接至油罐；开启滤油机，保持4t/h的速度向储油柜注入合格的变压器油，待油位到达适合高度时，停止注油，打开升高座、散热器、储油柜等最高位置的放气塞，进行排气，出油后即可旋紧放气塞。

⑪ 步骤11：变压器油取样

取油样应在空气干燥的晴天进行，装油样的容器应清洁并经干燥处理，油样从变压器底部的放油阀处取，取油样时，擦净放油阀，放掉污油，待油干净后收集至油样容器，油样溢出容器后尽快将容器封号，严禁杂物混入容器。关紧放油阀防止漏油。

任务实施单见《全断面隧道掘进机操作（中级）实训手册》实训任务19电气控制系统维修与保养

考核评价

通过学习本节内容后能够对电气控制系统进行维保，检查学员对电气控制系统维护保养内容的理解是否正确，作业流程是否规范，掌握是否熟练，操作结果是否达标。

评价单见《全断面隧道掘进机操作（中级）实训手册》实训任务19电气控制系统维修与保养

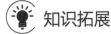
知识拓展

PLC控制系统相当于盾构机的大脑，协调控制盾构机实行掘进的操作。其硬件如图4-49所示。

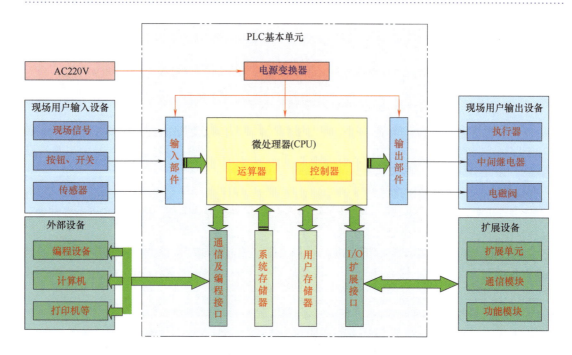

图4-49 PLC控制系统硬件

  盾构机这种工业控制采用PLC，除了满足基本的控制功能以外，还需要满足可靠性，即具备足够的抗干扰能力。PLC的输入输出接口一般都有隔离措施，程序是逐条执行，因此，程序不会死锁，增加了其可靠性。而可靠性，正是工业控制和工业生产中最为重要的指标。

任务4.11 导向系统维护与保养

 教学目标

知识目标：
  1.熟悉导向系统维护与保养的内容；
  2.熟悉常见的报警信息及解决方法。
技能目标：
  1.根据操作手册，能够独立进行简单的维护和保养；
  2.能够解决系统常见的报警信息。
思政与职业素养目标：
  通过导向系统细节的维护，培养学生精益求精的工匠精神。

 任务布置

  某区间隧道采用盾构法施工，以盾构机采用力信RMS-D激光靶导向系统为例，如何开展日常导向系统的维护与保养?

 知识学习

由于盾构机内施工环境较为复杂,定期检查导向系统的硬件是否完好对保证测量系统的正常工作十分重要。检查内容包括棱镜、吊篮、全站仪、控制盒及通信线缆几大块。以力信RMS-D激光靶导向系统为例,导向系统的定期检查内容主要包括九个方面,见表4-7。

表4-7 导向系统定期检查内容

编号	描述	检查周期
1	检查激光靶镜片是否有泥浆或者水珠,若有只能用软布轻轻擦拭,严禁用手直接擦拭	每日
2	检查全站仪目镜和键盘是否有泥浆,全站仪自动马达是否正常工作	每日
3	检查全站仪吊篮和后视棱镜吊篮是否会被撞到	每日
4	检查全站仪和激光靶的通视空间,测量通视空间较小时及时移站	每日
5	通过控制测量检查后视和测站点的坐标	每周
6	通过固定在盾构机上的特征点来检核RMS-D导向系统姿态	每月
7	检查全站仪气泡是否居中,若超出范围应立即整平并重新设站定向	每日
8	定期将测量系统数据库备份至U盘或者移动硬盘	每月
9	定期检核全站仪的补偿器、ATR指标差	6个月

资讯单见《全断面隧道掘进机操作(中级)实训手册》实训任务20导向系统维护与保养

 任务实施

在恶劣环境中更需要频繁的进行维护,这样能增加系统的使用寿命、减少一些不必要的损失。

导向系统使用前检查和维护操作如下(以力信RMS-D激光靶导向系统为例)

(1)步骤1:检查激光靶

① 检查激光靶镜片是否有泥浆或者水珠,若有只能用软布轻轻擦拭,严禁用手直接擦拭。

② 定期检查激光靶支架的稳定性及激光靶螺栓的紧固性。

(2)步骤2:检查全站仪

1)检查全站仪及其配件是否清洁与干燥

① 产品与附件。吹净透镜和棱镜上的灰尘,不要用手触摸光学零件,清洁仪器时应用干净柔软的布,亚麻布除外。如需要可用水或者纯酒精醮湿后使用。不要用其他液体,否则可能损坏仪器零部件。

② 棱镜结雾。如果棱镜的温度比环境的温度低则容易结雾。不要简单的拭擦。可把棱镜放进衣物或者车内,使之与周围温度适应,雾自动消失。不要用手直接擦拭棱镜,以免损坏光学镜面。

③ 仪器受潮。在温度不超过40°C的条件下干燥仪器、运输箱、塑料泡沫及其他附件,然后清洁处理。直到完全干燥后再装箱。在野外使用仪器时应始终盖上仪器箱。

④ 电缆和插头。保持插头清洁、干燥。吹去连接电缆插头上的灰尘。

2)检查全站仪自动马达是否正常工作。

3)检查全站仪是否平整,气泡是否居中,若超出范围应立即整平并重新设站定向。

4）检查全站仪吊篮和后视棱镜吊篮是否会被撞到。
5）定期检核全站仪的补偿器。
（3）步骤3：检查全站仪和激光靶的通视空间
如果测量通视空间较小时，则需及时移站。
（4）步骤4：核查后视和测站点的坐标
通过控制测量检查后视和测站点的坐标。
（5）步骤5：检核RMS-D导向系统姿态
通过固定在盾构机上的特征点来检核RMS-D导向系统姿态。
（6）步骤6：核实数据是否备份
定期将测量系统数据库备份至U盘或者移动硬盘。
任务实施单见《全断面隧道掘进机操作（中级）实训手册》实训任务20导向系统维护与保养

 考核评价

通过学习本节内容后对导向系统进行使用前后的维护保养操作，检查学员有关导向系统维护保养内容理解是否正确，作业流程是否规范，掌握是否熟练，操作结果是否达标。
评价单见《全断面隧道掘进机操作（中级）实训手册》实训任务20导向系统维护与保养

 知识拓展

盾构机推进姿态控制需要根据地质情况来确定，当掘进断面粉土、夹粉质黏土、粉质黏土、黏土比较多，土体自稳性比较强时，盾构机水平姿态可以按照正常控制。在小半径掘进施工时，宜向内弧方向偏移20~30mm，以防止掘进时管片向曲线外弧线方向外移，由于隧道覆土自稳性较强，管片拖出盾尾后，土体填充比较缓慢，或者荷载不足导致竖向力小于隧道管片浮力，使管片整体上浮，这时盾构垂直姿态一定要结合管片上浮量进行（水平轴线以下）调整，保证管片姿态与设计线路偏差在规范内。

盾构推进测量以导向系统为主，以人工测量校核。盾构机自身导向系统能够实时动态显示盾构机所处位置偏差时，盾构司机可根据显示的偏差及时修正盾构机的掘进姿态，使得盾构机能够沿设计方向掘进，并满足盾构区间平面及高程精度要求。

为了保证导向系统的可靠性、准确性，确保盾构机沿着正确的方向掘进，需经常对导向系统的数据进行人工测量校核。对导向系统数据的复核可以根据以下两种情况采用不同的方法。

第一种情况：脱出盾尾的环片和盾壳内的环片姿态数据与导向系统数据一致，或者差距不大（≤2cm），可以认为导向系统姿态数据正常。盾尾环片的姿态数据测量频率为2天一次或者16~20环一次。脱出盾尾的成型环片及时测量，"测量倒九环"，计算环片中心与设计隧道中心偏差值，与自动导向系统显示数据进行比对。根据重复的环片数据姿态判断环片的稳定性及变化规律，进一步指导姿态。

环片测量示意图如图4-50所示。

第二种情况：脱出盾尾的环片和盾壳内的环片与导向系统姿态数据不一致，这时就需要对自动导向系统进行人工复核，检查导向系统全站仪测站点坐标、后视点坐标、全站仪状态、旋转角感应器数据和倾角的感应器数据以及标靶点相对位置。测量人工标靶对称点的坐标并通过始发姿态数据建立的换算关系，计算人工姿态。盾构机始发后，定期测量此人工标靶，用来检核自动导向系统数据。由于旋转角和倾角的采用数据与自动导向系统感应器的些微差异，计算结果差值应≤2cm左右。

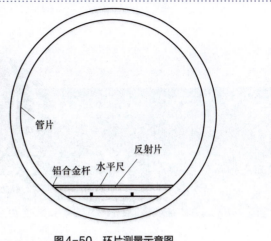

图4-50　环片测量示意图

项目 5
盾构机常见故障分析与排查

任务 5.1 刀盘驱动系统常见故障分析与排除

 教学目标

知识目标：
    1. 熟悉刀盘驱动系统电控旋钮的位置及控制键符号；
    2. 熟悉刀盘驱动系统上位机操作界面、故障查询界面；
    3. 掌握上位机故障消除方法；
    4. 掌握刀盘驱动系统基本的电气、液压故障分析与排除方法。

技能目标：
    1. 能够依据盾构机操作说明书，熟练找到刀盘驱动系统电控旋钮的位置；
    2. 能够依据盾构机操作说明书，熟练找到刀盘驱动系统上位机各界面，熟练操作刀盘驱动系统的启动、停止及参数修改；
    3. 能够按常规流程对故障做出正确分析与处理；
    4. 能够正确地识别上位机、电气元件或液压元件等常见故障类型。

思政与职业素养目标：
    1. 培养学生树立规范作业的意识；
    2. 培养学生科学分析问题的态度；
    3. 培养学生具有爱岗敬业，忠于职守，尽职尽责的职业精神。

 任务布置

    某软土地层中一台土压平衡盾构机在施工过程，盾构司机在刀盘启动运行时，调节"刀盘转速"旋钮，将"刀盘转速"旋钮向加速方向旋转，发现"推进刀盘"界面上，刀盘转速数据没有变化。将"刀盘转速"旋钮向减速方向旋转,发现"推进刀盘"界面上,刀盘转速数据依然没有变化。请找出上述盾构机出现的故障原因并处理,同时分析以下三种常见故障现象:

① 刀盘不旋转(不顺畅)故障;
② 刀盘转速异常故障;
③ 刀盘轴承密封失效故障识别及紧急处理。

刀盘驱动系统常见故障
分析与排除方法

知识学习

盾构机刀盘驱动系统的故障分析与排除主要围绕刀盘控制系统展开排查,这部分主要学习刀盘控制系统、主监控界面、启动条件及设备报警等内容。

(1)刀盘控制系统

刀盘控制系统是控制刀盘启动、停止、正反转、加减速等各种状态的操作系统。操作区域包括主控室刀盘控制区、本地控制盒两部分。具体布置如图5-1、图5-2所示。

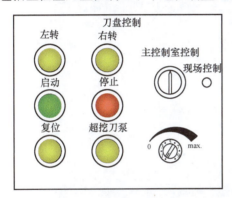

图5-1 主控室刀盘控制区

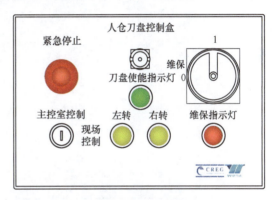

图5-2 本地控制盒

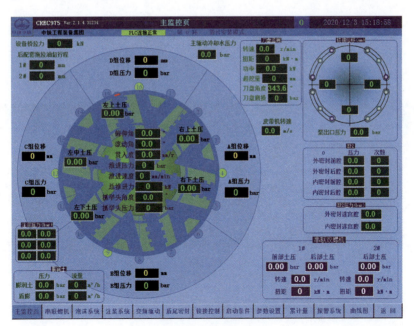

图5-3 主监控界面

(2)刀盘主监控界面

刀盘主监控界面主要监控当前刀盘转速、扭矩、功率、超挖量、刀盘角度及刀盘磨损等各种参数,具体如图5-3所示。

(3)"启动条件"界面

启动刀盘,必须保证所有的启动条件都已经满足。在相关的启动条件满足后,上位机相应显示项会变绿。如启动条件中有一项不变绿,就说明该项没有启动或启动功能出现故障,应立即对其进行检查,排除故障后启动。具体如图5-4所示。

图5-4 刀盘启动条件显示

(4)"设备报警"界面

"设备报警"界面可以提示当前刀盘驱动系统出现的故障点,便于工作人员分析。具体如图5-5所示。

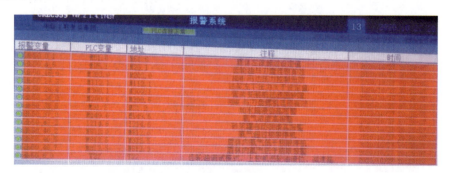

图5-5 "设备报警"界面

资讯单见《全断面隧道掘进机操作(中级)实训手册》实训任务21刀盘驱动系统常见故障分析与排除。

任务实施

（1）主控室控制刀盘不旋转（不顺畅）故障分析与处理

1）步骤1：确认主控室刀盘控制按钮功能是否正常，电源及线路是否正常。

故障类型	故障现象及分析	处理
"启动"按钮故障	刀盘"启动"按钮指示灯损坏或线路故障	①万用表检查开关按钮，发现按钮指示灯损坏或者线路故障 ②上报维修工程师，请求修复 ③修复后，跳转至步骤3

2）步骤2：常见故障现象分析与处理。

故障类型	故障现象及分析	处理
刀盘急停	观察到"启动条件"界面中"刀盘急停"文字颜色显示红色时，表示刀盘急停条件不满足	①查看"设备报警"界面，发现有红底色的"刀盘紧急停止回路动作"的报警信息 ②按动主控制面板上的"复位"按钮，观察此条报警信息依然保持红底色 ③查找急停系统的电气图纸，及时报项目组管理，请组织专业人员进行处理
刀盘冷却系统	观察到"启动条件"界面中"刀盘冷却系统正常"文字颜色显示红色时，表示刀盘冷却系统不正常	①查看"设备报警"界面，发现有红底色"冷却水泵自动开关跳闸"的报警信息 ②找到主配电柜冷却水泵开关，并合上开关即可 ③查看"设备报警"界面，发现有红底色"冷却水液位低于低限"的报警信息 ④按动主控制面板上的"复位"按钮，观察此条报警信息依然保持红底色；可确认是冷却水液位过低故障，补偿冷却水至标准水位故障未排除，及时报项目组管理，请组织专业人员进行处理
刀盘润滑油系统	观察到"启动条件"界面	按照"设备报警"界面，依次排查"齿轮油泵自动开关跳闸""齿轮油漏油液位低限""齿轮油温度超限""润滑油脂泵自动开关跳闸""齿轮油脉冲检测异常""润滑油脂脉冲检测异常"等故障信息
1#刀盘变频器扭矩异常	刀盘旋转过程中，时刻观察"刀盘"界面中各个刀盘变频器的扭矩、电流数据，发现1#变频器扭矩和电流明显小于其他编号的变频器扭矩和电流数据时，则说明该刀盘驱动的电机负载明显偏小	①查看是否为扭矩限制器失效 ②查看是否为扭矩轴断裂 ③查看是否为行星减速器与小齿轮之间连接轴断裂 ④查看是否为行星减速器内部损坏
刀盘1#齿轮箱温度超高	观察到上位机"设备报警"界面，"刀盘1#齿轮箱温度超高"报警信息时，观察上位机"刀盘"界面中对应编号的刀盘电机温度数据的确超过设定温度值，则可确认刀盘1#齿轮箱温度超高故障，导致刀盘无法启动	①查看是否为电气回路或（温度开关）故障 ②查看冷却水流量是否不足 ③查看减速器齿轮油是否不足
电位计在零位	当观察到"启动条件"界面中"电位计在零位"文字颜色显示红色时，表示刀盘转速调节旋钮不在零位	将刀盘转速调节旋钮旋转至零位即可

续表

故障类型	故障现象及分析	处理
刀盘补油压力不足	查看上位机界面,发现刀盘补油压力达不到正常值	①补油回油的溢流阀损坏 ②阻尼孔未安装或安装错误 ③补油泵自身溢流阀损坏
刀盘扭矩显示为负数	查看上位机界面,发现刀盘扭矩显示为负数	传感器安装接线原因导致扭矩显示负数

3)步骤3:根据上位机报警信息,依次按照步骤2的故障分析与处理,完成其他故障排查。步骤2中的故障处理完成后,按动主控室控制面板上的"复位"按钮,再次观察对应故障的启动条件,报警信息及相关数据。若恢复正常,则故障处理完成。若还是无法启动,返回步骤2,再次排查。直至恢复正常。

(2)刀盘转速异常故障分析与处理

1)步骤1:查看主控室控制面板速度调节旋钮机械是否正常

来回旋动"刀盘转速"旋钮,确认"刀盘转速"旋钮机械功能上是否正常。若发现无法旋动或者旋动有异响,更换"刀盘调速"旋钮。

2)步骤2:查看上位机界面关于刀盘系统的数据参数和报警信息,判定故障基本类别。

故障类型	故障现象与分析	处理
刀盘转速数据异常	刀盘启动运行时,调节"刀盘转速"旋钮,将"刀盘转速"旋钮向加速方向旋转,观察"主监控页"界面上,刀盘转速数据,没有变化。将"刀盘转速"旋钮向减速方向旋转,观察"主监控页"界面上,刀盘转速数据,依然没有变化	①"刀盘转速"旋钮电信号,未被正常采集到或者速度控制数据未传输到变频器端 ②上报维修工程师,告知其转速故障,请求处理恢复
	刀盘启动运行时,观察到"主监控页"界面上刀盘转速数据时有时无,且无规律性。则可推断出,刀盘转速传感器反馈异常数据	①电气回路确认有无故障 ②刀盘转速传感器安装位置异常,请及时报项目组管理,请组织专业人员进行处理
	无论刀盘高速还是低速,转速达不到设计值	①正反转电磁阀得电方向不一致 ②进油联A、B口接错方向
	刀盘泵启动正常但电位计无论旋到多大都没有转速	①查看控制泵压力是否正常,检查各球阀开关 ②检查每个刀盘泵的控制压力,若都无压力,检查功率阀组处减压阀压力是否正常 ③若功率阀组减压阀压力正常,检查功率阀组处比例溢流阀是否损坏 ④检查刀盘系统比例放大板

3)步骤3:根据上位机报警信息,依次按照步骤2的故障分析与处理,完成其他故障排查。步骤2中的故障处理完成后,按动主控室控制面板上的"复位"按钮,再次观察相关数据。若恢复正常,则故障处理完成。若还是有故障,返回步骤2,再次排查。直至恢复正常。

(3)刀盘驱动密封失效故障识别及紧急处理

1)步骤1:查看上位机界面关于刀盘系统的数据参数和报警信息,判定故障基本类别。

故障类型	故障现象与分析	处理
密封失效	主驱动内、外密封跑道进沙泥,在观察孔处可以观察到有泥沙	①保证EP2和HBW的注脂量 ②条件允许,拆机换密封
油脂密封压力偏低	润滑油脂泵正常启动运行时且长时间运行后,观察上位机主监控页"辅助系统"界面中主轴承外密封压力数据,发现外密封压力一直过低	①油脂泵损坏,则需报维修技术人员进行专业维修处理 ②油脂分配阀堵塞,拆解油脂分配阀进行清洗疏通 ③油脂管路损坏,更换管路 ④油脂管路错接,参考设备图纸,按正确连接方法接好管路

2)步骤2:根据上位机报警信息,依次按照步骤2的故障分析与处理,完成其他故障排查。步骤1中的故障处理完成后,开启润滑油脂泵并长时间运行再次观察相关数据。若压力数据恢复正常,则故障处理完成。若压力数据依旧过低,返回步骤1,再次排查。直至恢复正常。

任务实施单见《全断面隧道掘进机操作(中级)实训手册》实训任务21刀盘驱动系统常见故障分析与排除

  考核评价

通过本任务学习后,主要考查学生对刀盘驱动系统的组成、工作原理及相关电液知识的理解是否全面,故障分析与排除方法的作业流程是否规范,故障分析与排除方法结果是否达标。

评价单见《全断面隧道掘进机操作(中级)实训手册》实训任务21刀盘驱动系统常见故障分析与排除

任务5.2 螺旋输送系统常见故障分析与排除

  教学目标

知识目标:
    1. 熟悉螺旋输送系统电控旋钮的位置及控制键符号;
    2. 熟悉螺旋输送系统控制操作区、参数设置界面、故障查询界面;掌握对应故障的消除方法;
    3. 掌握螺旋输送系统基本的电气、液压、机械故障分析与排除方法。

技能目标:
    1. 能够依据盾构机操作说明书,熟练找到螺旋输送系统电控旋钮的位置;
    2. 能够熟练操作螺旋输送系统的启动、停止及参数修改等;
    3. 能够正确地识别螺旋输送系统故障类型与处理。

思政与职业素养目标:
    1. 培养学生树立规范作业的意识;
    2. 培养学生科学分析问题的态度;
    3. 培养学生崇德崇学,向上向善的职业道德。

  任务布置

在西安等老黄土、古土壤地层掘进中,因土质坚韧,易成大块状,在缺少泡沫和水改良的情况下,导致渣土出渣不畅。稍不注意容易造成螺旋机扭矩过大而堵塞。但某项目部在施工过程中,已知渣土改良效果较好,依然发生螺旋输送机不旋转情况。请找出上述盾构机出现的故障原因并处理,同时分析以下常见的两种故障现象:

① 螺旋输送机不旋转(不顺畅)故障分析与处理;
② 螺旋输送机闸门不动作(不顺畅)故障分析与处理。

螺旋输送系统常见故障分析与排除方法

 知识学习

盾构机螺旋输送机系统的故障分析与排除主要围绕螺旋输送机操作系统展开排查,这部分主要学习螺旋输送机操作控制区、主监控界面、启动条件及设备报警等内容。

(1)螺旋输送机操作控制区

螺旋输送机操作系统主要是控制螺旋输送机的启动、停止、正反转、转速、闸门开启等各种状态的操作系统。主要操作区域包括主控制室控制区、现场控制两部分。具体布置如图5-6、图5-7所示。

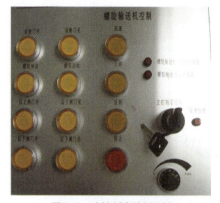

图5-6 主控制室控制区域

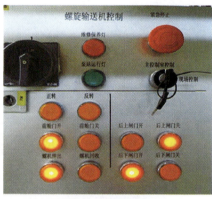

图5-7 本地控制盒

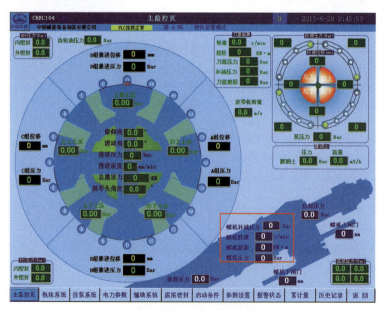

图5-8 螺旋输送机监控界面

（2）螺旋输送机主监控界面

主要监控当前螺旋输送机补油压力、转速、扭矩、前后部压力、闸门开合度等各种参数，具体如图 5-8 所示。

（3）"启动条件"界面

启动螺旋输送机，必须保证所有的启动条件都已经满足。在相关的启动条件满足后，上位机相应显示项会变绿。如启动条件中有一项不变绿，就说明该项没有启动或启动功能出现故障，应立即对其进行检查，排除故障后启动。具体如图 5-9 所示。

图 5-9　螺旋输送机系统条件界面

（4）"设备报警"界面

"设备报警"界面可以提示当前螺旋输送机系统出现的故障点，便于工作人员分析。具体如图 5-10 所示。

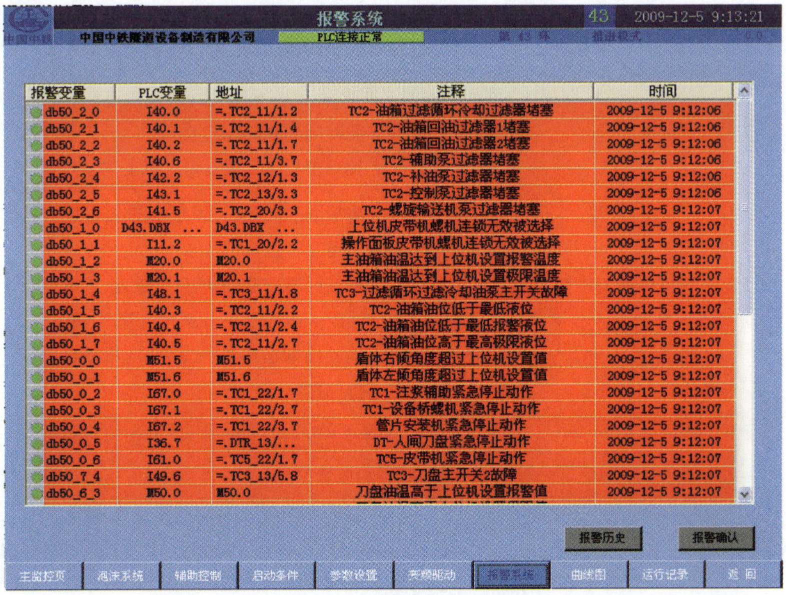

图 5-10　"设备报警"界面

资讯单见《全断面隧道掘进机操作（中级）实训手册》实训任务22螺旋输送系统常见故障分析与排除

 任务实施

（1）螺旋输送机不旋转（不顺畅）故障分析与处理

1）步骤1：确认主控室螺旋输送机控制按钮功能是否正常，电源及线路是否正常。

故障类型	故障现象及分析	处理
"正转""反转"按钮故障	螺旋输送机"正转""反转"按钮指示灯损坏或线路故障	①万用表检查开关按钮，发现按钮指示灯损坏或者线路故障 ②上报维修工程师，请求修复 ③修复后，跳转至步骤3

2）步骤2：查看上位机界面关于螺旋输送机系统的数据参数和报警信息，判定故障基本类别。

故障类型	故障现象及分析	处理
螺旋机扭矩过大而堵塞	在西安等老黄土、古土壤地层掘进中，因土质坚韧，易成大块状，在缺少泡沫和水改良时，导致渣土改良不好。稍不注意容易造成螺旋机扭矩过大而堵塞	①通过螺旋轴的伸缩和正反转，来实现螺旋输送机的脱困 ②螺旋轴无法通过正反回转和伸缩脱困时，可以采取打开观察窗人工清理
螺旋输送机冷却系统不正常	当观察到"启动条件"界面中"刀盘冷却系统正常"文字颜色显示红色时，表示刀盘冷却系统不正常	①查看"设备报警"界面，发现有红底色的"冷却水泵自动开关跳闸"的报警信息 ②找到主配电柜冷却水泵开关，并合上开关即可
		①查看"设备报警"界面，发现有红底色"冷却水液位低于低限"的报警信息，按动主控制面板上的"复位"按钮，观察此条报警信息依然保持红底色 ②检查电气回路确认无故障情况下，管路连接处渗漏，补充冷却水，及时报项目组管理，请组织专业人员进行处理
螺旋输送机补油泵运行不正常	观察到控制面板上螺旋输送机补油泵"启动"按钮指示灯未点亮，且按动"启动"按钮，依然无法点亮"启动"按钮指示灯	①查看"设备报警"界面，发现有红底色的"螺旋输送机补油泵开关跳闸"的报警信息 ②找到主配电柜螺旋输送机主油泵开关，并合上开关即可
		①查看"设备报警"界面，发现有红底色的"液压油温度检测回路故障"的报警信息 ②电气回路故障，报项目组管理，请组织专业人员进行处理 ③温度传感器故障，报项目组管理，请组织专业人员进行处理 ④油箱冷却循环散热器故障，报项目组管理，请组织专业人员进行处理
		①查看"设备报警"界面，发现有红底色的"液压油箱液位低限"的报警信息 ②电气回路故障，报项目组管理，请组织专业人员进行处理 ③温度传感器故障，报项目组管理，请组织专业人员进行处理 ④实际液位不足，安排相关人员补充液压油箱液位

续表

故障类型	故障现象及分析	处理
螺旋机泵运行不正常	观察到"启动条件"界面中"螺旋机液压泵运行"文字颜色显示红色时，表示螺旋机液压泵运行不正常。然后观察到控制面板上螺旋机泵"启动"按钮指示灯未点亮，且按动"启动"按钮，依然无法点亮"启动"按钮指示灯	①查看"设备报警"界面，发现有红底色的"螺旋机主油泵开关跳闸"的报警信息 ②找到主配电柜螺旋机主油泵断路器，并合上断路器即可
		①查看"设备报警"界面，发现有红底色的"螺旋机主油泵软启动器故障"的报警信息 ②复位软启动器，故障报警消失即可，若不能消失，汇报给盾构机维修工程师，通知其软启动器故障具体信息，请求处理修复
		①查看"设备报警"界面，发现有红底色的"螺旋机漏油温度检测回路故障"的报警信息 ②可能产生故障的原因是电气回路故障、温度传感器故障、马达壳体密封损坏等 ③请及时报项目组管理，请组织专业人员进行处理
		①查看"设备报警"界面，发现有红底色的"螺旋机补油压力异常"的报警信息 ②可能产生故障的原因是电气回路故障、压力传感器未正确设置、压力传感器故障、加载阀未加载 ③请及时报项目组管理，请组织专业人员进行处理
润滑油脂脉冲检测异常	按动螺旋机"正转""反转"按钮后，螺旋机正常旋转，但是1min后或间隔一段时间后，控制面板上"正转""反转"按钮指示灯熄灭，螺旋机跳停	①查看"设备报警"界面，发现有红底色"润滑油脂脉冲检测异常"报警信息 ②出现此故障的原因可能有分配阀脉冲接近开关不在检测范围内、多点泵泵芯未达到排量范围、多点泵泵芯磨损及分配阀内部堵塞 ③请及时报项目组管理，请组织专业人员进行处理
螺旋输送机泵异常跳停	螺旋输送机达到2r/min跳停	A、B口球阀未打开，请相关人员打开球阀

3）步骤3：根据上位机报警信息，依次按照步骤2的故障分析与处理，完成其他故障排查。步骤2中的故障处理完成后，按动主控室控制面板上的"复位"按钮，再次观察对应故障的启动条件，报警信息及相关数据。若恢复正常，则故障处理完成。若还是无法启动，返回步骤2，再次排查。直至恢复正常。

（2）螺旋输送机闸门不动作（不顺畅）故障分析与处理

1）步骤1：确认主控室螺旋输送机控制按钮功能是否正常，电源及线路是否正常。

故障类型	故障现象及分析	处理
"上、下后闸门开、关"按钮故障	螺旋输送机上、下后闸门按钮指示灯无法点亮	①按动主控室控制面板上的"灯检查"按钮，若"上、下闸门开、关"指示灯不亮，说明"上、下闸门开、关"按钮指示灯损坏或者线路故障 ②上报维修工程师，请求修复 ③修复后，跳转至步骤3

2）步骤2：查看上位机界面，螺旋输送机系统的数据参数和报警信息，判定故障基本类别。

故障类型	故障现象及分析	处理
推进泵运行故障（闸门泵由推进电机驱动）	观察到控制面板上推进泵"启动"按钮指示灯未点亮，且按动"启动"按钮，依然无法点亮"启动"按钮指示灯	①查看"设备报警"界面，发现有红底色的"推进泵开关跳闸"的报警信息 ②找到主配电柜推进主油泵断路器，并合上断路器即可
"上后闸门开、关""下后闸门开、关"故障	按控制台按钮"上后闸门开、关""下后闸门开、关"不动作	①查看操作控制面板，螺旋输送机钥匙开关在远程位置，则确定是钥匙开关位置错误故障，钥匙开关打到本地即可 ②查看操作控制面板，按住"上后闸门开、关""下后闸门开、关"按钮之后，开、关指示灯闪烁，但闸门不动作 ③考虑电气回路故障、闸门位移传感器、接近开关故障、控制阀故障等原因，及时报项目组管理，请组织专业人员进行处理

3）步骤3：根据上位机报警信息，依次按照步骤2的故障分析与处理，完成"顶推油泵软启动器故障""液压油温度检测回路故障""液压油箱液位低限"等故障排查。步骤2中的故障处理完成后，按动主控室控制面板上的"复位"按钮，再次观察对应故障的启动条件，报警信息及相关数据。若恢复正常，则故障处理完成。若还是无法启动，返回步骤2，再次排查。直至恢复正常。

任务实施单见《全断面隧道掘进机操作（中级）实训手册》实训任务23 推进系统常见故障分析与排除

 考核评价

通过本任务学习后，主要考查学生对螺旋输送机的组成、工作原理及相关电液知识的掌握程度，故障分析与排除方法的作业流程是否规范和熟练，故障分析与排除方法结果是否达标。

评价单见《全断面隧道掘进机操作（中级）实训手册》实训任务23 推进系统常见故障分析与排除

任务5.3　推进系统常见故障分析与排除方法

 教学目标

知识目标：
1. 熟悉推进系统电控旋钮的位置及控制键符号；
2. 掌握上位机推进系统操作界面、参数设置界面、故障查询界面和故障消除方法；
3. 掌握推进系统基本的电气故障分析与排除方法；
4. 掌握推进系统基本的液压故障分析与排除方法。

技能目标：
1. 能够依据盾构机操作说明书，熟练找到推进系统电控旋钮的位置；
2. 能够依据盾构机操作说明书，熟练找到推进系统上位机各界面；

3. 能够依据盾构机操作说明书，熟练操作推进系统的启动、停止及参数修改；

4. 能够正确地识别故障类型：上位机、PLC、电气元件或液压元件等。

思政与职业素养目标：

1. 培养学生树立规范作业的意识；

2. 培养学生科学分析问题的态度；

3. 培养学生认真负责，谦虚谨慎，团结协作的职业道德。

 任务布置

某中铁××号土压平衡盾构机在正常掘进的过程中，发现推进模式下推进油缸A区推力不够。请找出上述盾构机出现的故障原因并处理，同时请分析以下四种故障现象：

① 推进模式下推进油缸不动作（不顺畅）故障分析与处理；

② 推进模式下推进油缸A区推力不够故障分析与处理；

③ 拼装模式下推进油缸B区动作缓慢故障分析与处理；

④ 铰接油缸密封失效故障分析与处理。

推进系统常见故障与排查

知识学习

盾构机推进系统的故障分析与排除主要围绕推进系统操作展开排查，这部分主要学习推进系统控制区、主监控界面、启动条件及设备报警等内容。

（1）推进系统

推进系统主要是控制推进模式与拼装模式的切换，控制推进系统的启动、停止、调速等

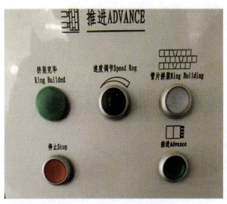

图5-11 推进控制区（1）

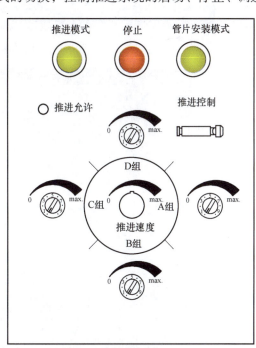

图5-12 推进控制区（2）

各种状态的操作系统,主要操作推进控制区。具体布置如图5-11所示。分区控制区域包括推进油缸压力A组调节、推进油缸压力B组调节、推进油缸压力C组调节、推进油缸压力D组调节旋钮等,如图5-12所示。

(2)上位机"推进系统"界面

推进系统图中有A、B、C、D各分区压力、行程、分区调节百分比,推进系统的总推力、贯入度、速度、速度设置百分比、泵头压力等,铰接系统中有3、5、10、12号油缸行程,泵头压力及油缸压力等。具体如图5-13所示。

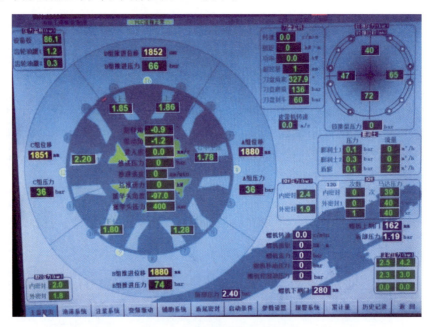

图5-13 上位机推进、铰接界面

图5-14 推进系统条件界面

(3)"启动条件"界面

启动推进系统，必须保证所有的启动条件都已经满足。在相关的启动条件满足后，上位机相应显示项会变绿。如启动条件中有一项不变绿，就说明该项没有启动或启动功能出现故障，应立即对其进行检查，排除故障后启动。具体如图5-14所示。

(4)"设备报警"界面

"设备报警"界面可以提示当前推进系统出现的故障点，便于工作人员分析。具体如图5-15所示。

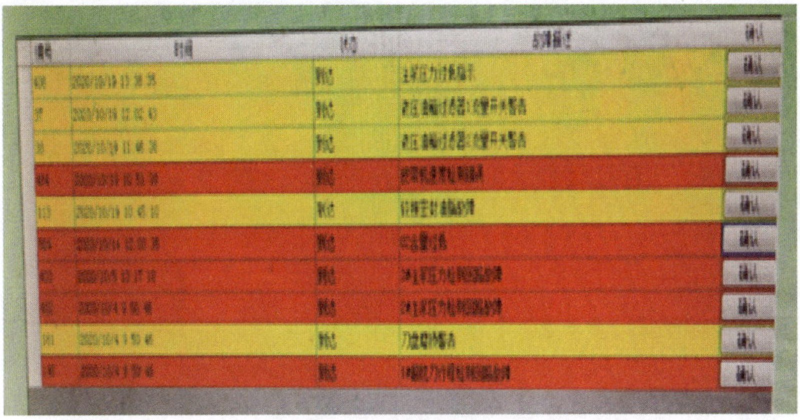

图5-15 "设备报警"界面

资讯单见《全断面隧道掘进机操作（中级）实训手册》实训任务23推进系统常见故障分析与排除

推进系统常见故障
分析与排除方法

任务实施

(1) 推进油缸不动作（不顺畅）故障分析与处理

1）步骤1：确认主控室推进控制按钮功能是否正常，电源及线路是否正常。

故障类型	故障现象及分析	处理
"推进"按钮故障	推进按钮指示灯无法点亮	①万用表检查开关按钮,发现按钮指示灯损坏或者线路故障 ②上报维修工程师,请求修复 ③修复后,跳转至步骤3

2）步骤2：查看上位机界面关于推进系统的数据参数和报警信息，判定故障基本类别。

故障类型	故障现象及分析	处理
某只油缸不能动作	掘进过程中,某组油缸其中一根不伸出,其余油缸都能调节伸出	①根据原理图判断找到相应的控制阀块 ②采用压力表对阀块进油进行压力检测,检测是否有压力存在 ③采用手动方式进行换向阀换向,若油缸能动作,说明电气故障(主要检查电磁阀插头和相关线路是否有损坏、接触不良的现象),报项目组管理,请组织专业人员进行处理

续表

故障类型	故障现象及分析	处理
推进和辅助泵电机运行不正常	观察到控制面板上推进泵"启动"按钮指示灯未点亮，且按动"启动"按钮，依然无法点亮"启动"按钮指示灯	①查看"设备报警"界面，发现有红底色的"推进泵开关跳闸"的报警信息，则确定是推进主油泵电路故障 ②找到主配电柜推进主油泵断路器，并合上断路器即可
		①查看"设备报警"界面，发现有红底色的"顶推油泵软启动器故障"的报警信息。确定为软启动器故障 ②复位软启动器，故障报警消失即可；若复位报警不消失，查找电气原理图后，报项目组管理，请组织专业人员进行处理
推进油缸行程超限	当观察到"启动条件"界面中"推进油缸行程超限"，文字颜色显示红色时，表示推进油缸行程超限	①打开"推进系统参数设置"界面，发现最大行程设置数据过小 ②合理设置最大推进行程参数即可
		①打开"设备报警"界面，发现有红底色的"A(B、C、D)组推进油缸行程传感器故障"的报警信息，则确定是推进油缸行程传感器故障 ②查找电气原理图，找到推进油缸行程传感器图纸后，汇报给盾构机维修工程师，通知其内置行程传感器故障具体信息，请求处理修复

3）步骤3：根据上位机报警信息，依次按照步骤2的故障分析与处理，完成"设备桥牵引力不超限""水管卷筒停止限位""铰接行程超限"等故障排查。步骤2中的故障处理完成后，按动主控室控制面板上的"复位"按钮，再次观察对应故障的启动条件，报警信息及相关数据。若恢复正常，则故障处理完成。若还是无法启动，返回步骤2，再次排查。直至恢复正常。

（2）推进模式下推进油缸A区推力不够故障分析与处理

1）步骤1：确认主控室推进控制按钮功能是否正常，电源及线路是否正常。

故障类型	故障现象及分析	处理
"A分区压力调节按钮"故障	推进模式下A分区调节旋钮无响应	①系统推进模式下，左旋或者右旋A分区压力调节旋钮，A分区压力不变，说明A分区压力不受控，先减小B、D区压力或恢复，或考虑调节旋钮损坏或者线路故障 ②上报维修工程师，请求修复 ③修复后，跳转至步骤3

2）步骤2：查看上位机界面关于推进系统的数据参数和报警信息，判定故障基本类别。

故障类型	故障现象及分析	处理
推进模式不正常	达不到某一设定值，具体现象为 ①一组油缸压力不正常，其他组正常 ②有的分组压力能达到设定值，有的不能达到设定值 ③无论怎么调压所有分组都达不到设定压力值	对应处理方法为 ①采用互换法确定故障点，确定分组比例减压阀故障 ②采用互换法确定故障点，确定分组放大板参数有问题 ③确定推进泵头放大板参数有问题
推进A分区比例阀、换向阀工作不正常	推进模式下调节A分区压力，A分区压力不变，推进比例放大板指示灯正确	查找电气图纸，找到A分区比例阀、换向阀电气原理图后，报项目组管理，请组织专业人员进行处理

3）步骤3：步骤2中的故障处理完成后，按动主控室控制面板上的"复位"按钮，再次观察对应故障的启动条件，报警信息及相关数据。若恢复正常，则故障处理完成。若还是无法启动，返回步骤2，再次排查。直至恢复正常。

（3）拼装模式下推进油缸B区动作缓慢故障分析与处理

1）步骤1：确认主控室推进控制按钮功能是否正常，电源及线路是否正常。

故障类型	故障现象及分析	处理
"B分区压力调节按钮"故障	拼装模式下B分区调节旋钮无响应	①系统推进模式下，向右旋B分区压力调节旋钮，B分区压力保持很小，调节不能增大，说明B分区压力不受控，或考虑A、C速度过快导致B区不受力，或调节旋钮损坏或者线路故障 ②上报维修工程师，请求修复 ③修复后，跳转至步骤3

2）步骤2：查看上位机界面关于推进系统的数据参数和报警信息，判定故障基本类别。

故障类型	故障现象及分析	处理
推进B分区比例卡工作不正常	拼装模式下调节B分区压力，B分区压力不变	①B分区比例卡状态指示灯不亮或者闪烁，判断其比例放大卡不能正常工作 ②查找电气图纸，找到B分区放大比例卡电气原理图后，报项目组管理，请组织专业人员进行处理
推进B分区比例阀工作不正常	推进模式下调节B分区压力，B分区压力不变，推进比例放大卡指示灯正确	①B分区比例阀不工作，换向阀不工作 ②查找电气图纸，找到B分区比例阀、换向阀电气原理图后，报项目组管理，请组织专业人员进行处理
推进油缸存在自动伸出	中铁××号当推进完成推进油缸回收完成时，有油缸会自动伸出近2cm的长度	①当油温较低或同时收缩的油缸数量较多时，会造成回油背压很大。当回油背压很大时，油缸缩到底，换向阀由缩回状态转为中位停止状态，油缸有杆腔里的高压油不能通过换向阀回油，这时，有杆腔的高压油会通过换向阀及液控阀进到油缸的无杆腔，从而造成油缸伸出，当油缸伸出2cm后油缸有杆腔与无杆腔达到压力平衡后，油缸停止 ②特定条件下油缸缩回后压力的反弹，对施工没有影响

3）步骤3：步骤2中的故障处理完成后，按动主控室控制面板上的"复位"按钮，再次观察对应故障的启动条件，报警信息及相关数据。若恢复正常，则故障处理完成。若还是无法启动，返回步骤2，再次排查。直至恢复正常。

任务实施单见《全断面隧道掘进机操作（中级）实训手册》实训任务23推进系统常见故障分析与排除

 考核评价

通过本任务学习，主要考查学生对推进系统电液知识的掌握程度，故障分析与排除方法的作业流程是否规范，掌握是否熟练，故障分析与排除方法结果是否达标。

评价单见《全断面隧道掘进机操作（中级）实训手册》实训任务23推进系统常见故障分析与排除

任务5.4　管片拼装系统常见故障分析与排除

 教学目标

知识目标：
1. 熟悉管片拼装系统电控旋钮的位置及控制键符号；
2. 掌握上位机管片拼装系统控制区、参数设置界面、故障查询界面和故障消除方法；
3. 掌握管片拼装系统基本的电气故障分析与排除方法；
4. 掌握管片拼装系统基本的液压故障分析与排除方法。

技能目标：
1. 能够依据盾构机操作说明书，熟练找到管片拼装系统电控旋钮的位置；
2. 能够依据盾构机操作说明书，熟练找到管片拼装系统上位机各界面；
3. 能够依据盾构机操作说明书，熟练操作管片拼装系统的启动、停止及参数修改；
4. 能够正确地识别故障类型：上位机、PLC、电气元件或液压元件等。

思政与职业素养目标：
1. 培养学生树立规范作业的意识；
2. 培养学生科学分析问题的态度；
3. 培养学生严格执行工艺规程、规范、文件和操作规程的职业素养。

 任务布置

某砂土地层中，一台中铁装备的土压平衡盾构机在拼装管片过程中，已知管片拼装机旋转有两个限位传感器，分别在±220°，在操作拼装机旋转时，导致旋转机构超出极限位置而致使电气线路和液压管路断裂而无法操作。试就这一现象进行分析：
① 管片拼装不旋转（不顺畅）故障分析与处理；
② 管片拼装红蓝油缸伸缩故障分析与处理。

管片拼装系统常见
故障分析与排查

 知识学习

盾构机管片拼装系统的故障分析与排除主要围绕管片拼装系统操作展开排查，这部分主要学习管片拼装机的动作、管片拼装机控制等内容。

5.4.1　管片拼装机动作

管片拼装机主要包含七个系统动作：旋转与行走，大臂伸缩，摇摆、翻转、横摇，抓举头动作。

（1）旋转与行走

管片拼装机旋转限位装有编码器，左上角、右上角又各装有接近开关，作为管片拼装机的旋转限位。两个接近开关均为常闭开关，管片拼装机处位于其他位置时，两个PLC点位一直接收电信号。管片拼装机顺时针旋转，当拼装头的位置转到限位开关位置，开关断开，信号中断，PLC输入信号断开，说明此时管片拼装机已经旋转至限位位置，PLC输出信号通过放大板让管片拼装机停止正转。

(2) 大臂伸缩

管片拼装机大臂伸缩,由红蓝缸伸缩实现,其信号源来自遥控器上摇杆的摆动幅度。PLC根据从接收器上发出的信号来决定大臂是伸出还是回缩。

(3) 摇摆、翻转、横摇

管片拼装机抓举头翻转、横摇动作由PLC从遥控器接收到翻转、横摇油缸伸缩的信号之后,通过继电器发出24V直流电,控制继电器吸合、控制电磁阀换向而实现。摇摆动作由红蓝油缸分别伸缩而实现。

(4) 抓举头动作

抓举头油缸有缩回、伸出两个动作,分别对应抓举头的锁紧、松开。抓举头的松开动作,需要遥控器上两个按钮同时按压。抓举头的锁紧动作,只需要一个按钮就行。

5.4.2 管片拼装控制系统

管片拼装控制系统主要是控制管片拼装机旋转、行走、伸缩、摇摆、翻转、横摇等各种状态的操作系统。主要操作区域包括主控室控制区、遥控器两部分。

(1) 管片拼装控制系统操作区

主要由主控室"管片拼装泵电机启停"及"遥控器"控制,具体如图5-16、图5-17所示。

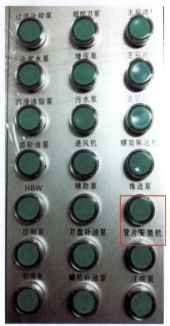

图5-16 操作琴台泵控制按钮

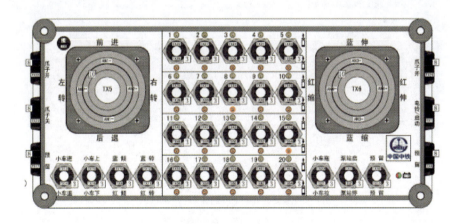

图5-17 拼装机遥控器

(2) 上位机"管片拼装角度显示"辅助界面

主要监控当前管片拼装抓举头角度、压力等各种参数,如图5-18所示。

(3) 启动条件

拼装机动作允许条件需要达到:拼装模式开启,拼装/推进急停正常,接收器连接正常,遥控器启动正常,遥控器加载成功。

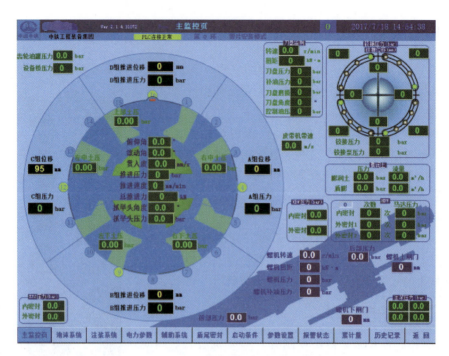

图5-18 上位机"管片拼装角度显示"辅助界面

(4)"设备报警"界面

"设备报警"界面可以提示当前管片拼装系统出现的故障点,便于工作人员分析。如图5-19所示。

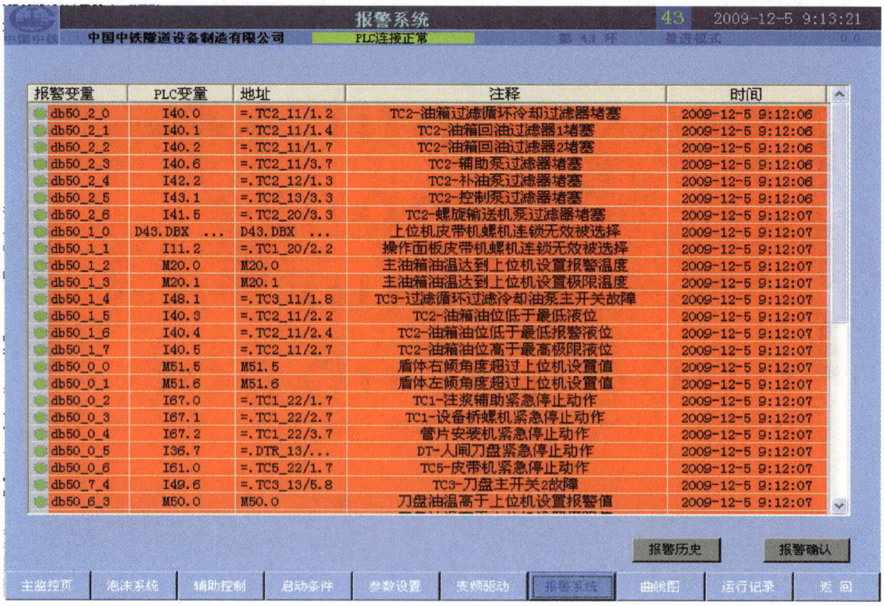

图5-19 报警系统页面

资讯单见《全断面隧道掘进机操作(中级)实训手册》实训任务24管片拼装系统常见故障分析与排除

任务实施

(1) 管片拼装机常见故障分析与处理

1) 步骤1：确认管片拼装控制按钮功能是否正常，电源及线路是否正常。

管片拼装系统常见故障分析与排除方法

故障类型	故障现象及分析	处理
"启动"按钮故障	管片拼装启动按钮指示灯无法点亮	①万用表检查开关按钮，发现按钮指示灯损坏或者线路故障 ②上报维修工程师，请求修复 ③修复后，跳转至步骤3

2) 步骤2：查看管片拼装系统的数据参数和报警信息，判定故障基本类别。

故障类型	故障现象及分析	处理
管片拼装泵无法启动	打开故障报警界面，一一核查	①查看"设备报警"界面，发现有红底色的"安装机液压泵开关跳闸"的报警信息 ②找到主配电柜管片拼装开关，并合上开关即可
		①查看"设备报警"界面，发现有红底色"安装机液压泵软启动器故障"的报警信息 ②按动主控制面板上的"复位"按钮，观察此条报警信息依然保持红底色 ③确认安装机液压泵软启动器故障，及时报项目组管理，请组织专业人员进行处理
		按照"设备报警"界面，依次排查"遥控器通信中断""安装机急停回路动作""安装机旋转限位信号故障"等故障信息
旋转限位失效	中铁管片拼装机旋转有两个限位传感器，分别在±220°，有时候在操作拼装机旋转时，由于传感器失效和定位错误导致旋转机构超出极限位置而致使电气线路和液压管路断裂而无法操作	①先查找传感器失效原因（大多因操作不当，不小心碰断，建议完善传感器线路线槽更好地保护传感器线路） ②检查限位器卡块松懈，引起感应不灵敏 ③恢复断开的电气线路和液压管路，慢慢操作让旋转机构恢复
管片拼装旋转（伸缩）操作异常	拼装机无法旋转（伸缩）	①查看"管片拼装遥控器"，发现有"遥控器上旋转（伸缩）的使能按钮或摇杆"故障 ②查看"管片拼装旋转（伸缩）放大卡"，发现"管片拼装旋转（伸缩）放大卡上的电源或使能指示灯"没有亮 ③确认管片拼装旋转（伸缩）放大卡故障，确认是否为控制阀的控制线断路，检查控制阀线圈是否烧毁；及时报项目组管理，请组织专业人员进行处理
管片拼装伸缩动作故障（负载）	抓取管片缩回时，管片和红蓝油缸大臂向地面坠落	①检查电气回路故障 ②压力未达到设定值 ③油缸平衡阀损坏
	管片拼装抓取管片旋转至±180°时，红蓝油缸大臂无法伸出	①检查电气回路故障 ②压力未达到设定值

3) 步骤3：步骤2中的故障处理完成后，管片拼装控制面板上的"复位"按钮，再次观察对应故障的启动条件，报警信息及相关数据。若恢复正常，则故障处理完成。若还是无法

启动，返回步骤2，再次排查，直至恢复正常。

（2）管片吊机故障分析与处理

1）步骤1：常见故障分析与处理。

故障类型	故障现象及分析	处理
行走（起升）电机故障	单侧不动作	①检查该侧是否限位，限位开关是否损坏，更换 ②检查控制盒控制该侧的控制开关是否跳闸，合闸；若合不上检查线路是否存在短路 ③检查链条是否有卡顿现象，修理并更换链条 ④检查电机是否缺相，更换电机 ⑤检查电机刹车是否打开，若未打开，检查刹车线圈是否烧坏，若烧坏更换刹车片，刹车片没问题，检查刹车片是否能得电，若不能得电，检查线路 ⑥检查控制盒接触器是否能正常闭合，若不能，检查线路是否存在松动或者断路，若正常，检查输出端端子排电压是否正常，若正常，检查配电盒线路是否有松动和断路 ⑦检查遥控器手柄按钮是否存在断路或者按钮失效的问题
	双侧不动作	①检查控制柜控制开关是否跳闸，合闸 ②检查控制盒开关是否跳闸，合闸 ③检查遥控器手柄急停是否被拍，恢复急停 ④检查遥控器是否打开遥控器按钮，打开手柄指示灯会亮，打开开关 ⑤检查行走按钮是否损坏，线路是否存在断路，更换按钮 ⑥检查限位是否动作，恢复

2）步骤2：步骤2中的故障处理完成后，若恢复正常，则故障处理完成。若还是无法启动，返回步骤2，再次排查，直至恢复正常。

任务实施单见《全断面隧道掘进机操作（中级）实训手册》实训任务24管片拼装系统常见故障分析与排除

 考核评价

通过本任务学习，主要考查学生对管片拼装系统相关电液知识的掌握程度，故障分析与排除方法的作业流程是否规范，掌握是否熟练，故障分析与排除方法结果是否达标。

评价单见《全断面隧道掘进机操作（中级）实训手册》实训任务24管片拼装系统常见故障分析与排除

任务5.5　冷却过滤系统故障分析与处理

 教学目标

知识目标：

1. 熟悉冷却过滤系统电控旋钮的位置及控制键符号；
2. 掌握上位机冷却过滤系统操作界面、参数设置界面、故障查询界面和故障消除方法；

3. 掌握冷却过滤系统基本的电气故障分析与排除方法；
4. 掌握冷却过滤系统基本的机械故障分析与排除方法。

技能目标：
1. 能够依据盾构机操作说明书，熟练找到冷却过滤系统电控旋钮的位置；
2. 能够依据盾构机操作说明书，熟练找到冷却过滤系统上位机各界面；
3. 能够依据盾构机操作说明书，熟练操作冷却过滤系统的启动、停止及参数修改；
4. 能够正确地识别故障类型：上位机、PLC、电气元件或液压元件等。

思政与职业素养目标：
1. 培养学生树立规范作业的意识；
2. 培养学生科学分析问题的态度；
3. 培养学生爱护设备、工具及属具，节能减耗，降低生产成本的职业道德。

 任务布置

某软土地层中一台土压平衡盾构机在施工过程中，遇到冷却过滤机故障，请进行分析与处理。

冷却过滤系统
故障分析与处理

 知识学习

盾构机冷却过滤系统的故障分析与排除主要围绕冷却过滤系统操作展开排查，这部分主要学习冷却过滤系统在盾构机上的液压系统回路、电气控制系统、冷却水操作系统等内容。

5.5.1 冷却过滤系统液压系统

主驱动冷却水系统包含冷却水泵、储水罐、换热器、回水流量计、温度传感器、温度开关。刀盘正常工作中，冷却水泵将储水罐中的水，沿循环水管路输送到刀盘减速器的进水口，从减速器回水口流出，将减速器的热量带出，经换热器冷却后回到储水罐。储水罐液位开关在条件不满足时，会触发相关报警信息，如图5-20所示。

5.5.2 冷却过滤系统电气控制系统

通过排查冷却水电机所在的主电路，PLC的输入点位、输出点位，根据图5-21冷却水电机电气原理图，找出对应的故障信息并处理。

通过排查液位开关的PLC输入点位、输出点位，根据图5-22液位开关电气原理图，找出对应的故障信息并处理。

通过排查冷却水流量计对应的PLC输入点位、输出点位，根据图5-23流量计电气原理图，找出对应的故障信息并处理。

5.5.3 冷却水操作系统

（1）冷却水控制区

冷却水控制区的位置和布局如图5-24所示。图中冷却水控制区里，有冷却水"启动"按钮，有冷却水"停止"按钮。

（2）监控界面

"辅助系统"界面辅助数据包括主驱动冷却水流量，具体如图5-25所示。

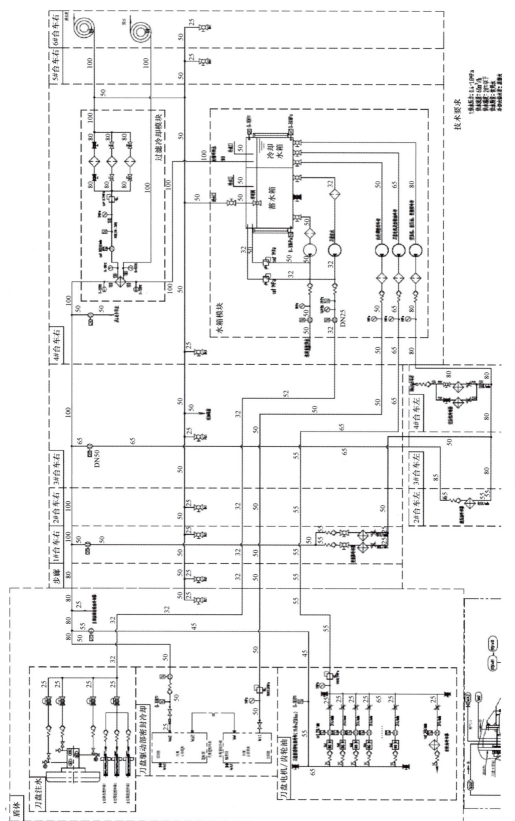

图5-20 冷却水系统原理图

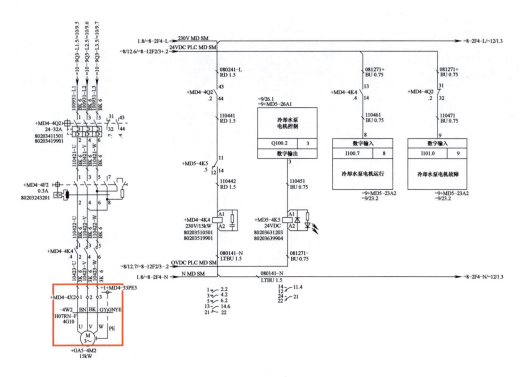

图5-21 冷却水电机电气原理图

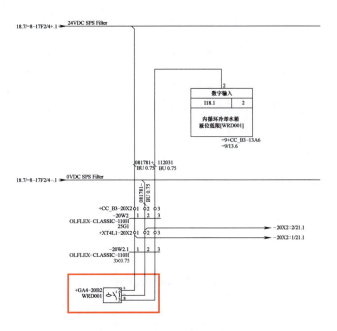

图5-22 液位开关电气原理图

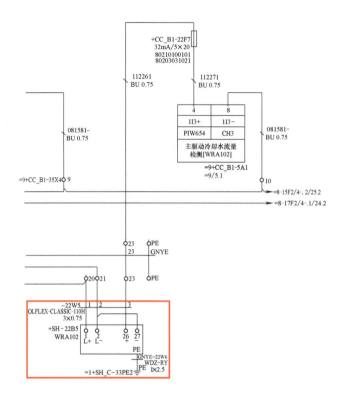

图5-23 冷却水流量检测

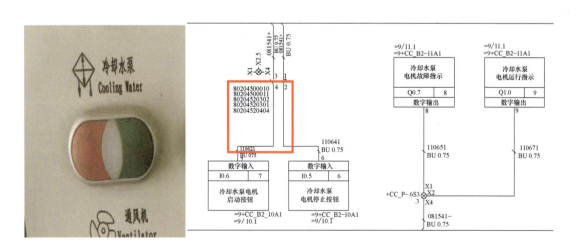

图5-24 冷却水控制区

(3)"设备报警"界面

"设备报警"界面可以提示冷却过滤系统出现的故障点,便于工作人员分析。具体如图5-26所示。

项目5　盾构机常见故障分析与排查　203

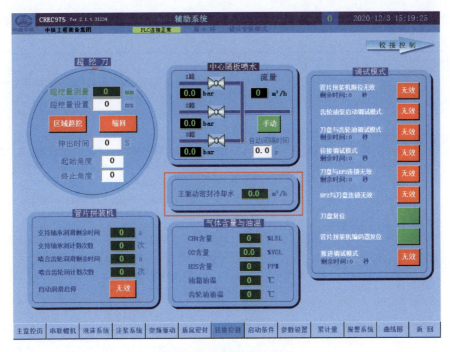

图5-25　"辅助系统"界面

图5-26　"设备报警"界面

资讯单见《全断面隧道掘进机操作（中级）实训手册》实训任务25冷却过滤系统故障分析与处理

任务实施

冷却水启动故障与运行数据异常的分析与处理如下。

1) 步骤1：确认主控室冷却水控制按钮功能是否正常，电源及线路是否正常。

故障类型	故障现象及分析	处理
"启动"按钮故障	冷却水系统启动按钮指示灯无法点亮	①万用表检查开关按钮,发现按钮指示灯损坏或者线路故障 ②上报维修工程师,请求修复 ③修复后,跳转至步骤3

2）步骤2：查看上位机界面关于冷却水系统的数据参数和报警信息，判定故障基本类别。

故障类型	故障现象及分析	处理
冷却水泵无法启动	观察到控制面板上冷却水"启动"按钮指示灯未点亮,且按动"启动"按钮,依然无法点亮"启动"按钮指示灯	①查看"设备报警"界面,发现有红底色的"冷却水泵自动开关跳闸"的报警信息 ②确定是冷却水泵电路故障,找到主配电柜冷却水泵开关,并合上开关即可
		①查看"设备报警"界面,发现有红底色"冷却水液位低于低限"的报警信息,补充冷却水,按动主控制面板上的"复位"按钮,观察此条报警信息依然保持红底色 ②确认是冷却水液位过低故障,及时报项目组管理,请组织专业人员进行处理
过滤器报警	过滤器出现报警	①当液压系统运行长时间后,由于液压油内杂质增多,会出现堵塞过滤器的现象 ②查看上位机报警界面具体位置,及时报项目组管理,请组织专业人员进行处理
主驱动冷却水流量异常	观察到控制面板上冷却水"启动"指示灯亮	①查看"设备报警"界面,发现有红色字样的"刀盘电机冷却水流量错误",按下主控制面板上的"复位"按钮,观察此条报警信息依然保持红底色,观察流量计实际值与设定值是否相符合 ②查看冷却循环管路是否有球阀未打开,请专业人员进行处理 ③查看流量计是否损坏,请专业人员进行处理

3）步骤3：步骤2中的故障处理完成后，按动主控室控制面板上的"复位"按钮，再次观察报警信息及相关数据。若恢复正常，则故障处理完成。若还是无法启动，返回步骤2，再次排查，直至恢复正常。

任务实施单见《全断面隧道掘进机操作（中级）实训手册》实训任务25冷却过滤系统故障分析与处理

考核评价

通过本任务学习，主要考查学生对冷却过滤系统相关电液、流体知识的掌握程度，故障分析与排除方法的作业流程是否规范，掌握是否熟练。

评价单见《全断面隧道掘进机操作（中级）实训手册》实训任务25冷却过滤系统故障分析与处理

任务5.6　同步注浆系统故障分析与处理

教学目标

知识目标：

1. 熟悉同步注浆系统电控旋钮的位置及控制键符号；
2. 掌握上位机同步注浆系统操作界面、参数设置界面、故障查询界面和故障消除方法；

3. 掌握同步注浆系统基本的电气故障分析与排除方法；
4. 掌握同步注浆系统基本的液压故障分析与排除方法。

技能目标：
1. 能够依据盾构机操作说明书，熟练找到同步注浆系统电控旋钮的位置；
2. 能够依据盾构机操作说明书，熟练找到同步注浆系统上位机各界面；
3. 能够依据盾构机操作说明书，熟练操作同步注浆系统的启动、停止及参数修改；
4. 能够正确地识别故障类型：上位机、PLC、电气元件或液压元件等。

思政与职业素养目标：
1. 培养学生树立规范作业的意识；
2. 培养学生科学分析问题的态度；
3. 培养学生严格执行工艺规程、规范、文件和操作规程，保证质量的职业精神。

任务布置

在盾构施工过程中造成注浆系统故障的原因有很多种，其中比较常见的问题有注浆管堵塞、上位机参数设定更改、控制模块故障、注浆压力传感器损坏、电机未启动、阀组故障等。例如某一富水砂卵石地层中一台土压平衡盾构机在施工过程，出现"A1"手动注浆管路无法注浆，请进行分析与处理。

知识学习

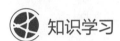

注浆系统故障分析与处理

盾构机同步注浆系统的故障分析与排除主要围绕同步注浆系统操作展开排查，这部分主要学习冷却过滤系统在盾构机的同步注浆操作方式、同步注浆控制系统等内容。

5.6.1 同步注浆操作方式

（1）手动操作

在手动方式中，有可能单独地选择四个注浆点中的一个，并通过控制板的开关启动该系统。注入量可借助控制板上的电位器进行变化。

（2）自动操作

在自动操作中，所有4个注浆点都设有连续监测，如果压力超过了最小静压力的预设值就开始注浆。如果超过了最大静压力预设值注浆就会减少，直到该值降到限制值以下。同时注浆压力在主控室有显示，最小、最大静压力的预设也是在主控室完成的。

5.6.2 同步注浆控制系统

同步注浆控制系统主要是控制注浆量、注浆位置等操作系统。主要包括同步注浆控制区、主监控界面、启动条件及设备报警等内容。

（1）同步注浆控制区

同步注浆控制区包括主控室控制区与就地操作箱。分别如图5-27、图5-28所示，分别为"A1、A2、A3、A4"四个管路选择和速度增减，下端为"手动、自动"模式选择和"注浆、清洗"工作选择。

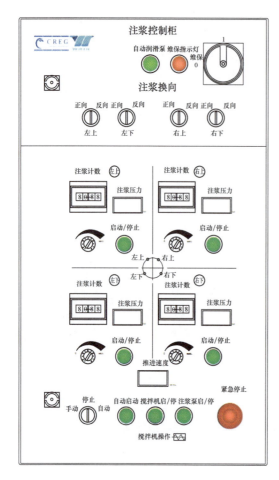 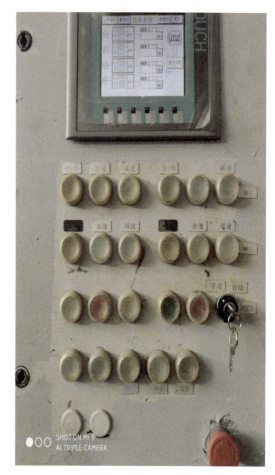

图 5-27　主控室操作　　　　　　　图 5-28　注浆就地操作箱

（2）注浆界面

上位机界面点击"同步注浆"按钮，如图 5-29 所示，界面上包括各管路压力、冲程数、速度、总注浆量、启动压力、停止压力等。

（3）参数设置

同步注浆参数设置界面如图 5-30 所示，可对各个位置的注浆压力进行设置。

（4）设备报警界面

"设备报警"界面可以提示当前注浆系统出现的故障点，便于工作人员分析。具体如图 5-31 所示。

资讯单见《全断面隧道掘进机操作（中级）实训手册》实训任务 26 同步注浆系统故障分析与处理

 任务实施

"A1"手动注浆管路无法注浆故障分析和处理如下。

图5-29 注浆界面

图5-30 参数设置界面

图5-31 设备报警界面

1）步骤1：确认同步注浆系统控制按钮功能是否正常，电源及线路是否正常。

故障类型	故障现象及分析	处理
主控室注浆液压泵"启动"按钮故障	注浆启动按钮指示灯无法点亮	①万用表检查开关按钮,发现按钮指示灯损坏或者线路故障 ②上报维修工程师,请求修复 ③修复后,跳转至步骤3
"A1"启动按钮故障	注浆管路选择按钮指示灯无法点亮	①万用表检查开关按钮,发现按钮指示灯损坏或者线路故障 ②上报维修工程师,请求修复 ③修复后,跳转至步骤3

2）步骤2：查看同步注浆系统的数据参数和报警信息，判定故障基本类别。

故障类型	故障现象及分析	处理
注浆液压泵启动异常	注浆液压泵启动异常	①将界面切换至"设备报警"界面,找到红底色报警内容"安装机液压泵开关跳闸"(安装机系统与注浆系统共用同一个液压泵),按动主控制面板上的"复位"按钮,观察此条报警信息依然保持红底色 ②通过电气图纸找到主配电柜内注浆液压泵的断路器,观察断路器未合闸,将断路器手动合闸
		①将界面切换至"设备报警"界面,找到红底色报警内容"注浆系统紧急停止",复位急停开关、按动主控制面板上的"复位"按钮,观察此条报警信息依然保持红底色 ②逐一排查急停按钮、线路等故障,报项目组管理,请组织专业人员进行处理

续表

故障类型	故障现象及分析	处理
注浆液压泵启动异常	注浆液压泵启动异常	①将界面切换至"设备报警"界面，找到红底色报警内容"注浆操作台子站通信中断"，按动主控制面板上的"复位"按钮，观察此条报警信息依然保持红底色 ②查看操作箱内部的从站上的通信插头是否插上，插好后再次按动主控制面板上的"复位"按钮，如果此条报警信息依然保持红底色，汇报给盾构机维修工程师，通知其注浆通信故障具体信息，请求处理修复
同步注浆泵搅拌电机启动异常	主控室注浆泵按钮关闭或未得电	万用表检查开关按钮，损坏更换
	搅拌电机控制开关跳闸	合闸，如果继续跳闸检查线路是否短路，摇表摇一下电机，看电机是否缺相或损坏
	注浆控制盒上急停被拍	急停复位
"A1"按钮异常	"A1"按钮异常	①观察操作箱上"清洗"模式按钮灯亮，"注浆"模式灯不亮 ②将操作箱上"注浆"模式按钮按下
		①观察操作箱上钥匙开关打到"自动"模式 ②将操作箱上钥匙开关打到"手动"模式
		①将界面切换至"设备报警"界面，找到红底色报警内容"1#注浆压力检测回路故障"，按动主控制面板上的"复位"按钮，观察此条报警信息依然保持红底色 ②检查压力传感器是否损坏，报项目组管理，请组织专业人员进行处理
"A1"无法注浆	"A1"无法注浆	①"A1"按钮灯亮，仍无法注浆 ②按下速度加旋钮，观察当前速度有无变化，报给盾构机维修工程师，通知其线路故障具体信息，请求处理修复
		①检查阀组是否堵塞 ②检查比例调速阀是否堵塞 ③报项目组管理，请组织专业人员进行处理
注浆泵堵塞	注浆泵堵塞	检查过流件(蘑菇头，密封)，发现磨损严重，更换过流件

3) 步骤3：步骤2中的故障处理完成后，按动主控室控制面板上的"复位"按钮，再次观察注浆系统报警信息及相关数据。若恢复正常，则故障处理完成。若还是无法启动，返回步骤2，再次排查。直至恢复正常。

任务实施单见《全断面隧道掘进机操作（中级）实训手册》实训任务26同步注浆系统故障分析与处理

考核评价

通过本任务学习，主要考查学生对同步注浆相关电液、机械知识的掌握程度，故障分析与排除方法的作业流程是否规范，掌握是否熟练。

评价单见《全断面隧道掘进机操作（中级）实训手册》实训任务26同步注浆系统故障分析与处理

任务 5.7　主驱动润滑系统故障分析与处理

 教学目标

知识目标：
  1. 熟悉主驱动润滑系统电控按钮的位置及控制键符号；
  2. 掌握上位机主驱动润滑系统操作界面、参数设置界面、故障查询界面和故障消除方法；
  3. 掌握主驱动润滑系统基本的电气故障分析与排除方法；
  4. 掌握主驱动润滑系统基本的流体故障分析与排除方法。

技能目标：
  1. 能够依据盾构机操作说明书，熟练找到主驱动润滑系统电控按钮的位置；
  2. 能够依据盾构机操作说明书，熟练找到主驱动润滑系统上位机各界面；
  3. 能够依据盾构机操作说明书，熟练操作主驱动润滑系统的启动、停止及参数修改；
  4. 能够正确地识别故障类型：上位机、PLC、电气元件或液压元件等。

思政与职业素养目标：
  1. 培养学生树立规范作业的意识；
  2. 培养学生科学分析问题的态度；
  3. 培养学生重视安全、环保，坚持文明生产。

 任务布置

某软土地层中一台土压平衡盾构机在施工过程遇到以下问题，请进行分析与处理：
1. 齿轮油启动故障及运行数据异常故障分析与处理；
2. 润滑油脂启动故障及运行数据异常故障分析与处理。

主驱动润滑系统故障分析与处理

知识学习

  盾构机主驱动润滑控制系统的故障分析与排除主要围绕主驱动润滑控制操作系统展开排查，这部分主要学习主驱动润滑控制系统、主监控界面、启动条件及设备报警等内容。
  （1）主驱动润滑控制系统

图 5-32　主驱动润滑系统启停按钮控制区

图 5-33　主驱动润滑系统复位按钮控制区

主驱动润滑控制系统主要是控制主驱动润滑系统的启动、停止、注入量等各种状态的操作系统。齿轮油泵和润滑油脂泵的启停按钮位于主控室电机控制区,如图5-32所示。"灯检查"及"复位"按钮位于主控室电机控制区右侧,如图5-33所示。

(2) 主监控界面

主要监控当前润滑系统的注入次数、注入量、注入位置等各种参数,具体如图5-34所示。"辅助系统"界面中主要数据如图5-35所示。其中包含齿轮油箱温度。

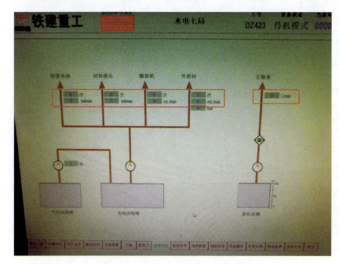 

图5-34　润滑系统上位机界面　　　　图5-35　辅助系统齿轮油箱温度界面

(3) "设备报警"界面

"设备报警"界面可以提示主驱动润滑控制系统出现的故障点,便于工作人员分析。具体如图5-36所示。

图5-36　设备报警界面

资讯单见《全断面隧道掘进机操作(中级)实训手册》实训任务27主驱动润滑系统故障分析与处理

 任务实施

(1) 齿轮油启动故障及运行数据异常故障分析与处理

1) 步骤1:确认主控室齿轮油控制按钮功能是否正常,电源及线路是否正常。

故障类型	故障现象及分析	处理
"启动"按钮故障	齿轮油启动按钮指示灯无法点亮	①万用表检查开关按钮,发现按钮指示灯损坏或者线路故障 ②上报维修工程师,请求修复 ③修复后,跳转至步骤3

2) 步骤2:查看上位机界面关于主驱动润滑系统的数据参数和报警信息,判定故障基本类别。

故障类型	故障现象及分析	处理
齿轮油泵无法启动	当观察到"启动条件"界面中"刀盘润滑油系统正常"文字颜色显示红色时,表示润滑油系统不正常。然后观察到控制面板上齿轮油"启动"按钮指示灯未点亮,且按动"启动"按钮,依然无法点亮"启动"按钮指示灯	①查看"设备报警"界面,发现有红底色的"齿轮油泵自动开关跳闸"的报警信息,手动无法合闸 ②确定是齿轮油泵电路故障,报项目组管理,请组织专业人员进行处理
		①查看"设备报警"界面,发现有红底色"齿轮油漏油液位超限"报警信息,按动主控制面板上的"复位"按钮,观察此条报警信息依然保持红底色 ②确认是齿轮油漏油液位超限故障,逐一排查是否为"电气回路""主驱动密封渗油"等原因,报项目组管理,请组织专业人员进行处理
		①查看"设备报警"界面,发现有红底色"齿轮油温度超限"报警信息,按动主控制面板上的"复位"按钮,观察此条报警信息依然保持红底色 ②观察"辅助系统"界面中齿轮油箱温度的数据,发现温度的确超过设定值 ③确认是齿轮油温度超限故障,逐一排查是否为电气回路故障、换热器散热性能不好、冷却水流量不足、齿轮油泵压力偏高等原因,报项目组管理,请组织专业人员进行处理
齿轮油流量检测异常	当观察到"润滑系统"界面中,"齿轮油流量"低于某一设定值,查看"设备报警"界面,发现有红底色"齿轮油脉冲检测异常"报警信息,则可以判定是齿轮油脉冲检测异常	①查看电气回路故障 ②查看同步马达是否渗油 ③查看马达分配器脉冲接近开关在不在检测范围内或损坏 ④报项目组管理,请组织专业人员进行处理

3) 步骤3:步骤2中的故障处理完成后,按动主控室控制面板上的"复位"按钮,再次观察齿轮油报警信息及相关数据。若恢复正常,则故障处理完成。若还是无法启动,返回步骤2,再次排查。直至恢复正常。

(2) 润滑油脂启动故障及运行数据异常故障分析与处理

1) 步骤1:确认主控室润滑油脂控制按钮功能是否正常,电源及线路是否正常。

故障类型	故障现象及分析	处理
"启动"按钮故障	润滑油脂启动按钮指示灯无法点亮	①按动主控室控制面板上的"灯检查"按钮,若"启动"指示灯不亮,说明"启动"按钮指示灯损坏或者线路故障 ②上报维修工程师,请求修复 ③修复后,跳转至步骤3

2）步骤2：查看上位机界面关于主驱动润滑系统的数据参数和报警信息，判定故障基本类别。

故障类型	故障现象及分析	处理
润滑油脂泵无法启动	当观察到"启动条件"界面中"刀盘润滑油系统正常"文字颜色显示红色时，表示润滑油系统不正常。然后观察到控制面板上润滑油脂"启动"按钮指示灯未点亮，且按动"启动"按钮，依然无法点亮"启动"按钮指示灯	①查看"设备报警"界面，发现有红底色的"润滑油脂泵自动开关跳闸"的报警信息，则确定是润滑油脂泵电路故障，导致润滑油脂泵无法启动 ②找到主配电柜润滑油脂泵开关，并合上开关即可
润滑油脂流量检测异常	查看"设备报警"界面，发现有红底色"润滑油脂脉冲检测异常"报警信息	①观察"润滑系统"界面中，"外密封流量""铰接系统流量""回转接头流量""螺旋输送机流量"低于某一设定值，判定是外密封（铰接系统、回转接头、螺旋输送机流量）流量检测异常 ②检查电气回路确认无故障 ③把马达分配器脉冲接近开关探头清理干净，往里面旋入，当旋入到底时并后退两圈，使检测距离在2mm以内 ④用扳手逆时针调节多点泵泵芯的螺杆，来增大排量 ⑤查看多点泵泵芯是否磨损、分配阀内部是否堵塞等，报项目组管理，请组织专业人员进行处理

3）步骤3：步骤2中的故障处理完成后，按动主控室控制面板上的"复位"按钮，再次观察润滑油脂系统报警信息及相关数据。若恢复正常，则故障处理完成。若还是无法启动，返回步骤2，再次排查。直至恢复正常。

任务实施单见《全断面隧道掘进机操作（中级）实训手册》实训任务27主驱动润滑系统故障分析与处理

考核评价

通过本任务学习，主要考查学生对主驱动润滑相关电液知识的掌握程度，故障分析与排除方法的作业流程是否规范，掌握是否熟练。

评价单见《全断面隧道掘进机操作（中级）实训手册》实训任务27主驱动润滑系统故障分析与处理

任务5.8　盾尾油脂系统故障分析与处理

教学目标

知识目标：
    1. 熟悉盾尾油脂系统的常见故障；
    2. 掌握盾尾油脂系统的常见故障的处理方法。
技能目标：
    1. 能够动手维修气动油脂泵；
    2. 能够按一般常规流程对故障做出分析与处理。

思政与职业素养目标：
    1. 培养学生树立规范作业的意识；
    2. 培养学生科学分析问题的态度。

任务布置

某软土地层中，一台土压平衡盾构机在施工过程中，盾尾油脂系统遇到以下问题，请进行分析与处理：

1. 盾尾油脂泵活塞杆处漏油脂；
2. 油脂注入口的气动球阀无动作；
3. 盾尾油脂压力传感器显示不变化；
4. 油脂泵活塞杆不能动作；
5. 油脂泵空打不出油脂；
6. 气动油脂泵的泵送频率很高，泵杆发热严重。

任务实施

（1）盾尾油脂泵活塞杆处漏油脂

故障原因：一般是活塞杆密封损坏。

处理方法：拆开泵杆处，更换密封，如图5-37所示。

（2）油脂注入口的气动球阀无动作

故障原因：可能是先导电磁阀故障或气动球阀卡死。

处理方法：检查先导电磁阀是否正常得电，如未得电，检查线路；如果正常得电，检查先导电磁阀基座O型圈是否损坏漏气或先导电磁阀消声器（图5-38）是否堵塞无法换气（该故障常发生）；检查先导电磁阀和气动球阀的阀芯是否卡死，必要的话进行清洗或更换。

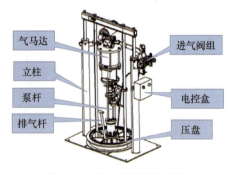 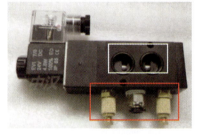

图5-37 盾尾油脂泵泵杆漏油   图5-38 先导电磁阀消声器

（3）盾尾油脂压力传感器显示不变化

故障原因：可能是油脂在该部位固化引起压力显示不变化或传感器损坏。

处理方法：拆下该传感器清理表面固化油脂并且根据实际情况调节油脂注入量。如果传感器压力显示为0，则极有可能已损坏，需更换新件。

（4）油脂泵活塞杆不能动作

故障原因：可能是气动油脂泵进气不畅通，或气马达处的先导换向阀卡死，或活塞杆弯曲变形，或油脂泵油位限制开关损坏。

处理方法：检查气动油脂泵进气是否畅通，气动工作压力是否过低（工作压力>4.5bar），或增大气压观察情况；检查气马达处的先导换向阀，如其卡死，及时修理或更换；检查活塞杆，如其弯曲变形，及时修理或更换；检查油脂泵油位限制开关，如其损坏，及时修理或更换。

（5）气动油脂泵空打不出油脂

故障原因：可能是油脂泵压盘与油脂面间的空气未排尽，或活塞杆上单向球阀异物卡死，或油脂泵活塞密封损坏。

处理方法：检查换油脂时油脂泵压盘与油脂面间的空气是否排尽，打开压盘排气杆使压盘与油脂压实，同时打开油脂出口旁通球阀，旁通球阀出油脂后正常；检查活塞杆上单向球阀是否有异物卡死，清洗疏通排除；检查油脂泵活塞密封与泵体是否损坏压力达不到要求，更换密封或换阀体。气动油脂泵空打不出油脂将导致泵杆发热甚至损坏。

（6）气动油脂泵的泵送频率很高，泵杆发热严重

故障原因分析：气动油脂泵的泵送频率很高，一般都是因为气动油脂泵在空运转，或者气动油脂泵的进气压力过高和进气量过大。

① 油脂桶内的空气没有排干净，导致气动油脂泵的拉杆没有与油脂桶内的油脂接触，导致气动油脂泵的拉杆处于悬空状态，这个时候启动气动油脂泵，就会造成气动油脂泵空运转。

处理方法：将气动油脂泵的排气孔旋开（如图5-39所示位置），保证油脂桶内密闭空腔与大气连通，靠气动油脂泵的自重将密闭空腔内的空气排出。

② 气动油脂泵在运行过程中，气动油脂泵的气缸提升阀处于中位（如图5-40所示位置），容易造成气动油脂泵的拉杆与油脂桶内的油脂分离，导致气动油脂泵的拉杆处于悬空状态。

 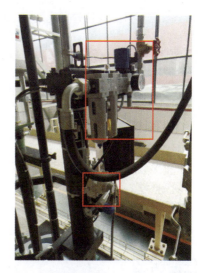

图5-39 启动油脂泵排气孔位置　　图5-40 启动油脂泵三联件、进气阀、提升阀位置

处理方法：将气动油脂泵的气缸提升阀处于下降的阀芯位置，随时对气动油脂泵的压盘保持下压的力，防止气动油脂泵的拉杆与油脂桶内的油脂分离。

③ 气动油脂泵的进气压力和进气量过高时，也会出现气动油脂泵的泵送频率很高。

处理方法：将进气路的三联件的压力降低并将进气阀的开口减小，如图 5-40 所示位置。

任务实施单见《全断面隧道掘进机操作（中级）实训手册》实训任务 28 盾尾油脂系统故障分析与处理。

考核评价

通过本任务学习，主要考查学生是否能够正确分析盾尾油脂系统故障原因，故障排除方法是否正确，操作是否熟练。

评价单见《全断面隧道掘进机操作（中级）实训手册》实训任务 28 盾尾油脂系统故障分析与处理。

任务 5.9　HBW 油脂系统故障分析与处理

教学目标

知识目标：
　　1. 熟悉 HBW 油脂系统的常见故障；
　　2. 掌握 HBW 油脂系统常见故障的处理方法。

技能目标：
　　1. 能够正确识别 HBW 油脂系统的常见故障；
　　2. 能够正确按一般常规流程对 HBW 油脂系统的故障进行处理。

思政与职业素养目标：
　　1. 培养学生树立规范作业的意识；
　　2. 培养学生科学分析问题的态度。

任务布置

某软土地层中一台土压平衡盾构机在施工过程中 HBW 油脂系统遇到以下问题，请进行分析与处理：

① HBW 油脂泵活塞杆处漏油脂；
② HBW 油脂泵动作缓慢；
③ 脉冲次数低于上位机设置次数报警；
④ 马达分配器无法正常工作；
⑤ 系统流量偏低，气动油脂泵一直在工作，HBW 油脂消耗量偏大；
⑥ 掘进过程中，HBW 系统气动油脂泵启动后很快就停止工作，设备能够正常掘进。

任务实施

（1）HBW 油脂泵活塞杆处漏油脂

HBW 油脂泵活塞杆处漏油脂故障原因与处理方法与盾尾油脂泵活塞杆相同。

重新更换 HBW 油脂桶时，打开压盘排气杆使压盘与油脂压实，同时打开油脂出口旁通球阀，启动油脂泵旁通球阀出油脂后关闭旁通球阀进入正常工作。否则，按盾尾油脂泵的故障处理方法排除。

（2）油脂泵动作缓慢

故障原因：检查进气压力过低。

处理方法：通过减压阀调节进气压力。

（3）脉冲次数低于上位机设置次数报警

处理方法：

① 检查油脂泵是否工作正常，气压是否达到工作要求（工作压力>4.5bar）；
② 检查管路是否有堵塞现象、马达分配器前气动球阀是否正常打开，如有堵塞及时处理；
③ 检查接近开关是否损坏（测量接近开关的电压信号是否正常），如果损坏则更换；
④ 如果前面的检查均正常，则检查马达分配器是否正常工作。

（4）马达分配器无法正常工作

1）步骤1：检查马达分配器壳体片之间的缝隙是否漏油

处理方法：检查分配器上的6根螺栓是否松动，如有松动则拧紧；如果螺栓没有松动，则拆开、清洗阀体，检查壳体片间的接触面有无损伤，检查对应缝隙处的密封圈是否损坏，如有损坏则进行更换。

2）步骤2：马达分配器是否卡死

处理方法：拆开并清洗马达分配器，检查内部是否堵塞，如果是由于油脂质量差引起堵塞，则更换油脂；检查内部零件是否损坏，比如断轴、轴套严重磨损等，如有损坏则更换相应的零件。

如盾构机组装调试时，内密封的马达分配阀不工作，拆开清洗后重新组装，再次启动后只有一个孔出油，随后四个孔均不出油，进一步检查发现轴套磨损，更换轴套后，马达分配器一般就会正常工作。

（5）系统流量偏低，气动油脂泵一直在工作，HBW油脂消耗量偏大

故障原因：HBW油脂系统备有带脉冲传感器计数的马达分配器，用来监测系统的油脂消耗量，现系统流量偏低，气动油脂泵一直在工作，HBW油脂消耗量偏大，很可能是马达分配器磨损严重，马达分配器几乎不转动或者转速很低，油脂直接从缝隙进入管路。马达监测流量比实际流量偏小，造成HBW油脂消耗量偏大。

处理方法：拆解马达分配器，齿轮或轴承磨损严重则更换齿轮或轴承，壳体磨损严重则更换马达分配器。

（6）掘进过程中，HBW系统气动油脂泵启动后很快就停止工作，设备能够正常掘进

故障原因：HBW系统是按1min为一个计数周期来统计HBW油脂消耗量，根据现象可以判断，在一个计数周期内，因速度太快，HBW油脂流量很快达到系统所要求的流量计数值，此时泵就会停止工作。虽然设备能正常掘进，但是在一个计数周期内，

图5-41 气动油脂泵进气阀位置

HBW停止注入时间过长,主驱动密封存在安全隐患。

处理方法:调节阀控制气流速度,如图5-41所示,使得在一个计数周期内前2/3的时间气动油脂泵一直在工作,后1/3的时间内气动油脂泵停止工作。

任务实施单见《全断面隧道掘进机操作(中级)实训手册》实训任务29 HBW油脂系统故障分析与处理。

 考核评价

通过本任务学习,主要考查学生是否能够正确分析HBW油脂系统故障原因,故障排除方法是否正确,操作是否熟练。

评价单见《全断面隧道掘进机操作(中级)实训手册》实训任务29 HBW油脂系统故障分析与处理。

任务5.10　常见低压电气故障分析与处理

 教学目标

知识目标:
1. 熟悉盾构机电气原理图及图中基本电气元件符号的含义;
2. 熟悉基本电气控制柜的安装位置;
3. 熟悉常见低压电气元件外观。

技能目标:
1. 能够依据上位机报警信息,正确地查找到电气原理图中对应元件图纸位置;
2. 能够依据电气原理图上位置编号或文字,正确找到对应编号的电气元件所在的电柜位置;
3. 能够依据电气原理图上低压电气元件编号,正确找到对应低压电气元件的实物;
4. 能够判断低压断路器是否带电。

思政与职业素养目标:
1. 培养学生树立规范作业的意识;
2. 培养学生科学分析问题的态度。

 任务布置

某软土地层中一台土压平衡盾构机在施工过程中由于停机时间较长,再次使用时,遇到以下问题,请进行分析与处理:
① 盾构机拖车1#照明灯不亮的故障分析与处理;
② 上位机"注浆系统紧急停止"报警的故障分析与处理。

以铁建重工系列电驱土压平衡盾构机为例。

（1）台车1#照明系统供电的电气原理（如图5-42所示）

打开电气原理图，跳转到目录编号6，在其中找到"灯 1#台车"文字所在的图纸页。图5-42中，"灯 1#台车"文字上方编号"MD-5F2"对应电气元件符号表示低压断路器，如图中红框所示。其中"MD5"表示断路器实物在主配电柜的第5扇柜内。"-5F2"和目录系统6数字，可以得知台车1#供电断路器实物上贴的电气编号为"6-5F2"。

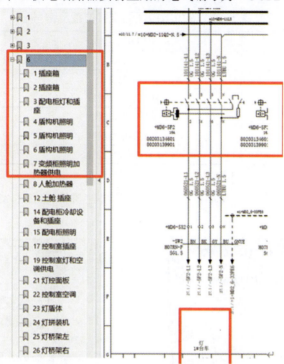

图5-42　台车1#照明系统供电

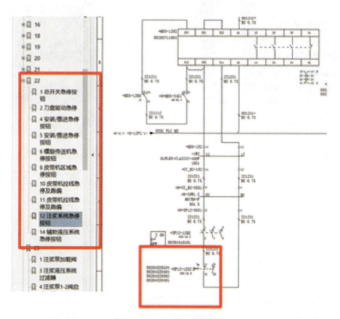

图5-43　注浆系统急停

注浆系统急停如图5-43所示。打开电气原理图，跳转到目录编号22，在其中找到"注浆系统急停"文字所在的图纸页，如图中红框所示。图5-43中"+XP12-12S2"对应电气元件符号表示急停开关。其中"+XP12"表示急停开关实物在注浆本地控制柜内。"-12S2"和目录系统22数字，可以得知注浆急停开关实物上贴的电气编号为"22-12S2"。

(2) 常见电控柜的安装位置及常见电控柜的图纸编号如表5-1所示。

表5-1　常见电控柜的安装位置及编号

电气编号	电柜名称	安装位置
+MD	主配电柜	台车3#
+CC	主控室	台车1#
+XP12	注浆本地控制箱	台车1#
+XP11	辅助本地控制箱	连接桥
+XPB1	螺旋本地控制箱	连接桥
+XP62	皮带机本地控制箱	台车5#

(3) 常见低压电气元件外观

照明供电的断路器实物外观如图5-44所示，注浆控制箱如图5-45所示，图中红框中的是急停开关。

图5-44　照明供电的断路器

图5-45　注浆控制箱

资讯单见《全断面隧道掘进机操作（中级）实训手册》实训任务30常见低压电气故障分析与处理

 任务实施

(1) 盾构机拖车1#照明灯不亮的故障分析与处理

1) 步骤1：找到拖车1#照明灯电气图纸在电气原理图的具体位置。

根据现场的照明灯熄灭的现象，推断出是照明系统的故障。故应在原理图的第6部分照明系统中寻找，找到系统编号6照明系统。再根据具体的文字描述，找到拖车1#照明供电的原理图确定位置。

2）步骤2：根据图纸上1#照明元件编号信息和位置编号信息，找到控制的1#照明的断路器实物。

在原理图纸找到"灯1#台车"文字，与之对应的上方的断路器编号MD6-5F2就是1#照明断路器的编号和位置编号。MD6表示在主配电柜的第6扇柜门内侧。-5F2对应实物上编号为6-5F2（前面6表示电气图纸系统6）。

3）步骤3：观察实物断路器和使用万用表测量断路器电压进行故障排查与分析处理。

故障名称	故障分析与处理
断路器故障	分析：当观察到编号"6-5F2"的断路器未合闸，首先使用万用表交流电压挡测量断路器上端，确认断路器上端有电压380V左右。可能的故障有：①断路器未合闸；②断路器损坏 处理：①发生1故障的时候，合上断路器即可 ②发生2时，上报维修工程师，告知其具体故障信息，请求修复故障
照明灯故障	分析：当观察到编号"6-5F2"的断路器已正常合闸，首先使用万用表交流电压挡测量断路器下端，确认断路器上端有电压380V左右。可能的故障有：①线路故障；②照明灯损坏 处理：发生1或2故障时，上报维修工程师，告知其具体故障信息，请求修复故障

4）步骤4：步骤3中的故障处理完成后，再次观察台车1#照明灯是否变亮。若恢复正常，则故障处理完成。若还是不亮，返回步骤3，再次排查，直至恢复正常。

（2）上位机"注浆系统紧急停止"报警的故障分析与处理

1）步骤1：将界面切换至"设备报警"界面，找到红底色报警内容"注浆系统紧急停止"，按动主控制面板上的"复位"按钮，观察此条报警信息依然保持红底色。

根据"注浆系统紧急停止"报警信息，推断出是注浆急停系统出现故障。故应在原理图目录编号22中寻找，找到"注浆系统急停按钮"描述页。此页就是注浆急停按钮原理图。急停开关按钮编号为"+XP12-12Q2"。

2）步骤2：观察急停开关状态进行故障排查与分析处理。

故障名称	故障分析与处理
急停开关位置故障	分析：在1#拖车找到本地控制柜，观察编号为"+XP12-12Q2"急停开关的状态，如果急停开关被按下，则会导致保护断开，上位机发出"注浆系统紧急停止"报警信息 处理：旋转急停开关，将急停开关松开
急停开关线路故障	分析：在拖车1#找到数据本地控制柜观察到编号"+XP12-12Q2"的急停开关，观察确认急停开关未被按下，则可推断出，可能的故障有：①急停开关上的接线脱落；②急停开关损坏；③注浆急停开关系统中的线路或者电源发生故障 处理：①发生故障1时，观察并扯动注浆急停开关上的接线，发现有未接的线或者脱落的线，按图纸接上 ②发生故障2和3时，汇报给维修工程师，告知其故障的相关信息，请求处理解决

3）步骤3：步骤2中的故障处理完成后，按动主控室复位按钮，再次观察"设备报警"界面，观察"注浆系统紧急停止"报警。若红底色消失，则故障处理完成。若"注浆系统紧急停止"还是保持红底色，返回步骤2，再次排查。直至恢复正常。

任务实施单见《全断面隧道掘进机操作（中级）实训手册》实训任务30常见低压电气

故障分析与处理

 考核评价

通过本任务学习，主要考查学生对低压电器相关知识的掌握程度，故障分析与排除方法的作业流程是否规范，掌握是否熟练。

评价单见《全断面隧道掘进机操作（中级）实训手册》实训任务30常见低压电气故障分析与处理

任务5.11　PLC故障分析与处理

 教学目标

知识目标：
1. 熟悉PLC系统基本组成；
2. 熟悉盾构机常见PLC模块的实物外观；
3. 了解盾构机PLC常见的几种通信方式；
4. 熟悉盾构机PLC系统的电气原理图。

技能目标：
1. 能够懂得PLC系统相关的术语和PLC系统相关信息；
2. 依据外观，可以识别常见的PLC模块；
3. 依据原理图和通信线，可以判断出PLC常见通信方式；
4. 依据电气原理图中PLC网络拓扑图，可以找到对应报警信息PLC模块所在位置和实物。

思政与职业素养目标：
1. 培养学生树立规范作业的意识；
2. 培养学生科学分析问题的态度。

 任务布置

某软土地层中一台土压平衡盾构机在施工过程中由于停机时间较长，再次使用时，遇到以下问题，请进行分析与处理：
① 注浆操作台子站通信终端的故障分析与处理；
② 拼装机遥控器通信中断的故障分析与处理。

 知识学习

以铁建重工系列电驱土压平衡盾构机为例。
（1）PLC系统常见模块外观
主控室S7-400PLC主站模块如图5-46所示。
本地箱内的分站模块如图5-47所示，红框区域是子站模块指示灯。

图5-46　主控室S7-400PLC主站模块

图5-47 本地箱内的分站模块

拼装机接收器如图5-48所示,红框区域是遥控器接收器指示灯。

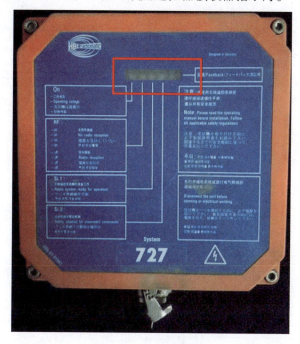

图5-48 拼装机接收器

(2) 网络拓扑图

常见通信方式有两种:一种是以太网Profinet通信,通过网线将多个模块互相连接起来;另一种是Profibus DP通信,通过DP通信线(通常线色为紫色)将多个模块互相连接起来。电气原理图中,Profinet网络拓扑图如图5-49所示。

电气原理图中,Profibus DP网络拓扑图如图5-50所示,红色方形框中是注浆本地控制箱的分站模块通信示意图,图中红色圆形框中是遥控器接收器通信示意图。

资讯单见《全断面隧道掘进机操作(中级)实训手册》实训任务31 PLC故障分析与处理

 任务实施

(1) 注浆操作台子站通信中断的故障分析与处理

1) 步骤1:将界面切换至"设备报警"界面,找到红底色报警内容"注浆操作台子站

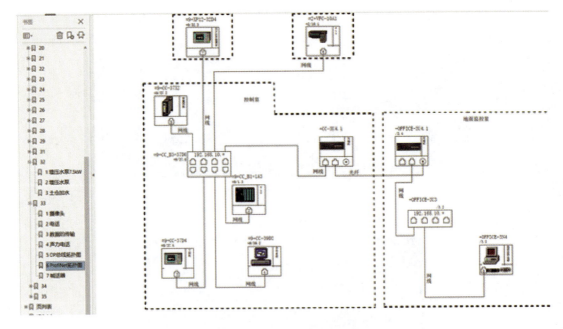

图5-49 Profinet网络拓扑图

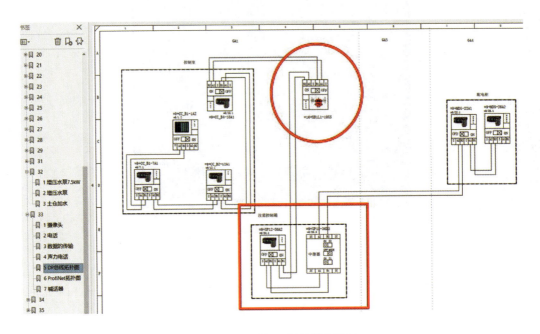

图5-50 Profibus DP网络拓扑图

通信中断",按动主控制面板上的"复位"按钮,观察此条报警信息依然保持红底色。

根据"注浆操作台子站通信中断"报警信息,推断出是注浆子站通信系统出现故障。故应在原理图目录编号33中寻找,找到"DP总线网络拓扑图"描述页。从此页可以得知注浆通信子站模块在注浆控制箱内且是通过Profibus DP方式进行通信。

2)步骤2:观察注浆子站通信模块状态进行故障排查与分析处理。

故障名称	故障分析与处理
子站模块未上电	分析：在拖车1#注浆本地控制箱，找到注浆子站通信模块，观察确认到注浆子站通信模块没有任何指示灯亮，则可推断出，可能是因子站模块未上电导致"注浆操作台子站通信中断"报警信息出现的 处理：给注浆通信子站模块进行上电即可
通信线路故障	分析：在拖车1#注浆本地控制箱，找到注浆子站通信模块，观察确认到注浆子站通信模块有红色指示灯亮，则可能故障有：①通信插头松动或脱落；②通信线路故障；③通信接头损坏 处理：①发生故障1时，将通信线两端的插头重新插上插紧；②发生故障2和3时，汇报给维修工程师，告知其故障的相关信息，请求处理解决

3）步骤3：步骤2中的故障处理完成后，按动主控室复位按钮，再次观察"设备报警"界面，观察"注浆操作台子站通信中断"报警。若红底色消失，则故障处理完成。若"注浆操作台子站通信中断"还是保持红底色，返回步骤2，再次排查。直至恢复正常。

（2）拼装机遥控器通信中断的故障分析与处理

1）步骤1：将界面切换至"设备报警"界面，找到红底色报警内容"遥控器通信中断"，按动主控制面板上的"复位"按钮，观察此条报警信息依然保持红底色。

根据"注浆操作台子站通信中断"报警信息，推断出是遥控器通信系统出现故障。故应在原理图目录编号33中寻找，找到"DP总线网络拓扑图"描述页。从此页可以得知遥控器接收器在台车1#且是通过Profibus DP方式进行通信。

2）步骤2：观察遥控器接收器状态进行故障排查与分析处理。

故障名称	故障分析与处理
接收器未上电	分析：在拖车1#找到遥控器接收器模块，观察确认到遥控器接收器没有任何指示灯亮，则可推断出，可能是因接收器模块未上电导致"遥控器通信中断"报警信息出现的 处理：给遥控器接收器进行上电即可
通信线路故障	分析：在拖车1#找到遥控器接收器模块，观察确认到遥控器接收器有指示灯亮。则可能故障有：①通信插头松动或脱落；②通信线路故障；③通信接头损坏；④遥控器接收器损坏 处理： ①发生故障1时，将通信线两端的插头重新插上插紧 ②发生故障2和3、4时，汇报给维修工程师，告知其故障的相关信息，请求处理解决

3）步骤3：步骤2中的故障处理完成后，按动主控室复位按钮，再次观察"设备报警"界面，观察"遥控器通信中断"报警。若红底色消失，则故障处理完成。若"遥控器通信中断"还是保持红底色，返回步骤2，再次排查。直至恢复正常。

任务实施单见《全断面隧道掘进机操作（中级）实训手册》实训任务31 PLC故障分析与处理

考核评价

通过本任务学习，主要考查学生对PLC系统知识的掌握程度，故障分析与排除方法的作业流程是否规范，掌握是否熟练。

评价单见《全断面隧道掘进机操作（中级）实训手册》实训任务31 PLC故障分析与处理

任务 5.12　渣土改良系统故障分析与处理

 教学目标

知识目标：
　　1. 熟悉泡沫膨润土系统相关的运行逻辑关系；
　　2. 熟悉泡沫膨润土系统常见故障；
　　3. 掌握泡沫膨润土系统常见故障处理方法。
技能目标：
　　1. 能够依据盾构机操作说明书，正确操作泡沫、膨润土系统并正确设置相应参数；
　　2. 能够正确地识别故障类型：上位机、PLC、机械结构、电气元件或液压元件等；
　　3. 能够按一般常规流程对故障做出分析与处理。
思政与职业素养目标：
　　1. 培养学生树立规范作业的意识；
　　2. 培养学生科学分析问题的态度。

 任务布置

某软土地层中一台土压平衡盾构机在施工过程遇到以下问题，请进行分析与处理：
① 泡沫混合液箱不自动加混合液；
② 膨润土1路无法启动；
③ 泡沫系统无法启动。

 知识学习

渣土改良系统故障原因及处理主要涉及的知识有：泡沫系统的启动条件及正常运转，膨润土系统的启动条件及正常运转等知识。

（1）泡沫系统运行的条件

① 土仓压力不能过高　泡沫系统如果想正常启动首先需保证土仓土压正常，泡沫系统的正常运转与3号土仓压力直接连锁，当3号土仓压力超限或者PLC判断3号土仓压力故障的情况下，泡沫系统无法正常启动。

② 原液液位处于低限　泡沫原液箱的液位不会直接影响到泡沫系统的运转，但是泡沫原液低限，将导致泡沫混合液箱中泡沫与水的比例，最终影响泡沫的性能。

③ 泡沫混合液液位处于低限　泡沫系统具有防干转保护功能，当泡沫混合液箱低液位报警时，泡沫系统的干转保护将会启动，此时泡沫系统将无法启动。同样原理的保护情况也会出现在外循环水压力检测系统上，当外循环水压力检测传感器检测出压力低于一定值时，泡沫系统的防干转保护也将动作，此时泡沫系统亦无法动作。

④ 原液变频器正常　泡沫系统正常运行的一个关键要求则是泡沫系统中的所有控制变频器都需能够正常工作，当变频器电路出现故障或检测出电机故障或电源故障时，变频器就

会向PLC程序发出相应信号，在程序保护下导致泡沫系统无法正常运行。

（2）膨润土系统运行的条件

膨润土系统正常运行的条件与泡沫系统基本相同，此处不再赘述。

资讯单见《全断面隧道掘进机操作（中级）实训手册》实训任务32渣土改良系统故障分析与处理

任务实施

（1）泡沫混合液箱不自动加混合液

故障原因：此情况一般分两种，一种为不报警也不加混合液，另一种为上位机报警不加混合液。第一种一般与泡沫原液泵系统有关，第二种原因一般跟泡沫混合液箱液位传感器损坏有关，因此一般从这两方面入手检查，上位机泡沫系统界面如图5-51所示。

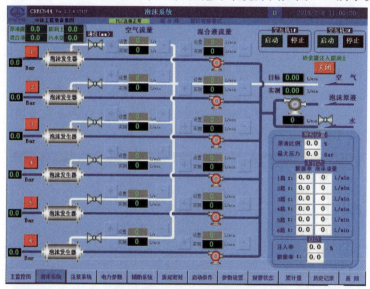

图5-51 上位机泡沫系统界面

处理方法：首先检查上位机报警系统报警情况，当系统有报泡沫混合液箱低液位时，检查泡沫混合液箱内是否达到低液位，如果达到低液位时泡沫加混合液系统仍无动作，则需检查泡沫水泵及泡沫原液泵加水及运行信号输出是否正常，当控制动作输出正常时检查泡沫水泵及泡沫原液泵变频器显示输出频率，当输出频率都为零时首先检查泡沫原液泵变频器是否故障，当泡沫原液泵输出频率为50Hz时，则检查是否为泡沫原液泵定子磨损或泡沫原液流量计故障，依此则可排除故障。

当上位机系统无低液位报警且泡沫混合液箱也无混合液时，首先应先启动泡沫系统，启动泡沫系统后若系统仍未向混合液箱加混合液，则需检查高液位音叉传感器是否发生故障，即在液位低于高液位时仍输出高液位信号，同时检查高液位传感器音叉上是否有过剩的泡沫挂在上面，音叉上有异物也会导致传感器动作异常，从而导致泡沫混合液低液位时不向混合液箱加混合液。以此为检查方向，当传感器都正常输出信号时，则需检查线路通断是否正常及数字量输入模块是否正常，如此即可排除相关故障。

（2）单路泡沫空气流量不受控制

故障原因：可能原因主要分为监控系统故障导致流量不受控制及执行系统故障导致流量

不受控制，需依次检查。

处理方法：首先检查上位机空气流量显示是否有变化，当上位机空气流量显示无变化时基本判断为监控系统故障，则需依次检查空气流量计面板显示是否正常、流量计探头是否进水、模拟量输入信号保险是否烧断、电源线及信号线是否有断路以及模拟量输入模块是否故障，以此逐步检查以解决监控系统故障。当上位机空气流量有变化，但流量不受控制时，则需检查流量控制阀是否卡死。可用手动调节的方法来确定是阀块机械结构故障还是输出控制量故障。

（3）膨润土单路无法启动

故障原因：可能是此路控制球阀无法打开，导致压力过大，系统保护时无膨润土无法动作。也可能是压力传感器故障导致。

处理办法：上位机检查该路压力是否显示正常，如显示正常则检查压力传感器前部管路是否有球阀未打开，如压力显示过高，则检查该路启动球阀是否正常动作。如球阀无动作则依次检查气路是否畅通、电路是否有电信号、启动控制阀是否线圈烧坏、阀芯是否卡死以及阀芯是否装反。依次检查则故障可排除。当上位机压力显示值一直为最大值时，则需考虑为压力传感器损坏，依次检查压力传感器输入电压值、输出电流值即可排除故障。

（4）泡沫系统无法启动

故障原因：泡沫系统无法启动的主要原因为泡沫系统启动条件未满足。

处理方法：如图5-52所示，查看上位机泡沫系统启动条件是否都满足，查看有无相关报警。结合知识学习中内容，依次排除相关问题即可。

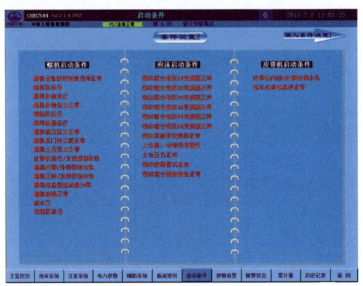

图5-52　泡沫系统启动条件

任务实施单见《全断面隧道掘进机操作（中级）实训手册》实训任务32渣土改良系统故障分析与处理

 考核评价

通过本任务学习，主要考查学生对渣土改良系统基础知识的掌握程度，故障分析与排除方法的作业流程是否规范，掌握是否熟练。

评价单见《全断面隧道掘进机操作（中级）实训手册》实训任务32渣土改良系统故障分析与处理

任务5.13　导向系统故障分析与处理

教学目标

知识目标：
　　1.熟悉导向系统的常见故障；
　　2.掌握导向系统常见故障的处理方法。
技能目标：
　　1.能够按一般常规流程对导向系统常见故障做出分析与处理；
　　2.能够按一般常规流程对导向系统特殊故障做出分析与处理。
思政与职业素养目标：
　　1.培养学生树立规范作业的意识；
　　2.培养学生科学分析问题的态度。

任务布置

某软土地层中一台土压平衡盾构机在施工过程中导向系统遇到以下问题，请进行分析与处理：
①　软件出现故障；
②　掘进过程中导向系统出现各种故障。

任务实施

（1）DDJ软件常见故障分析与处理
1）全站仪标识变为红色
①　出现错误提示
a.全站仪连接失败。
b.全站仪通信错误。
②　解决方法　建议做如下排查及设置：
a.手动点击连接。
b.全站仪电池电量不足（如外接锂电池供电）。
c.打开导向系统软件时，右键单击，以管理员身份运行。
d.在GeoCom模式下：检查标准设置，将波特率设为 9600 波特。
e.检查全站仪连接电缆、接头是否连接正确且接触良好，如必要，需进行修复。
f.检查电台是否正常工作。
2）激光靶标识变为红色
①　出现错误提示　激光靶标识变红，连接失败。
②　解决方法　建议做如下排查及设置：

a. 手动点击连接。

b. 打开导向系统软件时，右键单击，以管理员身份运行。

c. 检查电缆是否损坏、松动、断开、未连接、连接接触良好。

3）服务器变红

① 出现错误提示　服务器标识变红，连接失败。

② 解决方法

a. 尝试手动点击连接。

b. 打开导向系统软件时，右键单击，以管理员身份运行。

c. 在浏览器内输入WEB发布时的设置本地IP地址，搜索是否能成功访问，否则重新发布。

4）PLC变红

① 出现错误提示　PLC标识变红，连接失败。

② 解决方法

a. 尝试手动点击连接。

b. 打开导向系统软件时，右键单击，以管理员身份运行。

c. 检查tunnelsetting软件中，IP地址是否和盾构机推进系统电脑连接发布服务器地址一致。

d. 检查电缆是否损坏、松动、断开、未连接。

5）DTA无法导入

① 出现错误提示　从类型DBNull到类型Double的转换无效。

② 解决方法　导入DTA数据标准格式为纯数值，查看DTA数据（在Excel中检查），存在空数据或者数据类型不正确（可能含公式），将表格单元格格式设置为数值格式。

6）二次始发初始零位数据丢失

① 解决方法

a. 首先找到项目文件（项目文件为一个命名为XXX的文件夹和一个XXX.crcc的文件），找到里面的TunnelBoringData.cdb文件。

b. 将此文件拷贝出来后重命名为TunnelBoringData.mdb并打开，密码为CRCC，在LaserTargetInt和LaserTargetMeasReturn中找回前后端的坐标和激光靶的坐标和角度。

7）厂内零位测量特征点与工地零位测量特征点有偏差

① 错误提示　顺序对应不上，计算出的残差比较大。

② 解决方法　利用CAD软件及特征点恢复：

a. 获取特征点测量坐标并按照CAD输入点的要求进行编辑。

b. 新建CAD文件，打开视图菜单→动态观察→受约束的动态观察。

c. 打开绘图菜单→三维多段线→绘图→输入始发时零位的坐标、特征点（坐标系1）和当前测量的对应坐标（坐标系2）。

d. 打开修改菜单→三维操作→三维对齐，把坐标系1和坐标系2对应的坐标重合。

e. 查询命令→查询未测到的坐标。

（2）掘进过程中导向系统常见故障分析与处理

1）指向、照准激光靶错误及测量过程中偶尔出现的盾构机姿态偏差超限

① 可能原因

a. 激光束未射到激光靶的前面板上。
b. 激光靶和全站仪之间的光线受遮挡。
c. 全站仪与激光靶之间的距离太远。
② 解决方法
a. 按照要求需手动调整全站仪。
b. 清除通视范围内障碍物。
警告：当激光处于打开状态时，不要通过目镜向里望！
c. 当全站仪和激光靶之间距离太大时，需向前移动测站。
2）盾构机姿态不正确
① 检查可能原因
a. 激光器未被正确调整。
b. 未整平全站仪。
c. 不正确的水平参照方向（方位）。
d. 全站仪和/或后视参照点的坐标不正确。
e. 里程不正确。
f. 在隧道内部，由于反光作用，导致距离测量结果不对。
g. 系统参数错误。
h. 数据库中输入了不正确的 DTA（设计隧道轴线）。
② 解决方法
a. 激光器需进行重新调整。请按照大纲中调整激光器操作步骤或Leica操作手册进行。
b. 全站仪需重新整平。
c. 应当检查测量固定点的点坐标，如需要，则进行修正。
d. 检查激光靶和全站仪之间的距离，如需要重新定位。
e. 把所有反光面遮挡起来，或涂成不反光的颜色。
f. 检查相关的参数，如安装位置、偏移、激光偏移-视准轴到激光发射轴距离。
g. 输入正确的设计隧道轴线。
3）换站前后姿态不正确
① 出现原因
a. 换站前全站仪及后视点已经超限。
b. 换站过程盾构机一直推进。
c. 激光靶上有水汽、灰尘、污物。
② 避免方法
a. 换站前重新整平仪器及后视棱镜，重新定向，测量盾构姿态并记录。
b. 新全站仪位置选择时需充分考虑地质条件及现场注浆情况，保证所在位置管片稳定。
c. 换站时选择盾构停机时进行。
4）导向系统姿态与管片复测不一致
① 产生原因
a. 针对不同的地质情况、同步注浆、二次注浆等管片浮动会有所不同。
b. 盾尾间隙不一致造成。
c. 铰接油缸伸长量不一致造成。

② 检查方法

a. 根据现场通视条件，可采用拟合圆复测中盾尾部内侧切口，拟合计算中盾切口圆心与导向系统对比分析。

b. 也可采用油缸法复测，反算盾构机中盾切口圆心坐标。

c. 由于掘进过程中存在转点设站误差、人为观测误差、丈量误差、系统误差等影响，复测时需综合考虑，尽量减少以提高精度。建议在未始发前进行复测确认。

5) 激光靶姿态角异常

① 产生原因

a. 全站仪视线与激光靶水平面水平和垂直夹角，超出激光靶接收最大角度±5°。

b. 隧道设计线路（DTA）数据有误。

② 检查方法

a. 通过对比，计算全站仪和激光靶实际的水平夹角和垂直夹角，是否超过±5°，如超过即调整全站仪位置。

b. 检查隧道设计线路（DTA）数据。

6) 推进过程中通信正常，但姿态不断变化，且变化无规律

① 产生原因

a. 由于施工过程中，地下水、地质条件差、同步注浆等原因。

b. 激光靶表面有泥水、水汽等。

c. 激光靶内置倾斜仪损坏。

② 解决方法

a. 推进平稳，采取其他施工措施减少影响。

b. 擦拭激光靶镜面，保持干爽。

c. 分析记录数据，检查激光靶反馈回来的俯仰、侧滚和方位角三个角度，若这三个角度出现无规律的变化和突变，且变化较大，可能是激光靶内置倾斜仪存在问题。

7) 未接收到正确的激光靶返回值。

① 故障描述　这种故障出现在激光靶和工业电脑之间的通信不正常时，该提示显示在测量信息窗口中的实时状态信息。

② 解决方法

a. 电缆连接有故障。

b. 激光靶的光学检测单元出现故障。

c. 盾构机的滚动角不能测定。

d. 盾构机的俯仰角不能测定。

8) 数据传输中止，不能再进行数据传输。

① 检查可能原因

a. 电缆中断，受到挤压或损坏。

b. 插头/插座等连接处落入水中、油或泥中，以致发生短路。

c. 工业电脑的插头处松动。

d. 插头连接装置松动。

e. 数据线非法连接（插头/插座混淆）。

f. 电子噪声或有故障的接口。

g. 必须的装置未接入或未打开。
h. 由于不小心将"传送"和"接收"线接通。

② 解决方法

a. 检查电缆包皮是否有明显的受损（如被撞击或挤压）。如果有任何的损坏，应切断电源，通过焊接1:1的导线并经过小心的隔离进行修复。这种修改需要有经验的电工或电脑技术人员来完成。如果有足够备用导线，最好全部更换。更换下来的导线作为备用线。如果电缆表皮部分软化，应当视为被撞或挤压，如果内部软化，则应当视作短路，应该及时修复此部分电缆。

b. 首先检查插头及插座与仪器的连接是否得当，插头与插座中是否有水浸入。当发现插头松动时，把插头正确地插入相应的插座中。如果有水进入插座或插头中，需打开插头或插座，晾干，或进行全面修理。

c. 检查串行通信口COM1到COM"N"是否有潜在的错误连接。

d. 关闭所有的应用程序，关闭电脑，等待20s后，重新启动电脑，重新打开需要的应用程序。通过一个短插头对接口进行最终检查。如果至少有一个工作不正常，需用相同的类型多接口板代替原来的多接口板。

e. 连接或打开设备。

f. 通过一个适当的检测接头和一个正常的终端程序对接口进行检测，如果确认基本功能但数据仍不能传输，那么"发送"和"接收"线路无意中接通，要处理这个问题，可以联系客服或咨询经验丰富的电脑技师。

任务实施单见《全断面隧道掘进机操作（中级）实训手册》实训任务33导向系统故障分析与处理

考核评价

通过本任务学习，主要考查学生对导向系统基础知识的掌握程度，故障分析与排除方法的作业流程是否规范，掌握是否熟练。

评价单见《全断面隧道掘进机操作（中级）实训手册》实训任务33导向系统故障分析与处理

任务5.14　掘进参数异常情况分析与处理

教学目标

知识目标：
　　熟悉盾构机在不同地层掘进时常见的问题。
技能目标：
　　掌握盾构机在不同地层掘进时异常参数分析与处理方法。
思政与职业素养目标：
　　1. 培养学生树立盾构机规范操作的意识；
　　2. 培养学生科学分析处理问题的态度。

任务布置

当某台土压平衡盾构机在施工过程遇到以下问题，请进行分析与处理：

① 盾构掘进过程中螺旋输送机扭矩忽然升高的分析与处理；
② 盾构机掘进抱死、推力大的分析与处理；
③ 掘进过程中刀盘扭矩大、土压高的分析与处理。

任务实施

（1）盾构掘进过程中螺旋输送机扭矩忽然升高的分析与处理

1）原因分析　土压平衡盾构机在正常掘进过程中出现螺旋输送机扭矩突然升高主要是由于螺机内部卡异物，或者是渣土太干，这种情况在掘进砂卵石、砂岩地层和过桩时比较常见。

2）处理办法

① 听螺旋输送机是否有异常响动，出渣是否正常。

注意事项：如果螺旋输送机声音异常，则很可能是由于螺机内部卡有异物。

② 停止或者降低螺旋输送机转速，通过正反转尝试将异物排出。

注意事项：需缓慢正反转螺机，保护螺机轴。

③ 如果未将异物排出，则需要回收螺机，关闭前闸门，打开观察口进行人工清理。

（2）盾构机掘进抱死、推力大的分析与处理

1）原因分析　盾构机在稳定性较差的地层中推进，如砂质地层和砂卵石地层，停机时间较长容易出现推不动的情况，主要是因为地层收缩将盾构机抱死，出现推力不足以克服地层抱住盾体形成的摩擦阻力的情况。刀盘结泥饼也会造成盾构机推力增大，速度下降。

2）解决措施

① 遇到盾构机被抱死的情况，可以尝试通过膨润土管向盾壳四周注入膨润土进行润滑减小摩擦力；或通过在推进油缸周围增加液压油缸增大推力。

② 对于结泥饼的情况，在掘进过程中刀盘中心的泡沫和刀盘喷水需经常开启，避免出现糊住刀盘、喷口的情况。

（3）掘进过程中刀盘扭矩大、土压高的分析与处理

1）原因分析

① 在砂质地层中掘进时，由于地层的稳定性较差，在掘进过程中掌子面坍塌，土仓堆土过多，容易造成刀盘扭矩增大，土压变高。

② 在砂卵石地层中掘进，停机时可能会有大粒径卵石卡在刀盘开口和切口环处，或者推进过程中渣土改良不及时，会导致刀盘扭矩增大。

③ 在强度较高的地层掘进时，例如砂岩与全断面硬岩地层，刀盘切削土体困难，扭矩会增大。其次，如果不做好刀具保护措施，会造成刀具磨损，当滚刀刀具无法正常滚动切削时，刀盘转动时的阻力就会变大。

④ 在软硬不均地层掘进时，例如上软下硬地层，为了控制沉降一般会采用较高的土压

推进，而硬岩在被挤压破碎后形成细小石块，流动性差，如果土压过高易造成刀盘扭矩增大，除此之外，刀具在软硬不均的岩面做周期性碰撞，当贯入度波动大时会使刀具受到很大的冲击力，导致刀圈崩刃或者滚刀轴承失效，引起刀盘转动阻力增大，扭矩增大。

2）处理措施

① 砂质地层掘进时保证掘进速度与出渣速度相匹配，尽量减少土仓渣土堆积，在停止推进时，先停止推进继续通过调整刀盘电位计将刀盘扭矩降低后再停刀盘旋转，避免再启动扭矩过大。

② 砂卵石地层掘进同样也需要保证掘进速度与出渣速度相匹配，尽量保持掘进速度的平稳。在渣土改良方面以泡沫为主，水和膨润土为辅，需经常观察泡沫的发泡效果。

③ 在硬岩地层掘进时，需控制盾构机推力，掘进总推力不应该超过刀具受荷容许承载力之和，保护刀具。对于砂岩地层，盾构机在掘进时尤其是中心区域容易产生泥饼，因此需增加刀盘中心部位泡沫注入量并选择较大的泡沫注入比例，减少渣土黏附性，降低泥饼产生概率。

④ 在上软下硬地层掘进时，一是需要勤洗渣样，分析渣土内各组成部分比例指导推进；二是在做好刀具保护的前提下，以最大速度通过，通过渣土温度、掘进参数、刀盘前响声震动来判断刀具以及掌子面情况，避免刀具的异常损坏。当推进地层硬岩占比极高时，可选择高土压推进，因为此时降低土压对于速度的提升作用不大，因此需要提高土压以增加上部地层的支撑，当硬岩地层占比有所下降时，可适当尝试降低土压，提升速度，减少推进时间，减少对于地层的扰动，从而控制沉降。

考核评价

通过本任务学习，主要考查学生对掘进参数基础知识的掌握程度，故障分析与排除方法的作业流程是否规范，掌握是否熟练。具体详见表5-2。

表5-2 掘进参数异常分析与排除方法考核评价表

评价项目	评价内容	评价标准	配分
知识目标	掘进参数的分类	能否正确理解掘进参数的含义	10
	不同地层对掘进参数的影响	能否正确描述不同地层对掘进参数值的变化影响	10
技能目标	盾构掘进过程中螺旋输送机扭矩忽然升高的分析与处理	能否按照故障现象进行故障分析与处理	20
	盾构机掘进抱死、推力大的分析与处理	能否按照故障现象进行故障分析与处理	20
	掘进过程中刀盘扭矩大、土压高的分析与处理	能否按照故障现象进行故障分析与处理	20
素质目标	规范作业	故障分析与处理操作流程是否规范	10
	科学分析	故障分析与处理过程是否科学合理	10
合计			100

参 考 文 献

［1］ 陈馈，洪开荣，焦胜军. 盾构施工技术［M］. 第2版. 北京：人民交通出版社，2019.
［2］ 陈馈，洪开荣，焦胜军. 国内外盾构法隧道施工实例［M］. 北京：人民交通出版社，2016.
［3］ 毛红梅，陈馈，郭军. 盾构构造与操作维护［M］. 北京：人民交通出版社，2016.
［4］ 陈馈，谭顺辉，王江卡等. 盾构施工关键技术（上、下册）［M］. 北京：中国铁道出版社，2020.
［5］ 盾构法隧道施工及验收规范 GB 50446—2017［S］.
［6］ 盾构机操作、使用规范 T/CCMA 0063—2018［S］.
［7］ 盾构法隧道同步注浆材料应用技术规程 T/CECS 563—2018［S］.
［8］ 全断面隧道掘进机 盾构机安全要求 GB/T 34650—2017［S］.
［9］ 全断面隧道掘进机 土压平衡盾构机 GB/T 34651—2017［S］.
［10］ 盾构机切削刀具 JB/T 11861—2014［S］.
［11］ 全断面隧道掘进机 术语和商业规格 GB/T 34354—2017［S］.
［12］ 建筑施工机械与设备 盾构机 术语和商业规格 JB/T 12162—2015［S］.
［13］ 盾构机用变频调速三相异步电动机 技术条件 JB/T 12968—2016［S］
［14］ 盾构隧道施工测量技术规范 T/CSPSTC 42—2019［S］.
［15］ 毛红梅. 地下铁道［M］. 北京：人民交通出版社，2008.
［16］ 地下与隧道工程技术专业国家级教学资源库——《盾构构造与操作维护》［EB/OL］. https://www.icve.com.cn/portal/courseinfo?courseid=kbjaan2so5risusqewdfa.

"十四五"职业教育国家规划教材配套实训手册

全断面隧道掘进机操作（中级）实训手册

化学工业出版社

·北京·

目 录

实训任务 1　盾构机启动前设备状态检查 ………………………………………………… 1
实训任务 2　刀盘转向及转速设定与调节 ………………………………………………… 7
实训任务 3　推进液压缸压力及速度设定与调节 ………………………………………… 13
实训任务 4　螺旋输送机转向及转速控制设定与调节 …………………………………… 19
实训任务 5　土仓压力参数设定与调节 …………………………………………………… 25
实训任务 6　同步注浆量及压力设定与调节 ……………………………………………… 31
实训任务 7　泡沫系统参数设定与调节 …………………………………………………… 37
实训任务 8　管片安装操作 ………………………………………………………………… 43
实训任务 9　盾构机本地控制 ……………………………………………………………… 49
实训任务 10　盾构机姿态控制 …………………………………………………………… 55
实训任务 11　刀盘刀具维护与保养 ……………………………………………………… 61
实训任务 12　主驱动维护与保养 ………………………………………………………… 67
实训任务 13　渣土输送系统维护与保养 ………………………………………………… 73
实训任务 14　推进系统维护与保养 ……………………………………………………… 79
实训任务 15　流体系统维护与保养 ……………………………………………………… 85
实训任务 16　注浆系统维护与保养 ……………………………………………………… 91
实训任务 17　密封系统维护与保养 ……………………………………………………… 97
实训任务 18　管片拼装系统维护与保养 ………………………………………………… 103
实训任务 19　电气控制系统维修与保养 ………………………………………………… 109
实训任务 20　导向系统维护与保养 ……………………………………………………… 115
实训任务 21　刀盘驱动系统常见故障分析与排除 ……………………………………… 121
实训任务 22　螺旋输送系统常见故障分析与排除 ……………………………………… 127
实训任务 23　推进系统常见故障分析与排除 …………………………………………… 133
实训任务 24　管片拼装系统常见故障分析与排除 ……………………………………… 139
实训任务 25　冷却过滤系统故障分析与处理 …………………………………………… 145
实训任务 26　同步注浆系统故障分析与处理 …………………………………………… 151
实训任务 27　主驱动润滑系统故障分析与处理 ………………………………………… 157
实训任务 28　盾尾油脂系统故障分析与处理 …………………………………………… 163
实训任务 29　HBW油脂系统故障分析与处理 ………………………………………… 169
实训任务 30　常见低压电气故障分析与处理 …………………………………………… 175
实训任务 31　PLC故障分析与处理 ……………………………………………………… 181
实训任务 32　渣土改良系统故障分析与处理 …………………………………………… 187
实训任务 33　导向系统故障分析与处理 ………………………………………………… 193

实训任务1　盾构机启动前设备状态检查

资讯单

实训目标
1. 能够在主控台上正确识别各控制按键与旋钮的位置、名称、功能及符号； 2. 能够正确完成盾构机启动前设备状态检查； 3. 能够根据土木工程师及机械工程师的要求设定盾构的各种参数； 4. 能够正确启动盾构机动力系统。
实训任务
西安某地铁项目拟采用盾构机进行区间隧道掘进施工，当前盾构机已经下井组装完毕，即将正式投入使用，作为盾构操作人员，为了确保盾构机正常运转，请对该盾构机做一次全面的启动前设备状态检查。 　　1. 根据实际情况，以小组为单位，组内成员逐一进行控制台识别，描述各控制系统分布区域及控制元件名称与功能，并检查盾构机是否存在故障或报警提示； 　　2. 根据土木及机械工程师指令，设置盾构机初始参数； 　　3. 检查盾构机启动前各系统的工作状态； 　　4. 正确启动盾构开机需要的辅助系统。
参考技术标准及教学资源
1.《全断面隧道掘进机操作1+X证书职业技能等级标准》； 　　2.《全断面隧道掘进机　土压平衡盾构机》GB/T 34651—2017； 　　3.《全断面隧道掘进机　术语和商业规格》GB/T 34354—2017； 　　4.《筑路工》国家职业技能标准 GZB 6-29-02-03-2019； 　　5. 地下与隧道工程技术专业国家级教学资源库——《盾构构造与操作维护》，网址：https：//www.icve.com.cn/portal/courseinfo? courseid=kbjaan2so5risusqewdfa 　　6. 对应相关教程及线上电子资源，网址： https：//www. icve. com. cn/portalproject/themes/default/5niravolzjbcipycmvzjkw/sta_page/index.html。
资讯阶段（获取信息）
1.熟悉盾构机主控制室的监控界面和操作界面（见教材中图2-2、图2-3）。描述盾构机主监控界面显示盾构机各系统运行参数有哪些，分别有什么意义？

1

2. 描述盾构机控制面板上各系统分布区域及控制按钮、旋钮符号意义，并根据控制面板显示状态判断盾构机运行状况是否良好。

3. 列举盾构机启动前状态检查工作有哪些。

4. 以正确流程进行盾构机开机前辅助系统的启动操作。

任务实施单

任务分工

表1-1　小组任务分工表

班　级		组　别	
组　长		指导老师	
小组成员及任务分工			
姓名	学号	任务分工	

实训设备（工具）准备

表1-2　实训设备

实训设备类别	实训设备选择
土压平衡盾构机	
土压平衡盾构仿真操作平台	

表1-3　工具、耗材和器材清单

序号	名称	型号与规格	单位	数量	备注

任务实施及过程记录

1. 记录各控制系统分布区域及控制元件名称与功能。

2. 盾构机启动参数设定，记录设定内容及流程。

3. 盾构机启动前整机状态检查，记录检查内容及步骤。

4. 盾构辅助泵机启动，记录启动流程。

评价单

检查评估

1. 对盾构机监控界面、控制面板识别与状态检查等理论知识学习，通过对应教程进行考核；

2. 对盾构机辅助系统泵机启动等实践操作考核，通过土压平衡盾构机/土压盾构仿真操作平台进行考核。

表1-4 盾构机启动前设备状态检查考核评价表

评价项目	评价内容	评价标准	配分	得分
知识目标	盾构机主控室上位机监控界面识别	能否正确识别上位机监控界面并辨别是否存在故障	10	
	盾构机主控室控制面板识别	能否正确识别控制面板排布并了解各系统控制分区	10	
	盾构机初始参数设置理解	能否正确理解盾构机初始参数概念	10	
技能目标	盾构机故障识别	能否从控制面板快速识别盾构机存在故障并判断故障位置	10	
	盾构机初始参数设置	能否依据土木及机械工程师指令设置盾构机初始参数	20	
	盾构启动前状态检查	能否在盾构机启动前正确检查各类配套系统工作状态	10	
	盾构开机前辅助系统启动	能否在盾构机开机前正确启动辅助系统	20	
素质目标	事前充分准备	能否事前进行充分准备工作	5	
	客观判断问题	能否正确客观判断存在问题	5	
总评			100	

反思与改进

实训任务2 刀盘转向及转速设定与调节

资讯单

实训目标
1. 能够正确识别刀盘控制面板； 2. 能够根据标准流程正确启动刀盘； 3. 能够根据任务进行刀盘转向设置及转速调节的操作。
实训任务
西安地铁某盾构施工项目盾构机导向系统界面显示盾构机当前的滚动角为+4°，超出了滚动角允许范围，须进行调整。请针对该情况，进行如下操作，对盾构机滚动姿态进行纠正。 1. 针对任务描述，以小组为单位，进行任务分析，并完成任务分工； 2. 正确操作盾构机琴台刀盘控制区，将刀盘转速缓慢调整至0； 3. 正确操作刀盘控制区，切换刀盘转向，并将刀盘转速调至2.5r/min； 4. 总结刀盘启动的操作步骤。
参考技术标准及教学资源
1.《全断面隧道掘进机操作1+X证书职业技能等级标准》； 2.《全断面隧道掘进机　土压平衡盾构机》GB/T 34651—2017； 3.《全断面隧道掘进机　术语和商业规格》GB/T 34354—2017； 4.《筑路工》国家职业技能标准 GZB 6-29-02-03-2019； 5. 地下与隧道工程技术专业国家级教学资源库——《盾构构造与操作维护》，网址：https：//www.icve.com.cn/portal/courseinfo？courseid=kbjaan2so5risusqewdfa 6. 对应相关教程及线上电子资源，网址：https：//www.icve.com.cn/portalproject/themes/default/5niravolzjbcipycmvzjkw/sta_page/index.html。
资讯阶段（获取信息）
1.熟悉刀盘控制面板的布局（见教材中图2-10）。说明刀盘控制面板各个按钮的功能。

2.简述刀盘工作模式有哪几种？如何选择？

3.刀盘的转向及转速如何设置？

任务实施单

任务分工

表2-1 小组任务分工表

班　级		组　别	
组　长		指导老师	

小组成员及任务分工		
姓名	学号	任务分工

实训设备（工具）准备

表2-2 实训设备

实训设备类别	实训设备选择
土压平衡盾构机	
土压平衡盾构仿真操作平台	

表2-3 工具、耗材和器材清单

序号	名称	型号与规格	单位	数量	备注

任务实施及过程记录

1. 以小组为单位，对本次任务进行分析和分解，记录任务分解情况。

2. 按标准操作流程完成刀盘转向切换前的操作，并记录操作过程。

3. 按照标准操作流程，切换刀盘转向，纠正盾体偏转角度，并调整刀盘转速至 2.5r/min，记录操作过程。

4. 记录操作过程中出现的问题及操作注意事项。

评价单

检查评估
1. 对盾构机刀盘控制面板识别、启动等理论知识学习通过对应教程进行考核；
2. 对刀盘启动等实践操作考核，通过土压盾构仿真操作平台进行考核。

表2-4 刀盘转向及转速设定与调节考核评价表

评价项目	评价内容	评价标准	配分	得分
知识目标	刀盘控制面板识别	能否正确识别刀盘控制面板及相应控制元件功能	5	
	刀盘启动顺序描述	能否正确描述刀盘启动前期准备检查工作及刀盘启动顺序	10	
	刀盘转向设置描述	能否正确描述刀盘转向设置的原则及方法	10	
	刀盘转动挡位调节描述	能否正确描述刀盘转动挡位选择的原则	5	
	刀盘转速调节描述	能否正确描述刀盘转速调节的原则、方法及注意事项	10	
技能目标	刀盘启/停操作	能否正确进行刀盘启动/停止操作	20	
	刀盘转向设置	能否正确选择并设置刀盘转动方向	10	
	刀盘挡位选择	能否合理选择刀盘转动挡位	10	
	刀盘转速调节	能否合理调节刀盘转速	20	
素质目标	规范作业	刀盘启停及转向调节操作流程是否规范	5	
	科学分析	分析刀盘转动方向设置、挡位及转速调节是否科学合理	5	
总评			100	

反思与改进

实训任务3　推进液压缸压力及速度设定与调节

资讯单

实训目标
1. 掌握推进液压缸控制面板符号及控制元器件； 2. 掌握推进液压缸启动控制方法； 3. 掌握推进液压缸压力与速度调节方法。
实训任务
上海某软土地层盾构掘进采用的是中铁工程装备集团有限公司土压平衡盾构机，现盾构机淤泥质黏土地层中掘进，盾构姿态持续下行，土木工程师下达停机指令，要求在软弱地层掘进时，保持下区油缸压力大于上区10%，以使盾构机保持稍微上仰姿态，以抵消栽头趋势。请根据土木工程师指令，完成油缸参数设置，进行如下操作，以重新启动推进。 1. 以小组为单位，对本次任务进行分析和分解，明确任务内容； 2. 设置最大推进力为12000kN； 3. 按照标准操作流程，重新启动推进； 4. 调节各区油压，并控制下区油压大于上区10%； 5. 调节推进速度至25mm/min。
参考技术标准及教学资源
1.《全断面隧道掘进机操作1+X证书职业技能等级标准》； 2.《全断面隧道掘进机　土压平衡盾构机》GB/T 34651—2017； 3.《全断面隧道掘进机　术语和商业规格》GB/T 34354—2017； 4.《筑路工》国家职业技能标准 GZB 6-29-02-03-2019； 5. 地下与隧道工程技术专业国家级教学资源库——《盾构构造与操作维护》，网址：https：//www.icve.com.cn/portal/courseinfo？courseid=kbjaan2so5risusqewdfa 6. 对应相关教程及线上电子资源，网址： https：//www. icve. com. cn/portalproject/themes/default/5niravolzjbcipycmvzjkw/sta_page/index.html。
资讯阶段（获取信息）
1. 熟悉推进液压缸控制面板的布局（见教材中图2-13）。说明推进液压缸控制面板各个按钮的功能。

2. 简述正确启动推进液压缸的操作流程。

3. 推进液压缸的最大推力、推进参数（压力、速度）如何设置？

任务实施单

任务分工

表3-1 小组任务分工表

班 级		组 别	
组 长		指导老师	
小组成员及任务分工			
姓名	学号	任务分工	

实训设备（工具）准备

表3-2 实训设备

实训设备类别	实训设备选择
土压平衡盾构机	
土压平衡盾构仿真操作平台	

表3-3 工具、耗材和器材清单

序号	名称	型号与规格	单位	数量	备注

任务实施及过程记录

1. 以小组为单位，对本次任务进行分析和分解，记录任务分解情况。

2. 按照标准操作流程，正确设置最大推力为12000kN，并记录操作过程。

3. 按照标准操作流程，正确启动推进油缸，并记录启动过程。

4. 调节各区油压，并控制下区油压大于上区10%，并通过油缸推进速度调节旋钮，调节推进速度至20mm/min，记录操作过程。

评价单

检查评估

1. 对盾构机推进液压缸控制面板识别、启动等理论知识学习通过对应教程进行考核；
2. 对推进液压缸启动等实践操作考核，通过土压盾构仿真操作平台进行考核。

表3-4 推进液压缸推进速度及推进行程设定与调节考核评价表

评价项目	评价内容	评价标准	配分	得分
知识目标	推进液压缸参数设置面板识别	能正确识别推进液压缸参数设置面板	10	
	推进液压缸控制面板识别	能正确识别推进液压缸控制面板	10	
技能目标	推进液压缸最大允许压力参数设置	能正确进行推进液压缸最大允许压力设置	10	
	推进液压缸推进速度参数设置	能正确进行推进液压缸推进速度参数设置	10	
	推进液压缸启动	能正确规范启动推进液压缸电机与泵,能判断推进液压缸启动状态是否正常	20	
	推进液压缸推进压力与速度调节	能正确选择推进液压缸工作模式,能合理进行推进液压缸推进压力与推进速度调节	30	
素质目标	审时度势合理分析	能根据具体情况做出合理判断	5	
	工作标准精准到位	能对照标准进行精准到位作业	5	
		总评	100	

17

反思与改进

实训任务4 螺旋输送机转向及转速控制设定与调节

资讯单

实训目标
1. 熟悉螺旋输送机参数设置及控制面板； 2. 掌握螺旋输送机最低转速、后闸门开度及最大压力参数设定； 3. 掌握螺旋输送机启动及闸门开关控制； 4. 掌握螺旋输送机伸缩、转向及转速控制。
实训任务
以中铁工程装备集团有限公司系列土压平衡盾构机为例，在某软土地层区间始发阶段，合理设置螺旋输送机启动参数，设置螺机后闸门最小开度为50mm，启动螺机时，选择正转，调节转速为6r/min，调节螺机后闸门开启度为100mm，最终正确启动螺旋输送机。具体任务如下： 　1. 以小组为单位，对本次任务进行分析和分解，明确任务内容； 　2. 按要求完成螺旋输送机参数设置； 　3. 按照标准操作流程，根据给定的参数，正确启动螺旋输送机； 　4. 总结螺旋输送机的启动操作步骤及注意事项。
参考技术标准及教学资源
1.《全断面隧道掘进机操作1+X证书职业技能等级标准》； 　2.《全断面隧道掘进机　土压平衡盾构机》GB/T 34651—2017； 　3.《全断面隧道掘进机　术语和商业规格》GB/T 34354—2017； 　4.《筑路工》国家职业技能标准 GZB 6-29-02-03-2019； 　5. 地下与隧道工程技术专业国家级教学资源库——《盾构构造与操作维护》，网址：https：//www.icve.com.cn/portal/courseinfo? courseid=kbjaan2so5risusqewdfa 　6. 对应相关教程及线上电子资源，网址： 　https：//www.icve.com.cn/portalproject/themes/default/5niravolzjbcipycmvzjkw/sta_page/index.html。
资讯阶段（获取信息）
1.熟悉螺旋输送机控制面板的布局（见教材中图2-15）。说明螺旋输送机控制面板各个按钮的功能。

2.简述正确启动螺旋输送机的操作流程？

3.螺旋输送机的最大压力、转向、转速、后闸门开启度如何设置？

任务实施单

任务分工

表 4-1　小组任务分工表

班　级		组　别	
组　长		指导老师	

小组成员及任务分工		
姓名	学号	任务分工

实训设备（工具）准备

表 4-2　实训设备

实训设备类别	实训设备选择
土压平衡盾构机	
土压平衡盾构仿真操作平台	

表 4-3　工具、耗材和器材清单

序号	名称	型号与规格	单位	数量	备注

任务实施及过程记录

    1. 以小组为单位，对本次任务进行分析和分解，记录任务分解情况。

    2. 按照标准操作流程，完成螺旋输送机启动前的操作（水、气、润滑、动力等条件的启动），记录操作过程。

    3. 完成螺旋输送机参数设置，并记录操作过程。

    4. 按照标准操作流程，完成螺旋输送机的启动及速度调节操作，记录操作过程。

评价单

检查评估
1. 对盾构机螺旋输送机控制面板识别、启动等理论知识学习通过对应教程进行考核； 2. 对螺旋输送机启动等实践操作考核，通过土压盾构仿真操作平台进行考核。

表4-4 螺旋输送机转向及转速控制设定与调节考核评价表

评价项目	评价内容	评价标准	配分	得分
知识目标	螺旋输送机参数设置面板识别	能正确识别螺旋输送机参数设置面板	10	
	螺旋输送机控制面板识别	能正确识别螺旋输送机控制面板	10	
技能目标	螺旋输送机最大允许压力参数设置	能正确进行螺旋输送机最大压力设置	20	
	螺旋输送机转向及转速参数设置	能正确进行螺旋输送机转向及转速参数设置	20	
	螺旋输送机仓门开关	螺旋输送机前后仓门打开并伸出螺机	20	
	螺旋输送机启动	能正确规范启动螺旋输送机电机并逐步增大转速至规定速度	10	
素质目标	审时度势合理分析	能根据具体情况做出合理判断	5	
	工作标准精准到位	能对照标准进行精准到位作业	5	
总评			100	

反思与改进

实训任务5 土仓压力参数设定与调节

资讯单

实训目标
1. 掌握土仓压力平衡原理；   2. 掌握土仓压力过大时的调节方法；   3. 掌握土仓压力变化波动较大时的调节方法。
实训任务
某土压平衡盾构机在砂卵石+黏土复合地层掘进过程中，因穿越地层软硬不均过渡段时由于地质差异导致土仓压力发生突变，为减小地面沉降及隆起变形，控制开挖面稳定，项目土木工程师重新计算了土仓压力，给定了新的土仓压力设定值为2.4bar。请结合实际情况，完成土仓压力值设定，并根据当前土仓压力传感器数值，进行土仓压力调节控制，确保土仓压力随开挖面地层变化始终处于动态平衡。请根据任务情况，完成如下操作。 　　1. 以小组为单位，完成任务分组及任务分工； 　　2. 进行土仓压力值设定； 　　3. 根据当前实时土仓压力值，进行相应操作，控制土仓压力平衡； 　　4. 总结控制土仓压力平衡的操作方法。
参考技术标准及教学资源
1.《全断面隧道掘进机操作1+X证书职业技能等级标准》； 　　2.《全断面隧道掘进机　土压平衡盾构机》GB/T 34651—2017； 　　3.《全断面隧道掘进机　术语和商业规格》GB/T 34354—2017； 　　4.《筑路工》国家职业技能标准 GZB 6-29-02-03-2019； 　　5. 地下与隧道工程技术专业国家级教学资源库——《盾构构造与操作维护》，网址：https：//www.icve.com.cn/portal/courseinfo？courseid=kbjaan2so5risusqewdfa 　　6. 对应相关教程及线上电子资源，网址： 　　https：//www.icve.com.cn/portalproject/themes/default/5niravolzjbcipycmvzjkw/sta_page/index.html。
资讯阶段（获取信息）
1. 熟悉土仓压力的监控界面（见教材中图2-17）。

2. 简述土仓压力的概念及土仓压力平衡原理。

3. 简述土仓压力调节的方法。

4. 分析土仓压力波动过大的原因。

5. 土仓压力过大时如何进行调整,确保动态平衡。

任务实施单

任务分工

表5-1 小组任务分工表

班　级		组　别	
组　长		指导老师	
小组成员及任务分工			
姓名	学号		任务分工

实训设备（工具）准备

表5-2 实训设备

实训设备类别	实训设备选择
土压平衡盾构机	
土压平衡盾构仿真操作平台	

表5-3 工具、耗材和器材清单

序号	名称	型号与规格	单位	数量	备注

任务实施及过程记录

1. 以小组为单位，对本次任务进行分析和分解，记录任务分解情况。

2. 按照标准流程，完成土仓压力的设置操作，记录操作过程。

3. 根据实时土仓压力传感器数值，通过调节掘进速率，控制土仓压力，使盾构处于土仓压力平衡状态，并记录操作过程。

4. 根据实时土仓压力传感器数值，通过调节螺旋输送机转速和出渣闸门开度，控制土仓压力，使盾构处于土仓压力平衡状态，并记录操作过程。

评价单

检查评估
1. 对土仓压力的概念、平衡原理等理论知识学习通过对应教程进行考核；
2. 对土仓压力的调整等实践操作考核，通过土压盾构仿真操作平台进行考核。

表5-4　土仓压力设定与调节考核评价表

评价项目	评价内容	评价标准	配分	得分
知识目标	土仓压力平衡原理	能正确理解土仓压力平衡原理	10	
	土仓压力过大	能正确分析土仓压力过大时的原因并提出适当调节方法	10	
	土仓压力变化波动大	能正确分析土仓压力变化波动较大时的原因并提出适当调节方法	10	
技能目标	土仓压力参数观察	能正确进行土仓各位置处压力参数观察	10	
	土仓压力过大调节	螺旋输送机前后仓门打开并伸出螺旋输送机	20	
	土仓压力过小调节	能够实施合理措施动态调整土仓压力变化至合理范围	20	
素质目标	压力变化动态平衡	具备事物总是处于动态变化的思维认知	10	
	审时度势综合处理	能依据现有情况结合已有经验正确判断问题所在并采用综合措施合理解决问题	10	
		总评	100	

反思与改进

实训任务6　同步注浆量及压力设定与调节

资讯单

实训目标
1. 能够正确选择注浆方式； 2. 能够正确进行注浆参数设置； 3. 能够正确规范地完成注浆作业。
实训任务
某土压平衡盾构机刀盘开挖直径为6.34m，管片设计外径为6.0m，管片设计环宽为1.5m，推进速度为18mm/min，注浆压力设定不超过0.25bar，现需要进行掘进过程中同步注浆作业，请按要求完成如下操作： 1. 根据给定参数计算注浆量（注浆系数按照200%考虑）； 2. 根据注浆量计算结果和给定数据设定参数（注浆量、注浆压力等）； 3. 采用手动注浆模式对盾尾间隙顶部注浆孔进行注浆作业。
参考技术标准及教学资源
1.《全断面隧道掘进机操作1+X证书职业技能等级标准》； 2.《全断面隧道掘进机　土压平衡盾构机》GB/T 34651—2017； 3.《全断面隧道掘进机　术语和商业规格》GB/T 34354—2017； 4.《筑路工》国家职业技能标准 GZB 6-29-02-03-2019； 5. 地下与隧道工程技术专业国家级教学资源库——《盾构构造与操作维护》，网址：https：//www.icve.com.cn/portal/courseinfo? courseid=kbjaan2so5risusqewdfa 6. 对应相关教程及线上电子资源，网址：https：//www. icve. com. cn/portalproject/themes/default/5niravolzjbcipycmvzjkw/sta_page/index.html。
资讯阶段（获取信息）
1. 学习并掌握注浆量的计算方法，完成注浆量计算。

2. 熟悉壁后注浆作业的控制方式（手动模式和自动模式），见教材中图 2-23。

3. 熟悉注浆参数设置界面（见教材中图 2-21）。

4. 简述同步注浆参数的设定过程及同步注浆操作过程。

任务实施单

任务分工

表6-1　小组任务分工表

班　级		组　别	
组　长		指导老师	
小组成员及任务分工			
姓名	学号		任务分工

实训设备（工具）准备

表6-2　实训设备

实训设备类别	实训设备选择
土压平衡盾构机	
土压平衡盾构仿真操作平台	

表6-3　工具、耗材和器材清单

序号	名称	型号与规格	单位	数量	备注

任务实施及过程记录

1. 以小组为单位,对本次任务进行分析和分解,记录任务分解情况。

2. 根据给定盾构参数,计算注浆量,并记录计算过程。

3. 根据注浆量计算结果和给定注浆压力值,完成注浆参数设定操作,记录操作过程。

4. 按照标准操作流程,完成注浆操作,并记录操作过程。

评价单

检查评估

1. 对注浆量的理论计算进行考核；
2. 借助土压平衡盾构仿真操作平台，对注浆参数及注浆压力设定操作进行考核；
3. 借助土压平衡盾构仿真操作平台，对手动注浆操作进行考核。

表6-4　同步注浆量与压力设定与调节考核评价表

评价项目	评价内容	评价标准	配分	得分
知识目标	同步注浆原理	正确理解同步注浆的工作原理与条件	10	
	同步注浆控制方式	熟悉同步注浆控制方式类型	10	
	同步注浆参数界面	熟悉同步注浆参数设置及控制界面	10	
技能目标	同步注浆压力设置	能够正确进行同步注浆压力参数设置	20	
	同步注浆量计算与设置	能够正确进行同步注浆量参数设置	20	
	同步注浆速率设置	能够正确进行同步注浆速率参数设置	20	
素质目标	精确计算	具备精确计算的工作态度	5	
	及时响应	具备关键工作及时响应的职业素养	5	
		总评	100	

反思与改进

实训任务7　泡沫系统参数设定与调节

资讯单

实训目标
1. 能够正确检查泡沫系统原液液位与泵机状态； 2. 能够正确启动盾构机泡沫系统； 3. 能够合理设置泡沫参数； 4. 能够合理选择泡沫注入模式。
实训任务
某土压平衡盾构机在掘进过程中出现结泥饼现象，项目部通过渣土改良试验，根据实际渣土改良效果，决定在掌子面、土仓和螺旋输送机内注入泡沫以降低渣土黏性，减少结泥饼的现象及概率。作为盾构司机，请采用半自动模式操作泡沫系统对渣土进行改良。具体任务如下： 　　1. 操作前系统检查，故障排查及恢复； 　　2. 泡沫系统参数设定，包括原液比例、泡沫注入通道流量和泡沫膨胀率（泡沫原液：水：压缩空气=1∶9∶90，泡沫膨胀率=1∶8）； 　　3. 选择半自动模式，进行泡沫注入操作。
参考技术标准及教学资源
1.《全断面隧道掘进机操作 1+X 证书职业技能等级标准》； 　　2.《全断面隧道掘进机　土压平衡盾构机》GB/T 34651—2017； 　　3.《全断面隧道掘进机　术语和商业规格》GB/T 34354—2017； 　　4.《筑路工》国家职业技能标准 GZB 6-29-02-03-2019； 　　5. 地下与隧道工程技术专业国家级教学资源库——《盾构构造与操作维护》，网址：https：//www.icve.com.cn/portal/courseinfo？courseid=kbjaan2so5risusqewdfa 　　6. 对应相关教程及线上电子资源，网址： 　　https：//www. icve. com. cn/portalproject/themes/default/5niravolzjbcipycmvzjkw/sta_page/index.html。
资讯阶段（获取信息）
1. 熟悉泡沫系统参数设置界面（见教材中图2-25）。

2. 简述泡沫系统操作前的系统检查内容及故障排查方法。

3. 简述泡沫系统参数设置的内容及方法。

4. 简述半自动模式下泡沫系统的操作方法。

任务实施单

任务分工

表7-1 小组任务分工表

班　级		组　别	
组　长		指导老师	
小组成员及任务分工			
姓名	学号		任务分工

实训设备（工具）准备

表7-2 实训设备

实训设备类别	实训设备选择
土压平衡盾构机	
土压平衡盾构仿真操作平台	

表7-3 工具、耗材和器材清单

序号	名称	型号与规格	单位	数量	备注

任务实施及过程记录

    1. 以小组为单位，对本次任务进行分析和分解，记录任务分解情况。

    2. 根据标准操作流程，完成操作前泡沫系统常规检查，并记录检查内容及步骤。

    3. 根据给定参数，进行泡沫系统参数设定，包括原液比例、泡沫注入通道流量和泡沫膨胀率，记录操作过程。

    4. 选择半自动操作模式，选择泡沫注入通道，完成泡沫注入操作，并记录操作过程。

评价单

检查评估

1. 对系统操作前检查内容进行考核；
2. 借助土压平衡盾构仿真操作平台，对泡沫系统参数设定操作进行考核；
3. 借助土压平衡盾构仿真操作平台，对半自动泡沫注入操作进行考核。

表7-4 泡沫系统操作考核评价表

评价项目	评价内容	评价标准	配分	得分
知识目标	泡沫剂的控制参数	正确理解泡沫剂的参数	10	
	泡沫剂的加注方式	正确理解泡沫剂的三种加注方式	10	
技能目标	泡沫系统启动前设备检查	规范检查泡沫系统原液液位与泵机状态	10	
	泡沫系统启动	正确启动泡沫系统	20	
	泡沫剂参数设置	合理设置泡沫注入参数	20	
	泡沫系统控制模式选择	合理选择泡沫注入模式	20	
素质目标	审时度势	结合实际情况进行泡沫参数调整与泡沫加注模式选择	10	
	总评		100	

反思与改进

实训任务8　管片安装操作

资讯单

实训目标
1. 掌握盾构选型的基本原则和基本步骤； 2. 掌握管片运输、安装设备的使用方法； 3. 掌握管片安装操作的步骤和安装方式； 4. 掌握管片安装的注意事项； 5. 能够合理进行管片安装前的准备工作及安全质量检查； 6. 能够规范操作管片吊机与安装机进行管片安装； 7. 能够进行管片安装后质量检查及遵守作业安全注意事项。
实训任务
某地铁盾构施工区间，采用中铁装备某系列盾构机完成一环管片掘进进尺，准备进行管片安装作业。请按照规范作业流程操作管片吊机与管片安装机进行管片安装作业，并注意做好准备工作和安全质量控制工作。 1. 根据实际情况，以小组为单位，完成任务分工； 2. 按照标准操作流程，正确操作管片吊机运输管片； 3. 按照标准操作流畅，正确操作管片安装机完成管片安装作业； 4. 总结管片运输及安装操作流程。
参考技术标准及教学资源
1.《全断面隧道掘进机操作1+X证书职业技能等级标准》； 2.《全断面隧道掘进机　土压平衡盾构机》GB/T 34651—2017； 3.《全断面隧道掘进机　术语和商业规格》GB/T 34354—2017； 4.《筑路工》国家职业技能标准 GZB 6-29-02-03-2019； 5. 地下与隧道工程技术专业国家级教学资源库——《盾构构造与操作维护》，网址：https: //www.icve.com.cn/portal/courseinfo? courseid=kbjaan2so5risusqewdfa 6. 对应相关教程及线上电子资源，网址： https: //www. icve. com. cn/portalproject/themes/default/5niravolzjbcipycmvzjkw/sta_page/index.html。
资讯阶段（获取信息）
1. 熟悉管片吊机操作面板（有线/无线）、管片输送小车控制器、管片安装机遥控器控制面板（见教材中图2-30、图2-32、图2-34）。

2. 请说明管片吊机操作面板（有线/无线）、管片输送小车控制器、管片安装机遥控器控制面板各个按钮的功能。

3. 简述管片安装方式。

4. 简述管片安装操作步骤。

任务实施单

任务分工

表8-1 小组任务分工表

班 级		组 别	
组 长		指导老师	
小组成员及任务分工			
姓名	学号		任务分工

实训设备（工具）准备

表8-2 实训设备

实训设备类别	实训设备选择
土压平衡盾构机	
土压平衡盾构仿真操作平台	

表8-3 工具、耗材和器材清单

序号	名称	型号与规格	单位	数量	备注

45

任务实施及过程记录

1. 以小组为单位，对本次任务进行分析和分解，记录任务分解情况。

2. 完成管片安装前的准备工作（包括管片破损情况检查、抓举螺栓安装、抓举头检查等），并记录检查内容及过程。

3. 按照标准操作流程，使用管片吊机将管片运输就位，并记录操作流程及注意事项。

4. 按照标准操作流程，使用管片安装机完成管片安装作业，并记录操作流程及注意事项。

评价单

检查评估

1. 对管片吊机操作面板（有线/无线）、管片输送小车控制器、管片安装机遥控器控制面板等理论知识学习通过对应教程进行考核；
2. 对管片安装操作等实践操作考核，通过土压盾构仿真操作平台进行考核。

表8-4 管片安装考核评价表

评价项目	评价内容	评价标准	配分	得分
知识目标	管片安装前的准备	掌握管片安装前的准备工作内容	10	
	管片安装方式	掌握管片安装的方式与顺序	5	
	管片安装步骤	掌握管片安装步骤及工艺流程	15	
	管片安装注意事项	掌握管片安装质量及安全注意事项	10	
技能目标	管片安装前准备	能够合理开展管片安装前准备工作及安全质量检查	10	
	管片安装	能够规范操作管片安装机进行管片安装并严格遵守作业安全规程	20	
	管片安装后质量检查	能够规范进行管片安装后的质量检查	10	
素质目标	认真负责、不留隐患	具备认真负责严查质量不留作业隐患的严谨态度	5	
	规范作业、安全意识强	具备规范作业和作业安全作意识强的职业素养	5	
		总评	100	

反思与改进

实训任务9　盾构机本地控制

资讯单

实训目标
1. 掌握主控室控制与本地控制模式间的关系； 2. 掌握带式输送机、螺旋输送机、刀盘等常用系统本地控制界面； 3. 能够正确完成主控室控制与本地控制室模式切换； 4. 掌握各系统本地控制面板的功能及操作方法。
实训任务
以铁建重工系列盾构机为例，重点理解盾构机各系统本地控制模式与主控室模式间的控制关系，并能够正确切换控制模式，认知各系统本地控制面板并正确理解各面板控制说明。 1. 以小组为单位，完成任务分工； 2. 正确切换控制模式； 3. 根据任务要求完成本地控制模式与主控室模式的切换。
参考技术标准及教学资源
1.《全断面隧道掘进机操作1+X证书职业技能等级标准》； 2.《全断面隧道掘进机　土压平衡盾构机》GB/T 34651—2017； 3.《全断面隧道掘进机　术语和商业规格》GB/T 34354—2017； 4.《筑路工》国家职业技能标准 GZB 6-29-02-03-2019； 5. 地下与隧道工程技术专业国家级教学资源库——《盾构构造与操作维护》，网址：https：//www.icve.com.cn/portal/courseinfo?courseid=kbjaan2so5risusqewdfa 6. 对应相关教程及线上电子资源，网址： https：//www. icve. com. cn/portalproject/themes/default/5niravolzjbcipycmvzjkw/sta_page/index.html。
资讯阶段（获取信息）
1.熟悉各控制系统本地控制盒（见教材中图2-39~图2-45）。说明各控制系统本地控制盒面板各个按钮的功能。

2.如何进行本地控制模式与主控室模式的切换?

3.如何在"本地模式"下启动各控制系统?

任务实施单

任务分工

表9-1 小组任务分工表

班　级		组　别	
组　长		指导老师	
小组成员及任务分工			
姓名	学号	任务分工	

实训设备（工具）准备

表9-2 实训设备

实训设备类别	实训设备选择
土压平衡盾构机	
土压平衡盾构仿真操作平台	

表9-3 工具、耗材和器材清单

序号	名称	型号与规格	单位	数量	备注

任务实施及过程记录

1. 以小组为单位,对本次任务进行分析和分解,记录任务分解情况。

2. 通过钥匙开关控制各系统"本地控制模式"与"主控室控制模式"间的切换,记录操作方法及过程。

3. "本地模式"下启动各控制系统,记录操作过程。

4. "本地模式"下停止各控制系统,记录操作过程。

评价单

检查评估

1. 对盾构机各系统本地控制模式下的操作界面和控制说明等理论知识学习通过对应教程进行考核；
2. 对盾构本地控制模式切换及控制面板操作等实践操作考核，通过土压盾构仿真操作平台进行考核。

表9-4 本地控制考核评价表

评价项目	评价内容	评价标准	配分	得分
知识目标	主控室控制与本地控制模式相互关系	正确理解主控室控制与本地控制模式间的关系	5	
	本地控制界面及控制说明	正确掌握皮带输送机、螺旋输送机、刀盘等常用系统本地控制界面及控制说明	10	
技能目标	正确完成主控室控制与本地控制室模式切换	能够正确完成主控室控制与本地控制室模式切换	10	
	正确识别各系统本地控制盒面板控制说明	能够正确识别各系统本地控制盒面板并进行控制操作	70	
素质目标	分工协作、各有担当	具备设备分工协作、各有担当的责任意识	5	
		总评	100	

反思与改进

实训任务10　盾构机姿态控制

资讯单

实训目标
1. 能正确识读盾构机导向系统控制界面基本参数； 2. 能判断盾构机当前姿态是否需要实施纠偏； 3. 能按规范流程及标准对盾构机姿态进行调整并纠偏。
实训任务
某软弱地层，一台土压平衡盾构机由直线段进入缓和曲线段掘进，导向系统界面如教材中图3-1所示。其中，水平姿态，盾体前4mm，后-32mm，水平趋向8mm/m；垂直姿态，盾体前25mm，后5mm，垂直趋向4mm/m；盾体，偏航角83mm/m、仰俯角11mm/m、滚动角-2mm/m。请判断当前盾构姿态是否需要纠偏，说明如何纠偏，并在盾构机或虚拟仿真平台上完成盾构纠偏工作。 　　1. 根据实际情况，以小组为单位，完成任务分组及任务分工； 　　2. 识读盾构当前姿态参数，判断哪些需要纠偏； 　　3. 根据任务要求完成盾构纠偏； 　　4. 总结盾构姿态控制操作步骤。
参考技术标准及教学资源
1.《全断面隧道掘进机操作1+X证书职业技能等级标准》； 　　2.《全断面隧道掘进机　土压平衡盾构机》GB/T 34651—2017； 　　3.《全断面隧道掘进机　术语和商业规格》GB/T 34354—2017； 　　4.《筑路工》国家职业技能标准 GZB 6-29-02-03-2019； 　　5. 地下与隧道工程技术专业国家级教学资源库——《盾构构造与操作维护》，网址：https: //www.icve.com.cn/portal/courseinfo? courseid=kbjaan2so5risusqewdfa 　　6. 对应相关教程及线上电子资源，网址： https: //www. icve. com. cn/portalproject/themes/default/5niravolzjbcipycmvzjkw/sta_page/index.html。
资讯阶段（获取信息）
1. 熟悉盾构机导向系统控制界面，简述各姿态参数的含义及识读方法（如何根据姿态数据判断盾构机当前偏离设计轴线情况）（见教材中图3-1）。

2. 熟悉盾构机推进油缸分区布置（见教材中图3-9），简述油缸分区情况及区域油压控制方法。

3. 熟悉盾构机推进油缸控制界面（见教材中图3-10），简述姿态调节的基本方法。

4. 熟悉盾构机刀盘控制界面（见教材中图3-11），说明滚动角调节方法。

5. 盾构姿态控制有哪些标准，如何判断盾构机是否需要纠偏？

任务实施单

任务分工

表10-1 小组任务分工表

班 级		组 别	
组 长		指导老师	
小组成员及任务分工			
姓名	学号	任务分工	

实训设备（工具）准备

表10-2 实训设备

实训设备类别	实训设备选择
土压平衡盾构机	
土压平衡盾构仿真操作平台	

表10-3 工具、耗材和器材清单

序号	名称	型号与规格	单位	数量	备注

任务实施及过程记录

1. 以小组为单位，对本次任务进行分析和分解，记录任务分解情况。

2. 根据盾构机导向系统界面姿态信息，判断盾构当前姿态，并记录姿态判定方法及过程。

3. 根据盾构机姿态，确定纠偏方法，记录具体纠偏措施。

4. 按照标准操作流程，进行相应的操作，调整盾构机姿态，并记录操作流程。

5. 观察盾构机姿态调整情况，记录盾构机姿态调整原则。

评价单

检查评估

1. 对盾构机导向系统控制面板、姿态参数、姿态调节的原理、方法等理论知识进行考核；
2. 对盾构机姿态控制与调节等实践操作能力进行考核，通过土压盾构仿真操作平台进行；
3. 对作业的规范性、工作态度、合作精神等进行考核。

表10-4 水平、垂直姿态控制考核评价表

评价项目	评价内容	评价标准	配分	得分
知识目标	盾构姿态控制原理	正确理解盾构姿态控制原理	10	
	盾构姿态控制标准	熟悉盾构姿态控制标准	10	
	盾构姿态调节方法	熟悉盾构姿态调节方法	10	
	不同工况下盾构姿态控制	熟悉典型工况下盾构姿态控制操作要点	10	
技能目标	盾构姿态控制标准运用	能够正确判断盾构姿态是否需要纠偏	10	
	按仰俯角，垂直姿态指引	能够熟练完成盾构机高程姿态的纠偏调整	20	
	按偏航角，水平姿态指引	能够熟练完成盾构机水平姿态的纠偏调整	20	
素质目标	规范作业	水平、垂直姿态控制操作流程是否规范	5	
	科学分析	水平、垂直姿态控制操作流程是否科学合理	5	
		总评	100	

反思与改进

实训任务11　刀盘刀具维护与保养

资讯单

实训目标
1. 能够正确识别刀盘的构造； 2. 能够根据标准流程正确检查刀盘； 3. 能够根据任务进行刀盘维护。
实训任务
某区间盾构隧道长980m，地层为砂卵石地层，掘进完成后盾构机吊出后放置于基地，刀盘和刀具有一定的磨损，现准备对其进行检查维护。请根据设定情况完成如下操作。 1. 根据实际情况，以小组为单位，完成任务分组及任务分工； 2. 对刀盘检查磨损情况，检查耐磨条和耐磨格栅磨损情况； 3. 检查刀盘面板、各焊接部位有无裂纹产生； 4. 检查切刀数量和磨损情况； 5. 检查刀具磨损情况并及时进行维护。
参考技术标准及教学资源
1.《全断面隧道掘进机操作1+X证书职业技能等级标准》； 2.《全断面隧道掘进机　土压平衡盾构机》GB/T 34651—2017； 3.《全断面隧道掘进机　术语和商业规格》GB/T 34354—2017； 4.《筑路工》国家职业技能标准 GZB 6-29-02-03-2019； 5. 地下与隧道工程技术专业国家级教学资源库——《盾构构造与操作维护》，网址：https：//www.icve.com.cn/portal/courseinfo？courseid=kbjaan2so5risusqewdfa 6. 对应相关教程及线上电子资源，网址： https：//www. icve. com. cn/portalproject/themes/default/5niravolzjbcipycmvzjkw/sta_page/index.html。
资讯阶段（获取信息）
1. 简述盾构机刀盘刀具的保养要点。

2. 简述刀具损耗类型及更换标准。

3. 简述刀具维护与更换的步骤与注意事项。

任务实施单

任务分工

表11-1 小组任务分工表

班　级		组　别	
组　长		指导老师	
小组成员及任务分工			
姓名	学号	任务分工	

实训设备（工具）准备

表11-2 实训设备

实训设备类别	实训设备选择
土压平衡盾构机	
土压平衡盾构仿真操作平台	

表11-3 工具、耗材和器材清单

序号	名称	型号与规格	单位	数量	备注

任务实施及过程记录

1. 记录检查刀盘磨损情况，包括耐磨条和耐磨格栅。

2. 检查刀盘内搅拌棒的磨损情况，记录磨损量。

3. 检查刀具前，清洗刀具和刀座，测量刀具刀刃高度，并记录高度。

4. 根据磨损情况对刀盘和刀具进行正确维护，记录维护步骤。

5. 有一定磨损时，对刀具进行及时更换，记录更换步骤。

6. 总结该任务的注意事项。

评价单

检查评估

1. 对盾构机刀盘构造、刀具类型等理论知识学习通过对应教程进行考核；
2. 对刀盘检查维护保养等实践操作考核，通过土压盾构仿真操作平台进行考核。

表11-4 刀盘刀具的维护与保养考核评价表

评价项目	评价内容	评价标准	配分	得分
知识目标	刀盘检查要点	能否正确描述刀盘检查要点	5	
	刀具的保养要点	能够正确描述刀具的保养要点	20	
	刀具磨损检查内容	能否正确描述刀具磨损检查内容	15	
	刀圈的更换标准	能否正确描述刀圈的更换标准	10	
技能目标	刀盘维护与保养	能否正确进行刀盘检查操作	20	
	刀具检查与更换	能否按步骤正确操作刀具检查与更换	20	
素质目标	规范作业	刀盘检查按规范操作	5	
	科学分析	分析刀具磨损程度对掘进的影响	5	
总评			100	

反思与改进

实训任务12 主驱动维护与保养

资讯单

实训目标
1. 能够正确了解主驱动正常工作状态； 2. 能够对主轴承进行正确的保养工作； 3. 能够对减速器进行日常保养； 4. 能够对主驱动电机/液压马达进行正确的保养工作。
实训任务
主驱动系统可以看作是盾构机的心脏，因此在日常维护过程中，对盾构机主驱动的维护管理，制订完善的保养和维护计划是至关重要的。 1. 查看主驱动密封状态并进行保养维护； 2. 观察润滑油液位并进行保养维护； 3. 检查主轴承状态并进行保养维护； 4. 对减速器进行日常保养； 5. 对主驱动电机/液压马达进行日常保养。
参考技术标准及教学资源
1.《全断面隧道掘进机操作1+X证书职业技能等级标准》； 2.《全断面隧道掘进机　土压平衡盾构机》GB/T 34651—2017； 3.《全断面隧道掘进机　术语和商业规格》GB/T 34354—2017； 4.《筑路工》国家职业技能标准 GZB 6-29-02-03-2019； 5. 地下与隧道工程技术专业国家级教学资源库——《盾构构造与操作维护》，网址：https：//www.icve.com.cn/portal/courseinfo？courseid=kbjaan2so5risusqewdfa 6. 对应相关教程及线上电子资源，网址： https：//www.icve.com.cn/portalproject/themes/default/5niravolzjbcipycmvzjkw/sta_page/index.html。
资讯阶段（获取信息）
1. 简述主驱动正常工作的工作环境要求。

2. 简述主驱动各部件的相关保养工作内容。

3. 简述主驱动保养工作的实施方式和细节。

4. 简述主驱动保养记录的内容和意义。

任务实施单

任务分工

表12-1　小组任务分工表

班　级		组　别	
组　长		指导老师	
小组成员及任务分工			
姓名	学号		任务分工

实训设备（工具）准备

表12-2　实训设备

实训设备类别	实训设备选择
土压平衡盾构机	
土压平衡盾构仿真操作平台	

表12-3　工具、耗材和器材清单

序号	名称	型号与规格	单位	数量	备注

69

任务实施及过程记录

1. 查看沟槽状态,确认其对主驱动密封性影响情况并及时处理。

2. 观察润滑油液位、密封油脂流量和压力并记录。

3. 听主驱动是否有异响,摸电机温度,有无振动并记录。

4. 给主轴承内圈密封手动注润滑脂,每点每次3~5下,并检查内圈密封的工作情况。

5. 检查减速器油位、温度、温度开关并记录。

6. 检查电机/液压马达的工作温度和泄漏油温度、工作压力、传感器等并记录。

7. 总结该任务注意事项等。

评价单

检查评估

1. 对盾构机主驱动各部件保养工作内容等理论知识学习通过对应教程进行考核；
2. 对主驱动维护保养等实践操作考核，通过土压盾构仿真操作平台进行考核。

表12-4　主驱动保养考核评价表

评价项目	评价内容	评价标准	配分	得分
知识目标	主驱动主要部件描述	能否正确描述主驱动各个主要部件及功能	5	
	主驱动工作条件描述	能否正确描述主驱动正常工作的工作环境要求	5	
	主驱动各部件保养工作内容描述	能否正确描述主驱动各部件的相关保养工作内容	10	
	主驱动保养工作实施描述	能否正确描述主驱动保养工作的实施方式及细节	10	
	主驱动日常保养工作记录描述	能否正确描述主驱动保养记录的内容及意义	10	
技能目标	掌握主驱动保养工作的评价标准	能否正确说明主驱动保养工作的要求及评价标准	15	
	掌握主驱动保养范围及内容	能否正确说明主驱动各部件的保养要求和相关工作范围	15	
	掌握主驱动保养工作的实施方法	能否正确说明主驱动保养的具体实施方法	20	
素质目标	规范作业	主驱动保养相关工作是否全面，保养方法是否正确	5	
	科学分析	分析主驱动保养是否全面完成，讨论日常保养对主驱动运行的影响	5	
		总评	100	

反思与改进

实训任务13　渣土输送系统维护与保养

资讯单

实训目标
1. 能够根据操作流程对螺旋输送机进行日常的维护与保养； 2. 能够根据操作流程对皮带输送机进行日常的维护与保养。
实训任务
某区间隧道采用盾构法施工，土压平衡盾构机在淤泥质粉细砂地层中掘进，当盾构机掘进到1213环时，螺旋输送机出现异响并伴有较大震动现象，机驾人员立即停机并上报项目部，项目部技术人员初步判断为螺旋输送机的减速器故障。那么在使用土压平衡盾构机前，如何对渣土输送系统进行日常的检查及维护保养工作？ 　　1. 根据实际情况，以小组为单位，完成任务分组及任务分工； 　　2. 根据上述描述的问题，讨论在掘进的过程中渣土输送系统遇到的问题有哪些？ 　　3. 根据上述实训任务，检查螺旋输送机液压马达运行声音及温度是否正常？ 　　4. 检查螺旋输送机油位的颜色及油位是否正常？ 　　5. 总结渣土输送系统日常维护与保养的操作步骤。
参考技术标准及教学资源
1.《全断面隧道掘进机操作1+X证书职业技能等级标准》； 　　2.《全断面隧道掘进机　土压平衡盾构机》GB/T 34651—2017； 　　3.《全断面隧道掘进机　术语和商业规格》GB/T 34354—2017； 　　4.《筑路工》国家职业技能标准 GZB 6-29-02-03-2019； 　　5. 地下与隧道工程技术专业国家级教学资源库——《盾构构造与操作维护》，网址：https://www.icve.com.cn/portal/courseinfo?courseid=kbjaan2so5risusqewdfa 　　6. 对应相关教程及线上电子资源，网址： https://www.icve.com.cn/portalproject/themes/default/5niravolzjbcipycmvzjkw/sta_page/index.html。
资讯阶段（获取信息）
1. 简要说明螺旋输送机日常维护与保养主要包括哪几部分。

2. 简要说明皮带输送机日常维护与保养主要包括哪几部分。

任务实施单

任务分工

表13-1　小组任务分工表

班　级		组　别	
组　长		指导老师	
小组成员及任务分工			
姓名	学号	任务分工	

实训设备（工具）准备

表13-2　实训设备

实训设备类别	实训设备选择
土压平衡盾构机	
土压平衡盾构仿真操作平台	

表13-3　工具、耗材和器材清单

序号	名称	型号与规格	单位	数量	备注

任务实施及过程记录

1. 检查螺旋机轴运行情况（异响、振动、发热等），记录检查内容及检查结果。

2. 检查螺旋输送机液压马达运行情况（声音、温度等），记录检查内容及检查结果。

3. 检查螺旋输送机闸门紧急关闭功能及密封情况等，记录检查内容及检查结果。

4. 检查螺旋输送机各处螺栓连接是否正常，记录检查结果。

5. 检查皮带输送机的主动轮、被动轮、压轮、刮泥板积土及加注黄油的情况，记录检查结果。

6. 检查皮带主动轮橡胶刮泥板的松紧程度、皮带跑偏情况，记录检查结果。

7. 总结该任务注意事项。

评价单

检查评估

1. 螺旋输送机操作面板和皮带输送机操作面板是否掌握;
2. 渣土输送系统维护保养内容理解是否正确,作业流程是否规范,掌握是否熟练,操作结果是否达标。

表13-4 渣土输送系统维护保养考核评价表

评价项目	评价内容	评价标准	配分	得分
知识目标	渣土输送系统的组成及功能	能否正确描述渣土输送系统的组成及功能	10	
	螺旋输送机日常维护保养	能否正确描述螺旋输送机日常保养项目	20	
	皮带输送机日常维护保养	能否正确描述皮带输送机日常维护保养	20	
技能目标	螺旋输送机的检查	能否正确进行螺旋输送机的操作检查	20	
	皮带输送机的检查	能否正确进行皮带输送机的操作检查	20	
素质目标	规范作业	渣土输送系统维护与保养操作步骤是否规范	5	
	科学分析	渣土输送系统维护与保养操作步骤是否科学合理	5	
总评			100	

反思与改进

实训任务14　推进系统维护与保养

资讯单

实训目标
1. 能够根据标准流程对推进系统进行使用前检查； 2. 能够根据标准流程对推进系统进行日常的维护与保养。
实训任务
某区间隧道采用盾构法施工，为保证盾构推进系统设备处于良好技术状态，减少故障停机，确保正常生产。贯彻"养修并重，预防为主"的原则，需对盾构推进设备进行维护保养。 　1. 根据实际情况，以小组为单位，完成任务分组及任务分工； 　2. 及时清理盾壳内的污泥和砂浆，防止长时间污染油缸杠杆； 　3. 检查推进油缸靴板与管片的接触情况； 　4. 检查铰接密封情况和铰接油脂密封系统的工作情况； 　5. 总结推进系统日常维护与保养的操作步骤。
参考技术标准及教学资源
1.《全断面隧道掘进机操作1+X证书职业技能等级标准》； 　2.《全断面隧道掘进机　土压平衡盾构机》GB/T 34651—2017； 　3.《全断面隧道掘进机　术语和商业规格》GB/T 34354—2017； 　4.《筑路工》国家职业技能标准 GZB 6-29-02-03-2019； 　5. 地下与隧道工程技术专业国家级教学资源库——《盾构构造与操作维护》，网址：https：//www.icve.com.cn/portal/courseinfo?courseid=kbjaan2so5risusqewdfa 　6. 对应相关教程及线上电子资源，网址： https：//www.icve.com.cn/portalproject/themes/default/5niravolzjbcipycmvzjkw/sta_page/index.html。
资讯阶段（获取信息）
1. 简述推进系统的维护与保养内容。

2. 简述推进油缸的维护及保养过程。

3. 简述铰接油缸及铰接密封的维护及保养过程。

任务实施单

任务分工

表14-1　小组任务分工表

班　级		组　别	
组　长		指导老师	
小组成员及任务分工			
姓名	学号	任务分工	

实训设备（工具）准备

表14-2　实训设备

实训设备类别	实训设备选择
土压平衡盾构机	
土压平衡盾构仿真操作平台	

表14-3　工具、耗材和器材清单

序号	名称	型号与规格	单位	数量	备注

任务实施及过程记录

1. 根据任务布置，明确推进系统日常的维护与保养任务，并简要记录。

2. 检查盾壳内的脏污情况，并按要求进行清理，记录作业内容及过程。

3. 检查推进油缸靴板与管片的接触情况，进行必要的维护与保养，记录过程。

4. 检查铰接密封及铰接油缸情况，进行必要的保养，记录操作过程。

5. 总结任务实施的注意事项。

评价单

检查评估

1. 推进系统操作面板是否掌握；
2. 推进系统维护保养内容理解是否正确，作业流程是否规范，掌握是否熟练，操作结果是否达标。

表14-4 推进系统维护保养考核评价表

评价项目	评价内容	评价标准	配分	得分
知识目标	推进系统保养项目描述	能否正确描述推进系统保养项目	10	
	铰接系统保养项目描述	能否正确描述铰接系统保养项目	10	
	推进系统正常工作的条件的描述	能否正确描述推进系统正常工作的条件	10	
技能目标	推进系统检查操作	能否正确进行推进系统检查操作	10	
	推进油缸、铰接油缸的保养	能否按步骤对推进油缸、铰接油缸进行保养	20	
	铰接密封的保养	能否按步骤对推进铰接密封进行保养	20	
素质目标	规范作业	推进系统维护保养操作流程是否规范	10	
	预防意识	具备一定的预防意识	10	
总评			100	

反思与改进

实训任务15　流体系统维护与保养

资讯单

实训目标
1. 能够正确进行水循环系统使用时检查与操作； 2. 能够正确进行压缩空气系统使用时检查与操作； 3. 能够正确进行自动保压使用时检查与操作。
实训任务
某区间隧道采用盾构法施工，掘进至134环时出现噪声大、速度慢等现象，经分析故障原因，认为是盾构流体系统故障，导致无法正常掘进。于是，决定停机开展流体系统的检查或维修。在日常使用中，如何对盾构机中的流体系统进行维护与保养呢？ 1. 根据实际情况，以小组为单位，完成任务分组及任务分工； 2. 检查水循环系统； 3. 检查压缩空气系统； 4. 总结实训任务的操作步骤。
参考技术标准及教学资源
1.《全断面隧道掘进机操作1+X证书职业技能等级标准》； 　　2.《全断面隧道掘进机　土压平衡盾构机》GB/T 34651—2017； 　　3.《全断面隧道掘进机　术语和商业规格》GB/T 34354—2017； 　　4.《筑路工》国家职业技能标准 GZB 6-29-02-03-2019； 　　5. 地下与隧道工程技术专业国家级教学资源库——《盾构构造与操作维护》，网址：https：//www.icve.com.cn/portal/courseinfo？courseid=kbjaan2so5risusqewdfa 　　6. 对应相关教程及线上电子资源，网址： https：//www.icve.com.cn/portalproject/themes/default/5niravolzjbcipycmvzjkw/sta_page/index.html。
资讯阶段（获取信息）
1. 简要说明流体系统维护与保养的组成。

2. 简要说明流体系统检查与操作的要点。

3. 简述检查流体系统过程中的注意事项。

任务实施单

任务分工

表15-1　小组任务分工表

班　级		组　别	
组　长		指导老师	
小组成员及任务分工			
姓名	学号		任务分工

实训设备（工具）准备

表15-2　实训设备

实训设备类别	实训设备选择
土压平衡盾构机	
土压平衡盾构仿真操作平台	

表15-3　工具、耗材和器材清单

序号	名称	型号与规格	单位	数量	备注

任务实施及过程记录

    1. 参照水循环系统原理图，认识水循环系统组成，解决出现的问题，并记录全过程。

    2. 参照压缩空气系统原理图，认识压缩空气系统组成，解决出现的问题，并记录全过程。

    3. 参照自动保压系统原理图，认识自动保压系统组成，解决出现的问题，并记录全过程。

    4. 总结任务实施的注意事项。

评价单

检查评估
1. 对盾构机刀盘控制面板识别、启动等理论知识学习通过对应教程进行考核； 2. 对盾构机上位机系统重装、传感器维保、油浸式变压器检修等实践操作考核，通过土压盾构仿真操作平台进行考核。

表15-4 流体系统维护保养考核评价表

评价项目	评价内容	评价标准	配分	得分
知识目标	水循环系统操作流程与注意事项	能否正确描述水循环系统操作流程与注意事项	5	
	压缩空气系统的操作流程与注意事项	能否正确描述压缩空气的操作流程与注意事项	5	
	集中润滑系统的操作流程与注意事项	能否正确描述集中润滑系统的操作流程与注意事项	5	
	HBW密封系统的操作流程与注意事项	能否正确描述HBW密封系统的操作流程与注意事项	5	
	盾尾油脂密封系统的操作流程与注意事项	能否正确描述盾尾油脂密封系统的操作流程与注意事项	5	
	主驱动润滑系统的操作流程与注意事项	能否正确描述主驱动润滑系统的操作流程与注意事项	5	
	渣土改良系统的操作流程与注意事项	能否正确描述渣土改良系统的操作流程与注意事项	5	
	自动保压系统的操作流程与注意事项	能否正确描述自动保压系统的操作流程与注意事项	5	
	同步注浆系统的操作流程与注意事项	能否正确描述同步注浆系统的操作流程与注意事项	5	
技能目标	水循环系统使用时检查与操作	能否按步骤正确操作水循环系统试验	5	
	压缩空气系统使用时检查与操作	能否按步骤正确操作压缩空气系统试验	5	
	集中润滑系统使用时检查与操作	能否按步骤正确操作集中润滑系统试验	5	
	HBW密封系统使用时检查与操作	能否按步骤正确操作HBW密封系统试验	5	
	盾尾油脂密封系统使用时检查与操作	能否按步骤正确操作盾尾油脂密封系统试验	5	
	主驱动润滑系统使用时检查与操作	能否按步骤正确操作主驱动润滑系统试验	5	
	渣土改良系统使用时检查与操作	能否按步骤正确操作渣土改良系统试验	5	
	自动保压使用时检查与操作	能否按步骤正确操作自动保压试验	5	
	同步注浆系统使用时检查与操作	能否按步骤正确操作同步注浆系统试验	5	
素质目标	规范作业	水循环系统、压缩空气系统、集中润滑系统、HBW密封系统、盾尾油脂密封、主驱动润滑系统、渣土改良系统、自动保压系统、同步注浆系统操作流程是否规范	5	
	科学分析	分析该如何对盾构机中的流体系统进行维护与保养	5	
总评			100	

反思与改进

实训任务16 注浆系统维护与保养

资讯单

实训目标
1. 能够识别注浆系统控制面板各按钮和显示所表达的含义； 2. 能够依据标准流程正确检查和清理砂浆罐内情况； 3. 能够正确检查注浆系统管路是否完好； 4. 能够正确对注浆泵进行日常的维护保养。
实训任务
某一台采用同时掘进同时注浆技术的土压平衡盾构机当前正处于停机状态，对其注浆系统开展标准的日常维护保养。 1. 正确认识注浆系统的控制操作面板，并对控制箱进行日常维护； 2. 启动注浆系统，在不注浆的情况下完成对砂浆罐的清理和养护； 3. 启动注浆系统，在不注浆的情况下完成对注浆泵以及注浆管路的清理与养护。
参考技术标准及教学资源
1.《全断面隧道掘进机操作1+X证书职业技能等级标准》； 2.《全断面隧道掘进机　土压平衡盾构机》GB/T 34651—2017； 3.《全断面隧道掘进机　术语和商业规格》GB/T 34354—2017； 4.《筑路工》国家职业技能标准 GZB 6-29-02-03-2019； 5. 地下与隧道工程技术专业国家级教学资源库——《盾构构造与操作维护》，网址：https：//www.icve.com.cn/portal/courseinfo? courseid=kbjaan2so5risusqewdfa 6. 对应相关教程及线上电子资源，网址： https：//www. icve. com. cn/portalproject/themes/default/5niravolzjbcipycmvzjkw/sta_page/index.html。
资讯阶段（获取信息）
1. 简述注浆系统的组成及工作原理。

2. 简述注浆系统控制面板各个按钮的功能。

3. 简述不同情况下砂浆罐的维保要点。

4. 简述不同情况下注浆泵与注浆管路的维保要点。

任务实施单

任务分工

表16-1 小组任务分工表

班　　级		组　　别	
组　　长		指导老师	
小组成员及任务分工			
姓名	学号	任务分工	

实训设备（工具）准备

表16-2 实训设备

实训设备类别	实训设备选择
土压平衡盾构机	
土压平衡盾构仿真操作平台	

表16-3 工具、耗材和器材清单

序号	名称	型号与规格	单位	数量	备注

任务实施及过程记录

　　1. 正确认识注浆系统的组成，熟悉控制操作面板各按钮及显示含义，并对控制箱内部开展相关的日常维护工作，并记录全过程。

　　2. 启动注浆系统，在不注浆的情况下连接清水管从砂浆罐上方对砂浆罐的进行清理，同时对砂浆罐搅拌轴进行注脂养护，并记录全过程。

　　3. 巡视管路各阀门是否完好，在不注浆的情况下打开砂浆罐尾部的清水控制阀，启动注浆系统，实现对注浆泵以及注浆管路的自动清理，并记录全过程。

　　4. 总结实施任务的注意事项。

评价单

检查评估

1. 对注浆系统的组成、原理、主要技术参数以及注浆控制面板识别等理论知识的考核；
2. 对注浆系统的日常维护等实践操作考核，通过土压盾构仿真操作平台进行考核。

表16-4 注浆系统维护与保养考核评价表

评价项目	评价内容	评价标准	配分	得分
知识目标	同步注浆的概念理解	能否正确理解同步注浆的概念	5	
	同步注浆系统的结构和作用理解	能否正确描述同步注浆系统的结构和作用	10	
	同步注浆系统的工作原理理解	能否正确描述注浆系统的工作原理	10	
	同步注浆系统的主要技术参数理解	能否正确理解注浆系统的主要技术参数的作用	5	
技能目标	注浆系统控制面板识别	能否识别注浆系统控制面板及相应控制元件功能并进行维护	20	
	砂浆罐维护操作	能否正确地对砂浆罐进行日常维护操作	10	
	管路维护操作	能否正确地对管路进行日常维护操作	10	
	注浆泵维护操作	能否正确地对注浆泵进行日常维护操作	20	
素质目标	规范作业	对注浆系统的维保操作流程是否规范	5	
	科学分析	分析注浆泵和砂浆罐的磨损情况是否科学合理	5	
总评			100	

反思与改进

实训任务17 密封系统维护与保养

资讯单

实训目标	1.能够根据规范流程进行主轴承密封维护与保养操作； 2.能够根据规范流程进行铰接密封维护与保养操作； 3.能够根据规范流程进行盾尾密封维护与保养操作。
实训任务	盾构机主驱动中注入油脂不均匀会导致密封过度磨损，在注入量及注入压力异常的情况下若继续开展掘进工作，会损坏主驱动以及主驱动密封。以土压平衡盾构（或仿真操作平台）为例，在正式掘进前完成对密封系统的检查、电磁气动阀的检查与维护。 1.检查主驱动密封的油脂压力，完成对主轴承密封的巡视与养护； 2.检查铰接密封的漏气漏浆情况，并对铰接密封进行日常保养； 3.通过在PLC系统控制面板监控盾尾密封压力情况，重点检查气动阀是否有异响以及油脂泵是否存在泄漏现象。
参考技术标准及教学资源	1.《全断面隧道掘进机操作1+X证书职业技能等级标准》； 2.《全断面隧道掘进机　土压平衡盾构机》GB/T 34651—2017； 3.《全断面隧道掘进机　术语和商业规格》GB/T 34354—2017； 4.《筑路工》国家职业技能标准 GZB 6-29-02-03-2019； 5.地下与隧道工程技术专业国家级教学资源库——《盾构构造与操作维护》，网址：https：//www.icve.com.cn/portal/courseinfo？courseid=kbjaan2so5risusqewdfa 6.对应相关教程及线上电子资源，网址：https：//www.icve.com.cn/portalproject/themes/default/5niravolzjbcipycmvzjkw/sta_page/index.html。
资讯阶段（获取信息）	1.简述密封系统的组成及保养规范。

2.简述主轴承密封维护与保养规范。

3.简述铰接密封维护与保养规范。

4.简述盾尾密封维护与保养规范。

任务实施单

任务分工

表17-1 小组任务分工表

班　级		组　别	
组　长		指导老师	
小组成员及任务分工			
姓名	学号	任务分工	

实训设备（工具）准备

表17-2 实训设备

实训设备类别	实训设备选择
土压平衡盾构机	
土压平衡盾构仿真操作平台	

表17-3 工具、耗材和器材清单

序号	名称	型号与规格	单位	数量	备注

任务实施及过程记录

  1. 正确认识密封系统的三大组成部分：主轴承密封、铰接密封和盾尾密封，了解各密封的子系统的作用，并总结记录。

  2. 巡视主轴承密封的油脂分配马达以及外圈润滑脂注入情况，并每天给主轴承内圈密封手动注润滑脂，注入量为0.5L/点，并记录。

  3. 检查铰接密封压力是否正常，并注意在推动过程中随时关注报警情况，并总结记录。

  4. 检查盾尾密封情况，同时检查气动球阀、管路及泵有无泄漏情况，并总结记录。

  5. 检查电磁气动阀的密封情况和异响情况，并进行注脂养护，并总结记录。

  6. 总结任务实施的注意事项。

评价单

检查评估

1. 对密封系统维保等理论知识学习通过对应教程进行考核；
2. 对密封系统维保等实践操作考核，通过土压盾构仿真操作平台进行考核。

表17-4 密封系统维护与保养考核评价表

评价项目	评价内容	评价标准	配分	得分
知识目标	主轴承密封维护与保养项目描述	能否正确描述主轴承密封维护与保养项目	10	
	铰接密封维护与保养项目描述	能否正确描述铰接密封维护与保养项目	10	
	盾尾密封维护与保养项目描述	能否正确描述盾尾密封维护与保养项目	10	
技能目标	密封系统检查操作	能否正确进行密封系统检查操作	30	
	电磁气动阀检查操作	能否正确进行电磁气动阀检查操作	30	
素质目标	规范作业	密封系统维护与保养操作流程是否规范	5	
	科学分析	分析密封系统的维护与保养是否科学合理	5	
总评			100	

反思与改进

实训任务18　管片拼装系统维护与保养

资讯单

实训目标
1. 了解管片拼装系统的维护与保养项目和内容； 2. 能够正确、规范对管片拼装系统进行维护和保养； 3. 能够清楚管片拼装系统维护保养实施细节和注意事项。
实训任务
某一台土压平衡盾构机当前正处于停机状态，应当对管片拼装系统采用怎样的维护保养措施？ 1. 明确管片拼装系统日常维护保养步骤及方法； 2. 检查管片输送小车限位开关功能的状态； 3. 检查管片拼装机各个部件是否正常； 4. 检查管片吊机各个部件是否正常。
参考技术标准及教学资源
1.《全断面隧道掘进机操作1+X证书职业技能等级标准》； 2.《全断面隧道掘进机　土压平衡盾构机》GB/T 34651—2017； 3.《全断面隧道掘进机　术语和商业规格》GB/T 34354—2017； 4.《筑路工》国家职业技能标准 GZB 6-29-02-03-2019； 5. 地下与隧道工程技术专业国家级教学资源库——《盾构构造与操作维护》，网址：https：//www.icve.com.cn/portal/courseinfo? courseid=kbjaan2so5risusqewdfa 6. 对应相关教程及线上电子资源，网址： https：//www. icve. com. cn/portalproject/themes/default/5niravolzjbcipycmvzjkw/sta_page/index.html。
资讯阶段（获取信息）
1. 简述管片拼装系统的维护保养内容。

2. 搜集并记录管片拼装系统的故障排查内容。

3. 搜集并记录管片拼装系统的日、周、月及停机保养的内容及步骤。

任务实施单

任务分工

表18-1 小组任务分工表

班　级		组　别	
组　长		指导老师	
小组成员及任务分工			
姓名	学号	任务分工	

实训设备（工具）准备

表18-2 实训设备

实训设备类别	实训设备选择
土压平衡盾构机	
土压平衡盾构仿真操作平台	

表18-3 工具、耗材和器材清单

序号	名称	型号与规格	单位	数量	备注

任务实施及过程记录

　　1. 检查管片拼装机操作箱框体及按钮开关有无外观损伤，拼装机声光报警、行走接近开关是否正常工作，并记录全过程。

　　2. 检查管片拼装机的抓取机构的微动油缸和功能动作是否正常，扣头螺钉、吊装螺栓是否破裂或损坏，并记录全过程。

　　3. 检查管片拼装机的导引装置移动部件污染、接头、软管（擦伤痕）、撑脚板、行走装置、连接、拖链、润滑点。如果需要，进行清洁，并记录全过程。

　　4. 检查管片吊机的行走及上下限位、卷盘电缆是否正常，行走电机声音是否异常，防护是否良好，并记录全过程。

　　5. 检查管片吊机行走机构的大小齿轮啮合是否正常，并记录全过程。

评价单

检查评估
1. 对盾构机管片拼装系统维护保养等理论知识学习通过对应教程进行考核； 2. 对盾构机管片拼装系统维护保养等实践操作考核； 3. 对盾构机管片拼装系统维护保养过程中的规范性及科学性进行考核。

表18-4 管片拼装系统维护保养及使用前加减压试验操作考核评价表

评价项目	评价内容	评价标准	配分	得分
知识目标	管片拼装系统运行时保养项目描述	能否正确描述管片拼装系统运行时保养项目	10	
	管片拼装系统日保养检查项目描述	能否正确描述管片拼装系统日保养检查项目	10	
	管片拼装系统周保养检查项目描述	能否正确描述管片拼装系统周保养检查项目	10	
	管片拼装系统月保养检查项目描述	能否正确描述管片拼装系统月保养检查项目	5	
	管片拼装系统停机维保检查项目描述	能否正确描述管片拼装系统停机维保检查项目	5	
技能目标	管片拼装系统运行时维保操作	能否按步骤正确对管片拼装系统进行运行时维保	10	
	管片拼装系统日维保操作	能否按步骤正确对管片拼装系统进行日维保	10	
	管片拼装系统周维保操作	能否按步骤正确对管片拼装系统进行周维保	10	
	管片拼装系统月维保操作	能否按步骤正确对管片拼装系统进行月维保	5	
	管片拼装系统停机维保操作	能否按步骤正确对管片拼装系统进行停机维保	5	
	规范作业	管片拼装系统维保操作流程是否规范	10	
素质目标	科学分析	分析管片拼装系统静置原因，根据问题采取措施是否科学合理	10	
		总评	100	

反思与改进

实训任务19　电气控制系统维修与保养

资讯单

实训目标
1. 能够清楚PLC控制系统维护保养内容； 2. 能够对传感器进行正确维护保养； 3. 能够对供电系统的各部分进行正确的维护保养。
实训任务
某一台土压平衡盾构机因设备维修需要对PLC控制系统、传感系统以及供电系统各个部位进行正确的维护保养。 1. 根据实际情况，以小组为单位，完成任务分组及任务分工； 2. 对PLC控制系统进行日常检查并维护； 3. 对传感系统的各个传感器进行日常检查并维护； 4. 对供电系统的各部分进行日常检查并维护； 5. 总结实训任务的操作步骤。
参考技术标准及教学资源
1.《全断面隧道掘进机操作1+X证书职业技能等级标准》； 2.《全断面隧道掘进机　土压平衡盾构机》GB/T 34651—2017； 3.《全断面隧道掘进机　术语和商业规格》GB/T 34354—2017； 4.《筑路工》国家职业技能标准　GZB 6-29-02-03-2019； 5. 地下与隧道工程技术专业国家级教学资源库——《盾构构造与操作维护》，网址：https：//www.icve.com.cn/portal/courseinfo？courseid=kbjaan2so5risusqewdfa 6. 对应相关教程及线上电子资源，网址： https：//www.icve.com.cn/portalproject/themes/default/5niravolzjbcipycmvzjkw/sta_page/index.html。
资讯阶段（获取信息）
1. 熟悉盾构机电气控制系统的组成。

2. 说明PLC控制系统维护保养的要点。

3. 简述检测单元中传感器分类作用和维保要点。

4. 简述盾构机供电系统各个电气设备及其维保要点。

任务实施单

任务分工

表19-1　小组任务分工表

班　级		组　别	
组　长		指导老师	
小组成员及任务分工			
姓名	学号	任务分工	

实训设备（工具）准备

表19-2　实训设备

实训设备类别	实训设备选择
土压平衡盾构机	
土压平衡盾构仿真操作平台	

表19-3　工具、耗材和器材清单

序号	名称	型号与规格	单位	数量	备注

任务实施及过程记录

  1. 检查PLC插板、连线、通信插口连接是否松动，记录检查过程及结果。

  2. 清洁PLC及控制柜，记录操作过程。

  3. 检查面板内接线的安装状况，必要时进行紧固，检查按钮、旋钮、LED灯的状态，并记录。

  4. 检查各种传感器的接线情况，如有必要紧固接线、插头、插座，并记录。

  5. 检查高压电缆是否破损，如有破损要及时处理，并记录。

  6. 检查电缆卷筒变速箱齿轮油油位，及时加注齿轮油，并记录。

  7. 检查配电柜电压和电流指示是否正常，检查电容补偿控制器工作是否正常等，并记录。

评价单

检查评估

1. 对盾构机电气系统等理论知识学习通过对应教程进行考核；
2. 对盾构机 PLC 线路模块、上位机系统和控制面板、传感器系统、供电系统的维护保养等实践操作考核，通过土压盾构仿真操作平台进行考核。

表19-4　电气控制系统维护保养考核评价表

评价项目	评价内容	评价标准	配分	得分
知识目标	PLC控制系统认知与识别	能否正确识别PLC控制系统单各单元及其相关维护保养知识	15	
	传感器系统认知	能否正确识别盾构机上不同类型传感器及相关维护保养知识	15	
	高压供电系统的认识	能否正确识别高压供电系统的各个单元及相关维护保养知识	10	
	低压配电系统的认知	能否正确识别低压配电系统的各个单元及相关维护保养知识	10	
技能目标	传感器的维护与保养	能否合理对传感器进行维护保养	20	
	油浸式变压器的维护与保养	能否正确对油浸式变压器进行维护保养	20	
素质目标	规范作业	电气控制系统各个单元的维护保养操作流程是否规范	5	
	科学分析	分析上位机显示指标是否正确、各类电气设备是否正常运行	5	
总评			100	

反思与改进

实训任务20　导向系统维护与保养

资讯单

实训目标
1.能够根据规范流程对激光靶进行维护与保养操作； 2.能够根据规范流程对全站仪进行维护与保养操作。

实训任务
某区间隧道采用盾构法施工，以盾构机采用力信RMS-D激光靶导向系统为例，在导向系统使用前开展日常系统检查和维护。 　　1.检查激光靶镜片是否清洁且干燥，同时检查激光靶支架的稳定性及激光靶螺栓的紧固性； 　　2.检查全站仪及其配件是否清洁且干燥，以及自动马达是否正常工作、全站仪是否平整、全站仪吊篮和后视棱镜吊篮位置是否正确； 　　3.检查全站仪和激光靶的通视空间； 　　4.核查后视和测站点的坐标； 　　5.检核RMS-D导向系统姿态； 　　6.核实数据是否备份，定期将测量系统数据库备份至U盘或者移动硬盘。

参考技术标准及教学资源
1.《全断面隧道掘进机操作1+X证书职业技能等级标准》； 　　2.《全断面隧道掘进机　土压平衡盾构机》GB/T 34651—2017； 　　3.《全断面隧道掘进机　术语和商业规格》GB/T 34354—2017； 　　4.《筑路工》国家职业技能标准 GZB 6-29-02-03-2019； 　　5.地下与隧道工程技术专业国家级教学资源库——《盾构构造与操作维护》，网址：https：//www.icve.com.cn/portal/courseinfo? courseid=kbjaan2so5risusqewdfa 　　6.对应相关教程及线上电子资源，网址： https：//www. icve. com. cn/portalproject/themes/default/5niravolzjbcipycmvzjkw/sta_page/index.html。

资讯阶段（获取信息）
1.了解并记录导向系统的组成，明确导向系统的检查内容：棱镜、吊篮、全站仪、控制盒及通信线缆等，并依次记录。

2.学习并记录激光靶镜片的维保规范。

3.学习并记录全站仪的维保规范。

任务实施单

任务分工

表20-1　小组任务分工表

班　级		组　别	
组　长		指导老师	
小组成员及任务分工			
姓名	学号	任务分工	

实训设备（工具）准备

表20-2　实训设备

实训设备类别	实训设备选择
土压平衡盾构机	
土压平衡盾构仿真操作平台	

表20-3　工具、耗材和器材清单

序号	名称	型号与规格	单位	数量	备注

任务实施及过程记录

  1. 检查激光靶镜片是否有泥浆或者水珠，激光靶支架的稳定性及激光靶螺栓的紧固性，并记录。

  2. 检查全站仪及其配件是否清洁与干燥，自动马达是否正常工作、全站仪是否平整，气泡是否居中，若超出范围应立即整平并重新设站定向、检查全站仪吊篮和后视棱镜吊篮是否会被撞到、定期检核全站仪的补偿器，并记录过程。

  3. 检查全站仪和激光靶的通视空间，如果测量通视空间较小时，则需及时移站，并记录过程。

  4. 核查后视和测站点的坐标，通过控制测量检查后视和测站点的坐标，并记录过程。

  5. 检核RMS-D导向系统姿态，通过固定在盾构机上的特征点来检核RMS-D导向系统姿态，并记录过程。

  6. 核实数据是否备份，定期将测量系统数据库备份至U盘或者移动硬盘，并记录过程。

  7. 总结任务实施的注意事项。

评价单

检查评估

1. 对盾构机导向系统等理论知识学习通过对应教程进行考核；
2. 对盾构机导向系统维保等实践操作考核，通过土压盾构仿真操作平台进行考核。

表20-4 导向系统维护保养考核评价表

评价项目	评价内容	评价标准	配分	得分
知识目标	导向系统维护与保养的内容描述	能否正确描述导向系统维护与保养内容	5	
	导向系统常见的报警信息内容描述	能否正确描述导向系统常见的报警信息内容	5	
	导向系统常见的报警信息处理方法描述	能否正确描述导向系统常见的报警信息的处理方法	5	
技能目标	检查激光靶操作	能否正确进行激光靶使用前检查操作	10	
	检查全站仪	能否正确进行全站仪使用前检查操作	20	
	检查全站仪和激光靶的通视空间	能否正确进行通视空间检查和处理通视不良操作	5	
	核查后视和测站点的坐标	能否正确进行核查后视和测站点的坐标操作	5	
	检核RMS-D导向系统姿态	能否正确进行RMS-D导向系统姿态的检核操作	10	
	核实数据是否备份	能否正确进行数据备份的核实	5	
	处理报警问题	能否根据任意给出的报警信息进行相应的处理操作	20	
素质目标	规范作业	检查和检核的操作是否规范	5	
	科学分析	能够冷静分析处理报警问题	5	
总评			100	

反思与改进

实训任务21　刀盘驱动系统常见故障分析与排除

资讯单

实训目标
1. 能够依据盾构机操作说明书，熟练找到刀盘驱动系统电控旋钮的位置； 2. 能够依据盾构机操作说明书，熟练找到刀盘驱动系统上位机各界面，熟练操作刀盘驱动系统的启动、停止及参数修改； 3. 能够按常规流程对故障做出正确分析与处理； 4. 能够正确地识别上位机、电气元件或液压元件等常见故障类型。
实训任务
某盾构机在上软下硬地层中进行盾构施工的过程中，刀盘在启动时经常会遇到如下情形，请结合教材，分析具体故障原因（不考虑地层影响，只考虑设备故障）。 1. 根据实际情况，以小组为单位，完成任务分组及任务分工； 2. 盾构司机在启动过程中，刀盘不能正常的正反转； 3. 盾构刀盘启动后，转速控制发生异常； 4. 从主驱动观察孔观察到外密封跑道有泥沙，请紧急处理。
参考技术标准及教学资源
1.《全断面隧道掘进机操作1+X证书职业技能等级标准》； 2.《全断面隧道掘进机　土压平衡盾构机》GB/T 34651—2017； 3.《全断面隧道掘进机　术语和商业规格》GB/T 34354—2017； 4.《筑路工》国家职业技能标准 GZB 6-29-02-03-2019； 5. 地下与隧道工程技术专业国家级教学资源库——《盾构构造与操作维护》，网址：https://www.icve.com.cn/portal/courseinfo? courseid=kbjaan2so5risusqewdfa 6. 对应相关教程及线上电子资源，网址： https://www.icve.com.cn/portalproject/themes/default/5niravolzjbcipycmvzjkw/sta_page/index.html。
资讯阶段（获取信息）
1. 熟悉主控室刀盘控制区（见教材中图5-1、图5-2）。说明刀盘控制面板各个按钮的功能。

2. 简述刀盘启动条件。

3. 刀盘的转向及转速如何设置?

4. 如何判断刀盘轴承密封失效?

任务实施单

任务分工

表 21-1　小组任务分工表

班　级		组　别	
组　长		指导老师	
小组成员及任务分工			
姓名	学号	任务分工	

实训设备（工具）准备

表 21-2　实训设备

实训设备类别	实训设备选择
土压平衡盾构机	
土压平衡盾构仿真操作平台	

表 21-3　工具、耗材和器材清单

序号	名称	型号与规格	单位	数量	备注

任务实施及过程记录
子任务1　盾构司机在启动过程中，刀盘不能正常的正反转
1. 对照任务中描述的故障现象，确定故障原因。 　　2. 故障排查的步骤。 　　3. 故障排查中遇到的问题及解决办法。
子任务2　盾构刀盘启动后，转速控制发生异常
1. 对照任务中描述的故障现象，确定故障原因。 　　2. 故障排查的步骤。 　　3. 故障排查中遇到的问题及解决办法。
子任务3　从主驱动观察孔观察到外密封跑道有泥沙
1. 对照任务中描述的故障现象，确定故障原因。 　　2. 故障排查的步骤。 　　3. 故障排查中遇到的问题及解决办法。

故障记录表

设备故障记录表			
设备编号：		时　　间：	
记　录　人：		故障处理确认：	
故障描述	故障部位： 故障现象：		
故障分析			
处理与效果			

评价单

检查评估

对盾构机刀盘驱动系统故障分析与排除方法的作业流程进行考核。

表21-4 刀盘驱动系统常见故障分析与排除方法考核评价表

评价项目	评价内容	评价标准	配分	得分
知识目标	刀盘驱动系统机械结构	正确识别刀盘驱动各组成部件和部件功能	5	
知识目标	刀盘驱动系统电气控制原理	正确描述刀盘驱动系统电气控的基本原理，主要电气元件	15	
知识目标	刀盘驱动密封系统工作原理	正确描述刀盘驱动密封系统的工作原理	10	
技能目标	刀盘驱动系统上位机各界面查看	能否正确查找刀盘驱动系统各上位机界面，查询故障与报警信息，待故障排除后，在上位机界面消除故障与报警，恢复刀盘驱动正常工作	10	
技能目标	刀盘不旋转(不顺畅)故障分析与处理	能否按照故障现象进行故障分析与处理	20	
技能目标	刀盘转速异常故障分析与处理	能否按照故障现象进行故障分析与处理	20	
技能目标	刀盘驱动密封失效故障识别及紧急处理	能否按照故障现象进行故障分析与处理	10	
素质目标	规范作业	故障分析与处理操作流程是否规范	5	
素质目标	科学分析	故障分析与处理过程是否科学合理	5	
		总评	100	

反思与改进

实训任务22　螺旋输送系统常见故障分析与排除

资讯单

实训目标
1. 能够依据盾构机操作说明书，熟练找到螺旋输送系统电控旋钮的位置； 2. 能够熟练操作螺旋输送系统的启动、停止及参数修改等； 3. 能够正确地识别螺旋输送系统故障类型（上位机、PLC、机械结构、电气元件或液压元件）与处理。
实训任务
某盾构机在西安等老黄土、古土壤地层掘进中，因土质坚韧，易成大块状，在缺少泡沫和水改良的情况下，导致渣土出渣不畅。请结合教材，分析具体故障原因（不考虑地层影响，只考虑设备故障）。 1. 根据实际情况，以小组为单位，完成任务分组及任务分工； 2. 在渣土输出过程中，螺旋输送机卡住，不能正常旋转出渣； 3. 在渣土输出过程中，通过调整后闸门来进行土仓的动态压力平衡，但是发现螺旋输送机闸门不能开/合。
参考技术标准及教学资源
1.《全断面隧道掘进机操作1+X证书职业技能等级标准》； 2.《全断面隧道掘进机　土压平衡盾构机》GB/T 34651—2017； 3.《全断面隧道掘进机　术语和商业规格》GB/T 34354—2017； 4.《筑路工》国家职业技能标准 GZB 6-29-02-03-2019； 5. 地下与隧道工程技术专业国家级教学资源库——《盾构构造与操作维护》，网址：https：//www.icve.com.cn/portal/courseinfo？courseid=kbjaan2so5risusqewdfa 6. 对应相关教程及线上电子资源，网址： https：//www. icve. com. cn/portalproject/themes/default/5niravolzjbcipycmvzjkw/sta_page/index.html。
资讯阶段（获取信息）
1. 熟悉螺旋输送机控制区（见教材中图5-6、图5-7）。

2. 请说明螺旋输送机控制面板各个按钮的功能。

3. 螺旋输送机的转向及转速如何设置?

任务实施单

任务分工

表22-1 小组任务分工表

班　级		组　别	
组　长		指导老师	
小组成员及任务分工			
姓名	学号	任务分工	

实训设备（工具）准备

表22-2 实训设备

实训设备类别	实训设备选择
土压平衡盾构机	
土压平衡盾构仿真操作平台	

表22-3 工具、耗材和器材清单

序号	名称	型号与规格	单位	数量	备注

任务实施及过程记录
子任务1　在渣土输出过程中，螺旋输送机卡住，不能正常旋转出渣

　　1. 对照任务中描述的故障现象，确定故障原因。

　　2. 故障排查的步骤。

　　3. 故障排查中遇到的问题及解决办法。

子任务2　在渣土输出过程中，通过调整后闸门来进行土仓的动态压力平衡，但是发现螺旋输送机闸门不能开/合

　　1. 对照任务中描述的故障现象，确定故障原因。

　　2. 故障排查的步骤。

　　3. 故障排查中遇到的问题及解决办法。

故障记录表

设备故障记录表

设备编号：		时　间：	
记　录　人：		故障处理确认：	
故障描述	故障部位： 故障现象：		
故障分析			
处理与效果			

评价单

检查评估

对盾构机螺旋输送系统故障分析与排除方法的作业流程进行考核。

表22-4 螺旋输送机系统常见故障分析与排除方法考核评价表

评价项目	评价内容	评价标准	配分	得分
知识目标	螺旋输送机系统电气控制原理	正确描述螺旋输送机电气控的基本原理,主要电气元件	15	
	螺旋输送机液压系统工作原理	正确描述螺旋输送机液压系统的工作原理	15	
技能目标	螺旋输送机上位机各界面查看	能否正确查找螺旋输送机各上位机界面,查询故障与报警信息,待故障排除后,在上位机界面消除故障与报警,恢复螺旋输送机正常工作	10	
	螺旋输送机不旋转(不顺畅)故障分析与处理	能否按照故障现象进行故障分析与处理	25	
	螺旋输送机闸门不动作(不顺畅)故障分析与处理	能否按照故障现象进行故障分析与处理	25	
素质目标	规范作业	故障分析与处理操作流程是否规范	5	
	科学分析	故障分析与处理过程是否科学合理	5	
总评			100	

反思与改进

实训任务23 推进系统常见故障分析与排除

资讯单

实训目标
1. 能够依据盾构机操作说明书，熟练找到推进系统电控旋钮的位置； 2. 能够依据盾构机操作说明书，熟练找到推进系统上位机各界面； 3. 能够依据盾构机操作说明书，熟练操作推进系统的启动、停止及参数修改； 4. 能够正确地识别故障类型：上位机、PLC、电气元件或液压元件等
实训任务
某盾构机在郑州的黄土台塬地层中出现以下情况。请结合教材，分析具体故障原因（不考虑地层影响，只考虑设备故障）。 1. 盾构机在推进模式下，推进油缸整个区域动作不伸缩； 2. 盾构机在推进模式下，推进油缸D区推力不够； 3. 盾构机在拼装模式下，推进油缸C区动作缓慢。
参考技术标准及教学资源
1.《全断面隧道掘进机操作1+X证书职业技能等级标准》； 2.《全断面隧道掘进机　土压平衡盾构机》GB/T 34651—2017； 3.《全断面隧道掘进机　术语和商业规格》GB/T 34354—2017； 4.《筑路工》国家职业技能标准 GZB 6-29-02-03-2019； 5. 地下与隧道工程技术专业国家级教学资源库——《盾构构造与操作维护》，网址：https：//www.icve.com.cn/portal/courseinfo？courseid=kbjaan2so5risusqewdfa 6. 对应相关教程及线上电子资源，网址： https：//www.icve.com.cn/portalproject/themes/default/5niravolzjbcipycmvzjkw/sta_page/index.html。
资讯阶段（获取信息）
1. 熟悉推进系统的上位机界面及操作琴台面板（见教材中图5-12）。

2. 请说明推进系统面板各个按钮的功能。

3. 简述推进液压系统工作原理。

任务实施单

任务分工

表23-1 小组任务分工表

班　级		组　别	
组　长		指导老师	
小组成员及任务分工			
姓名	学号	任务分工	

实训设备（工具）准备

表23-2 实训设备

实训设备类别	实训设备选择
土压平衡盾构机	
土压平衡盾构仿真操作平台	

表23-3 工具、耗材和器材清单

序号	名称	型号与规格	单位	数量	备注

任务实施及过程记录
子任务1　盾构机在推进模式下，推进油缸整个区域动作不伸缩
1. 对照任务中描述的故障现象，确定故障原因。 　　2. 故障排查的步骤。 　　3. 故障排查中遇到的问题及解决办法。
子任务2　盾构机在推进模式下，推进油缸D区推力不够
1. 对照任务中描述的故障现象，确定故障原因。 　　2. 故障排查的步骤。 　　3. 故障排查中遇到的问题及解决办法。
子任务3　盾构机在拼装模式下，推进油缸C区动作缓慢
1. 对照任务中描述的故障现象，确定故障原因。 　　2. 故障排查的步骤。 　　3. 故障排查中遇到的问题及解决办法。

故障记录表

设备故障记录表			
设备编号：		时　　间：	
记　录　人：		故障处理确认：	
故障描述	故障部位： 故障现象：		
故障分析			
处理与效果			

评价单

检查评估

对盾构机推进系统故障分析与排除方法的作业流程进行考核。

表23-4 推进系统常见故障分析与排除方法考核评价表

评价项目	评价内容	评价标准	配分	得分
知识目标	推进电气控制原理	正确描述推进电气控制的基本原理,主要电气元件	15	
	推进与铰接液压系统工作原理	正确描述推进与铰接液压系统的工作原理	15	
技能目标	推进与铰接上位机各界面查看	能否正确查找推进与铰接各上位机界面,查询故障与报警信息,待故障排除后,在上位机界面消除故障与报警,恢复与正常工作	10	
	推进油缸不动作(不顺畅)故障分析与处理	能否按照故障现象进行故障分析与处理	20	
	推进油缸推力减少故障分析与处理	能否按照故障现象进行故障分析与处理	15	
	推进油缸动作缓慢故障分析与处理	能否按照故障现象进行故障分析与处理	15	
素质目标	规范作业	故障分析与处理操作流程是否规范	5	
	科学分析	故障分析与处理过程是否科学合理	5	
	总评		100	

反思与改进

实训任务24 管片拼装系统常见故障分析与排除

资讯单

实训目标

1. 能够正确分析管片拼装机常见故障原因并按流程对管片拼装机常见故障进行处理；
2. 能够正确分析管片吊机常见故障原因并按流程对管片吊机常见故障进行处理。

实训任务

某盾构机在砂土地层中出现以下情况。请结合教材，分析具体故障原因（不考虑地层影响，只考虑设备故障）。

1. 管片拼装机在抓取管片后，红蓝油缸大臂不能缩回，无动作；
2. 管片吊机起升时单侧电机不动作。

参考技术标准及教学资源

1.《全断面隧道掘进机操作1+X证书职业技能等级标准》；
2.《全断面隧道掘进机 土压平衡盾构机》GB/T 34651—2017；
3.《全断面隧道掘进机 术语和商业规格》GB/T 34354—2017；
4.《筑路工》国家职业技能标准 GZB 6-29-02-03-2019；
5. 地下与隧道工程技术专业国家级教学资源库——《盾构构造与操作维护》，网址：https://www.icve.com.cn/portal/courseinfo?courseid=kbjaan2so5risusqewdfa
6. 对应相关教程及线上电子资源，网址：https://www.icve.com.cn/portalproject/themes/default/5niravolzjbcipycmvzjkw/sta_page/index.html。

资讯阶段（获取信息）

1. 学习并简述管片拼装机电气、液压系统工作原理。

2.简述管片吊机的工作原理及常见故障。

3.利用管片拼装机控制系统上位机查询故障与报警信息（见教材中图5-19），简述故障及报警信号处理措施。

任务实施单

任务分工

表24-1 小组任务分工表

班 级		组 别	
组 长		指导老师	
小组成员及任务分工			
姓名	学号	任务分工	

实训设备（工具）准备

表24-2 实训设备

实训设备类别	实训设备选择
土压平衡盾构机	
土压平衡盾构仿真操作平台	

表24-3 工具、耗材和器材清单

序号	名称	型号与规格	单位	数量	备注

任务实施及过程记录

子任务1　管片拼装机在抓取管片后，红蓝油缸大臂不能缩回，无动作

1. 对照任务中描述的故障现象，确定故障原因。

2. 故障排查的步骤。

3. 故障排查中遇到的问题及解决办法。

子任务2　管片吊机起升时单侧电机不动作

1. 对照任务中描述的故障现象，确定故障原因。

2. 故障排查的步骤。

3. 故障排查中遇到的问题及解决办法。

故障记录表

设备故障记录表			
设备编号：		时　　间：	
记　录　人：		故障处理确认：	
故障描述	故障部位： 故障现象：		
故障分析			
处理与效果			

评价单

| 检查评估 |

对盾构机管片拼装系统故障分析与排除方法的作业流程进行考核。

表24-4 管片拼装系统常见故障分析与排除方法考核评价表

评价项目	评价内容	评价标准	配分	得分
知识目标	管片拼装系统电气控制原理	正确描述管片拼装电气控制的基本原理,主要电气元件	15	
	管片拼装液压系统工作原理	正确描述管片拼装液压系统的工作原理	15	
	管片拼装机上位机各界面查看	正确查找管片拼装各上位机界面查询故障与报警信息,待故障排除后,在上位机界面消除故障与报警,恢复管片拼装正常工作	20	
技能目标	管片拼装机常见操作故障与处理	能否正确操作控制器各按钮和手柄,完成管片拼装机的各个动作	20	
	管片吊机故障分析与处理	能否按照故障现象进行故障分析与处理	20	
素质目标	规范作业	故障分析与处理操作流程是否规范	5	
	科学分析	故障分析与处理过程是否科学合理	5	
		总评	100	

反思与改进

实训任务25　冷却过滤系统故障分析与处理

资讯单

实训目标
1. 能够正确理解冷却过滤系统在盾构机上的液压系统回路、电气控制系统、操作区等知识； 2. 能够正确对冷却水启动故障与运行数据异常进行分析与处理。
实训任务
某盾构机在砂土地层掘进时出现以下情况。请结合教材，分析具体故障原因（不考虑地层影响，只考虑设备故障）。 1. 在盾构机电气控制系统的上位机中冷却水系统界面过滤器报警； 2. 盾构机主驱动冷却水流量异常。
参考技术标准及教学资源
1.《全断面隧道掘进机操作1+X证书职业技能等级标准》； 2.《全断面隧道掘进机　土压平衡盾构机》GB/T 34651—2017； 3.《全断面隧道掘进机　术语和商业规格》GB/T 34354—2017； 4.《筑路工》国家职业技能标准 GZB 6-29-02-03-2019； 5. 地下与隧道工程技术专业国家级教学资源库——《盾构构造与操作维护》，网址：https://www.icve.com.cn/portal/courseinfo? courseid=kbjaan2so5risusqewdfa 6. 对应相关教程及线上电子资源，网址： https://www.icve.com.cn/portalproject/themes/default/5niravolzjbcipycmvzjkw/sta_page/index.html。
资讯阶段（获取信息）
1. 简述盾构机冷却系统的液压控制回路原理。

2. 简述盾构机冷却系统的电气控制回路原理。

3. 熟悉盾构机冷却系统的控制面板及电控系统上位机监控与报警界面（见教材中图 5-25），简述报警信号处理措施。

任务实施单

任务分工

表25-1 小组任务分工表

班 级		组 别	
组 长		指导老师	
小组成员及任务分工			
姓名	学号	任务分工	

实训设备（工具）准备

表25-2 实训设备

实训设备类别	实训设备选择
土压平衡盾构机	
土压平衡盾构仿真操作平台	

表25-3 工具、耗材和器材清单

序号	名称	型号与规格	单位	数量	备注

任务实施及过程记录
子任务1　在盾构机电气控制系统的上位机中冷却水系统界面过滤器报警

  1. 对照任务中描述的故障现象，确定故障原因。

  2. 故障排查的步骤。

  3. 故障排查中遇到的问题及解决办法。

子任务2　盾构机主驱动冷却水流量异常

  1. 对照任务中描述的故障现象，确定故障原因。

  2. 故障排查的步骤。

  3. 故障排查中遇到的问题及解决办法。

故障记录表

设备故障记录表			
设备编号：		时　　间：	
记 录 人：		故障处理确认：	
故障描述	故障部位： 故障现象：		
故障分析			
处理与效果			

评价单

检查评估	对盾构机冷却过滤系统故障分析与排除方法的作业流程进行考核。

表25-4 冷却过滤系统常见故障分析与排除方法考核评价表

评价项目	评价内容	评价标准	配分	得分
知识目标	冷却过滤系统电气控制原理	正确描述冷却过滤电气控制的基本原理,主要电气元件	20	
	冷却过滤系统工作原理	正确描述冷却过滤系统的工作原理	20	
技能目标	过滤冷却系统上位机各界面查看	能否正确查找过滤冷却系统各上位机界面查询故障与报警信息,待故障排除后,在上位机界面消除故障与报警,恢复过滤冷却系统正常工作	20	
	冷却水启动故障与运行数据异常的分析与处理	能否按照故障现象进行故障分析与处理	30	
素质目标	规范作业	故障分析与处理操作流程是否规范	5	
	科学分析	故障分析与处理过程是否科学合理	5	
总评			100	

反思与改进

实训任务26　同步注浆系统故障分析与处理

资讯单

实训目标
1.能够正确识别同步注浆系统电控旋钮的位置及控制键符号； 2.掌握上位机同步注浆系统操作界面、参数设置界面、故障查询界面和故障消除方法； 3.掌握同步注浆系统基本的电气、液压故障分析与排除方法。
实训任务
某地层中一台土压平衡盾构机在掘进过程中进行注浆，出现了"A2"手动注浆管路无法注浆。请根据设定情况完成如下操作。 1.根据实际情况，以小组为单位，完成任务分组及任务分工； 2.根据实训任务，分析"A2"手动注浆管路无法注浆的原因并查找； 3.根据任务要求完成注浆管路故障处理； 4.总结注浆系统故障分析与处理的操作步骤。
参考技术标准及教学资源
1.《全断面隧道掘进机操作1+X证书职业技能等级标准》； 　　2.《全断面隧道掘进机　土压平衡盾构机》GB/T 34651—2017； 　　3.《全断面隧道掘进机　术语和商业规格》GB/T 34354—2017； 　　4.《筑路工》国家职业技能标准 GZB 6-29-02-03-2019； 　　5.地下与隧道工程技术专业国家级教学资源库——《盾构构造与操作维护》，网址：https：//www.icve.com.cn/portal/courseinfo? courseid=kbjaan2so5risusqewdfa 　　6.对应相关教程及线上电子资源，网址： 　　https：//www. icve. com. cn/portalproject/themes/default/5niravolzjbcipycmvzjkw/sta_page/index.html。
资讯阶段（获取信息）
1.分析"A2"手动注浆管路无法注浆的原因。

2.熟悉同步注浆系统电控旋钮的位置及控制键符号（见教材中图5-27、图5-28）。

3.简述注浆系统出现故障的原因及方法。

4.简述同步注浆系统常见故障及处理方法。

任务实施单

任务分工

表26-1 小组任务分工表

班　级		组　别	
组　长		指导老师	
小组成员及任务分工			
姓名	学号	任务分工	

实训设备（工具）准备

表26-2 实训设备

实训设备类别	实训设备选择
土压平衡盾构机	
土压平衡盾构仿真操作平台	

表26-3 工具、耗材和器材清单

序号	名称	型号与规格	单位	数量	备注

任务实施及过程记录

1. 熟悉同步注浆系统电控旋钮的位置及控制键符号,并说明主要按钮的作用。

2. 分析"A2"手动注浆管路无法注浆的原因。

3. 列出故障排除的方案及措施。

4. 简述注浆过程故障排除过程中的注意事项。

故障记录表

设备故障记录表			
设备编号:		时　间:	
记　录　人:		故障处理确认:	
故障描述	故障部位: 故障现象:		
故障分析			
处理与效果			

评价单

检查评估

1. 对盾构机注浆系统电控旋钮、控制键符号识别等理论知识学习通过对应教程进行考核；
2. 对注浆系统故障诊断及排除等实践操作考核，通过土压平衡盾构机进行考核。

表26-4 同步注浆系统常见故障分析与排除方法考核评价表

评价项目	评价内容	评价标准	配分	得分
知识目标	同步注浆系统电气控制原理	正确描述同步注浆电气控制的基本原理，主要电气元件	20	
	同步注浆液压系统工作原理	正确描述同步注浆液压系统的工作原理	20	
技能目标	同步注浆上位机各界面查看	能否正确查找同步注浆各上位机界面，查询故障与报警信息，待故障排除后，在上位机界面消除故障与报警，恢复同步注浆正常工作	20	
	手动注浆管路无法注浆故障分析和处理	能否按照故障现象进行故障分析与处理	30	
素质目标	规范作业	故障分析与处理操作流程是否规范	5	
	科学分析	故障分析与处理过程是否科学合理	5	
总评			100	

反思与改进

实训任务27　主驱动润滑系统故障分析与处理

资讯单

实训目标
1.能够识别主驱动润滑系统电控按钮的位置及控制键符号； 2.能够掌握上位机主驱动润滑系统操作界面、参数设置界面、故障查询界面和故障消除方法； 3.能够对主驱动润滑系统基本的电气、流体进行故障分析与排除。
实训任务
某软土地层中一台土压平衡盾构机主驱动润滑系统齿轮油启动故障及运行数据异常。请根据设定情况完成如下操作。 1.根据实际情况，以小组为单位，完成任务分组及任务分工； 2.根据实训任务，检查主控室齿轮油控制按钮功能是否正常； 3.根据任务要求完成主驱动润滑系统齿轮油泵故障分析与处理； 4.总结主驱动润滑系统齿轮油泵故障分析与处理步骤。
参考技术标准及教学资源
1.《全断面隧道掘进机操作1+X证书职业技能等级标准》； 2.《全断面隧道掘进机　土压平衡盾构机》GB/T 34651—2017； 3.《全断面隧道掘进机　术语和商业规格》GB/T 34354—2017； 4.《筑路工》国家职业技能标准 GZB 6-29-02-03-2019； 5.地下与隧道工程技术专业国家级教学资源库——《盾构构造与操作维护》，网址：https：//www.icve.com.cn/portal/courseinfo? courseid=kbjaan2so5risusqewdfa 6.对应相关教程及线上电子资源，网址： https：//www.icve.com.cn/portalproject/themes/default/5niravolzjbcipycmvzjkw/sta_page/index.html。
资讯阶段（获取信息）
1.识别主驱动润滑系统电控按钮的位置及控制键符号（见教材中图5-32、图5-33）。

2. 请确认主控室齿轮油控制按钮功能是否正常，电源及线路是否正常。

3. 查看上位机界面关于主驱动润滑系统的数据参数和报警信息，判定故障基本类别。

4. 针对故障进行实际操作处理，使其恢复正常。

任务实施单

任务分工

表27-1 小组任务分工表

班级		组别	
组长		指导老师	
小组成员及任务分工			
姓名	学号	任务分工	

实训设备（工具）准备

表27-2 实训设备

实训设备类别	实训设备选择
土压平衡盾构机	
土压平衡盾构仿真操作平台	

表27-3 工具、耗材和器材清单

序号	名称	型号与规格	单位	数量	备注

任务实施及过程记录

1. 列出主驱动润滑系统故障出现的原因。

2. 针对故障进行实际操作排除。

3. 列出主驱动润滑系统故障排除的注意事项。

故障记录表

设备故障记录表			
设备编号：		时　间：	
记　录　人：		故障处理确认：	
故障描述	故障部位： 故障现象：		
故障分析			
处理与效果			

评价单

检查评估

1. 对盾构机主驱动润滑系统电控按钮的位置及控制键符号等理论知识学习通过对应教程进行考核；
2. 对主驱动润滑系统故障排除等实践操作考核，通过土压平衡盾构机进行考核。

表27-4 主驱动润滑系统常见故障分析与排除方法考核评价表

评价项目	评价内容	评价标准	配分	得分
知识目标	主驱动润滑系统电气控制原理	正确描述主驱动润滑电气控制的基本原理，主要电气元件	15	
	主驱动润滑系统工作原理	正确描述主驱动润滑系统的工作原理	15	
技能目标	主驱动润滑上位机各界面查看	能否正确查找主驱动润滑各上位机界面，查询故障与报警信息，待故障排除后，在上位机界面消除故障与报警，恢复主驱动润滑正常工作	10	
	齿轮油启动故障及运行数据异常见故障分析与处理	能否按照故障现象进行故障分析与处理	25	
	润滑油脂启动和运行数据异常见故障分析与处理	能否按照故障现象进行故障分析与处理	25	
素质目标	规范作业	故障分析与处理操作流程是否规范	5	
	科学分析	故障分析与处理过程是否科学合理	5	
		总评	100	

反思与改进

实训任务28　盾尾油脂系统故障分析与处理

资讯单

实训目标
1. 能够正确分析盾尾油脂系统常见故障原因；   2. 能够按常规流程对盾尾油脂系统常见故障做出处理。
实训任务
某软土地层中一台土压平衡盾构机在施工过程中盾尾油脂系统遇到以下故障，请进行故障原因分析与处理：   1. 油脂泵活塞杆不能动作；   2. 油脂泵空打不出油脂；   3. 气动油脂泵的泵送频率很高，泵杆发热严重。
参考技术标准及教学资源
1.《全断面隧道掘进机操作1+X证书职业技能等级标准》；   2.《全断面隧道掘进机　土压平衡盾构机》GB/T 34651—2017；   3.《全断面隧道掘进机　术语和商业规格》GB/T 34354—2017；   4.《筑路工》国家职业技能标准 GZB 6-29-02-03-2019；   5. 地下与隧道工程技术专业国家级教学资源库——《盾构构造与操作维护》，网址：https：//www.icve.com.cn/portal/courseinfo? courseid=kbjaan2so5risusqewdfa   6. 对应相关教程及线上电子资源，网址：   https：//www.icve.com.cn/portalproject/themes/default/5niravolzjbcipycmvzjkw/sta_page/index.html。
资讯阶段（获取信息）
1. 简述盾尾油脂系统的结构组成。

2. 请说明盾尾油脂系统各部分的功能。

3. 简述盾尾油脂系统的作用原理。

任务实施单

任务分工

表28-1 小组任务分工表

班　级		组　别	
组　长		指导老师	
小组成员及任务分工			
姓名	学号	任务分工	

实训设备（工具）准备

表28-2 实训设备

实训设备类别	实训设备选择
土压平衡盾构机	
土压平衡盾构仿真操作平台	

表28-3 工具、耗材和器材清单

序号	名称	型号与规格	单位	数量	备注

任务实施及过程记录

子任务1　油脂泵活塞杆不能动作

　　1. 对照任务中描述的故障现象，确定故障原因。

　　2. 故障排查的步骤。

　　3. 故障排查中遇到的问题及解决办法。

子任务2　油脂泵空打不出油脂

　　1. 对照任务中描述的故障现象，确定故障原因。

　　2. 故障排查的步骤。

　　3. 故障排查中遇到的问题及解决办法。

子任务3　气动油脂泵的泵送频率很高，泵杆发热严重

　　1. 对照任务中描述的故障现象，确定故障原因。

　　2. 故障排查的步骤。

　　3. 故障排查中遇到的问题及解决办法。

故障记录表

设备故障记录表			
设备编号：		时　　间：	
记　录　人：		故障处理确认：	
故障描述	故障部位： 故障现象：		
故障分析			
处理与效果			

评价单

检查评估

表28-4　盾尾油脂系统常见故障分析与排除方法考核评价表

评价项目	评价内容	评价标准	配分	得分
知识目标	盾尾油脂系统的组成	正确描述盾尾系统的组成	10	
	盾尾油脂泵工作原理	正确描述盾尾油脂泵控制的基本原理	10	
技能目标	盾尾油脂系统故障分析	能否正确分析盾尾油脂系统故障的原因	30	
	盾尾油脂系统故障处理	能否按照故障现象进行故障处理，待故障排除后，恢复正常工作	30	
素质目标	规范作业	故障分析与处理操作流程是否规范	10	
	科学分析	故障分析与处理过程是否科学合理	10	
	总评		100	

反思与改进

实训任务 29 HBW 油脂系统故障分析与处理

资讯单

实训目标
1. 能够正确分析 HBW 油脂密封系统常见故障原因； 2. 能够按常规流程对 HBW 油脂密封系统常见故障做出处理。
实训任务
某软土地层中一台土压平衡盾构机在施工过程中 HBW 油脂密封系统遇到以下故障，请进行故障原因分析与处理： 　　1. 集中润滑系统中，马达分配器无法正常工作； 　　2. 系统流量偏低，气动油脂泵一直在工作，HBW 油脂消耗量偏大； 　　3. 掘进过程中，HBW 系统气动油脂泵启动后很快就停止工作，设备能够正常掘进。
参考技术标准及教学资源
1.《全断面隧道掘进机操作 1+X 证书职业技能等级标准》； 　　2.《全断面隧道掘进机　土压平衡盾构机》GB/T 34651—2017； 　　3.《全断面隧道掘进机　术语和商业规格》GB/T 34354—2017； 　　4.《筑路工》国家职业技能标准 GZB 6-29-02-03-2019； 　　5. 地下与隧道工程技术专业国家级教学资源库——《盾构构造与操作维护》，网址：https：//www.icve.com.cn/portal/courseinfo? courseid=kbjaan2so5risusqewdfa 　　6. 对应相关教程及线上电子资源，网址： 　　https：//www. icve. com. cn/portalproject/themes/default/5niravolzjbcipycmvzjkw/sta_page/index.html。
资讯阶段（获取信息）
1. 简述 HBW 油脂密封系统的结构组成。

2. 请说明HBW油脂密封系统各部分的功能。

3. 简述HBW油脂密封系统的作用原理。

任务实施单

任务分工

表29-1 小组任务分工表

班　级		组　别	
组　长		指导老师	
小组成员及任务分工			
姓名	学号	任务分工	

实训设备（工具）准备

表29-2 实训设备

实训设备类别	实训设备选择
土压平衡盾构机	
土压平衡盾构仿真操作平台	

表29-3 工具、耗材和器材清单

序号	名称	型号与规格	单位	数量	备注

任务实施及过程记录
子任务1　集中润滑系统中，马达分配器无法正常工作
1. 对照任务中描述的故障现象，确定故障原因。 　　2. 故障排查的步骤。 　　3. 故障排查中遇到的问题及解决办法。
子任务2　系统流量偏低，气动油脂泵一直在工作，HBW油脂消耗量偏大
1. 对照任务中描述的故障现象，确定故障原因。 　　2. 故障排查的步骤。 　　3. 故障排查中遇到的问题及解决办法。
子任务3　掘进过程中，HBW系统气动油脂泵启动后很快就停止工作，设备能够正常掘进
1. 对照任务中描述的故障现象，确定故障原因。 　　2. 故障排查的步骤。 　　3. 故障排查中遇到的问题及解决办法。

故障记录表

设备故障记录表			
设备编号：		时　　间：	
记 录 人：		故障处理确认：	
故障描述	故障部位： 故障现象：		
故障分析			
处理与效果			

评价单

检查评估

表29-4 HBW油脂系统常见故障分析与排除方法考核评价表

评价项目	评价内容	评价标准	配分	得分
知识目标	HBW油脂系统的组成	正确描述盾尾系统的组成	10	
	HBW油脂泵工作原理	正确描述盾尾油脂泵控制的基本原理	10	
技能目标	HBW油脂系统故障分析	能否正确分析盾尾油脂系统故障的原因	30	
	HBW油脂系统故障处理	能否按照故障现象进行故障处理,待故障排除后,恢复正常工作	30	
素质目标	规范作业	故障分析与处理操作流程是否规范	10	
	科学分析	故障分析与处理过程是否科学合理	10	
		总评	100	

反思与改进

实训任务30 常见低压电气故障分析与处理

资讯单

实训目标
1. 能够依据上位机报警信息，正确地查找到电气原理图中对应元件图纸位置； 2. 能够依据电气原理图上位置编号或文字，正确找到对应编号的电气元件所在的电柜位置； 3. 能够正确分析常见低压电器常见故障原因； 4. 能够按常规流程对常见低压电器常见故障做出处理。
实训任务
某软土地层中一台土压平衡盾构机在施工过程中由于停机时间较长，再次使用时，遇到以下问题，请进行分析与处理： 1. 盾构机拖车3#柜内照明灯不亮的故障分析与处理； 2. 上位机"注浆系统紧急停止"报警的故障分析与处理。
参考技术标准及教学资源
1.《全断面隧道掘进机操作1+X证书职业技能等级标准》； 2.《全断面隧道掘进机 土压平衡盾构机》GB/T 34651—2017； 3.《全断面隧道掘进机 术语和商业规格》GB/T 34354—2017； 4.《筑路工》国家职业技能标准 GZB 6-29-02-03-2019； 5. 地下与隧道工程技术专业国家级教学资源库——《盾构构造与操作维护》，网址：https：//www.icve.com.cn/portal/courseinfo? courseid=kbjaan2so5risusqewdfa 6. 对应相关教程及线上电子资源，网址： https：//www. icve. com. cn/portalproject/themes/default/5niravolzjbcipycmvzjkw/sta_page/index.html。
资讯阶段（获取信息）
1. 请说明常见电控柜的安装位置。

2. 请罗列常见的低压电器，并说明其功能。

任务实施单

任务分工

表30-1 小组任务分工表

班 级		组 别	
组 长		指导老师	
小组成员及任务分工			
姓名	学号	任务分工	

实训设备（工具）准备

表30-2 实训设备

实训设备类别	实训设备选择
土压平衡盾构机	
土压平衡盾构仿真操作平台	

表30-3 工具、耗材和器材清单

序号	名称	型号与规格	单位	数量	备注

任务实施及过程记录

子任务1　盾构机拖车3#柜内照明灯不亮的故障分析与处理

　　1. 对照任务中描述的故障现象，确定故障原因。

　　2. 故障排查的步骤。

　　3. 故障排查中遇到的问题及解决办法。

子任务2　上位机"注浆系统紧急停止"报警的故障分析与处理

　　1. 对照任务中描述的故障现象，确定故障原因。

　　2. 故障排查的步骤。

　　3. 故障排查中遇到的问题及解决办法。

故障记录表

设备故障记录表			
设备编号：		时　间：	
记　录　人：		故障处理确认：	
故障描述	故障部位： 故障现象：		
故障分析			
处理与效果			

评价单

检查评估

表30-4 低压电器系统常见故障分析与排除方法考核评价表

评价项目	评价内容	评价标准	配分	得分
知识目标	盾构机照明系统供电电气原理图	正确描述盾构机电气原理图及图中基本电气元件符号的含义	10	
	盾构机注浆系统电气原理图	正确描述盾构机注浆系统原理图及图中基本电气元件符号的含义	10	
技能目标	盾构机拖车1#照明灯不亮的故障分析与处理	能否按照故障现象进行故障分析与处理	30	
	上位机"注浆系统紧急停止"报警的故障分析与处理	能否按照故障现象进行故障分析与处理	30	
素质目标	规范作业	故障分析与处理操作流程是否规范	10	
	科学分析	故障分析与处理过程是否科学合理	10	
		总评	100	

反思与改进

实训任务 31　PLC 故障分析与处理

资讯单

实训目标
1. 能够掌握 PLC 系统相关的术语和对 PLC 系统相关信息； 2. 依据外观，可以识别常见的 PLC 模块； 3. 依据原理图和通信线，可以判断出 PLC 常见通信方式； 4. 依据电气原理图中 PLC 网络拓扑图，可以找到对应报警信息 PLC 模块所在位置和实物。
实训任务
某软土地层中一台土压平衡盾构机在施工过程中由于停机时间较长，再次使用时遇到以下问题，经检查发现与 PLC 输入/输出点的连接及主从站通信有关，请进行具体分析与处理： 1. 按下琴台液压泵按钮，发现液压泵站无动作； 2. 注浆操作台子站通信终端的故障分析与处理。
参考技术标准及教学资源
1.《全断面隧道掘进机操作 1+X 证书职业技能等级标准》； 2.《全断面隧道掘进机　土压平衡盾构机》GB/T 34651—2017； 3.《全断面隧道掘进机　术语和商业规格》GB/T 34354—2017； 4.《筑路工》国家职业技能标准　GZB 6-29-02-03-2019； 5. 地下与隧道工程技术专业国家级教学资源库——《盾构构造与操作维护》，网址：https://www.icve.com.cn/portal/courseinfo?courseid=kbjaan2so5risusqewdfa 6. 对应相关教程及线上电子资源，网址：https://www.icve.com.cn/portalproject/themes/default/5niravolzjbcipycmvzjkw/sta_page/index.html。
资讯阶段（获取信息）
1. 熟悉 PLC 系统常见模块的外观（见教材中图 5-46~图 5-48）。

2. 依据原理图和通信线（见图5-49、图5-50），辨别PLC的通信方式。

任务实施单

任务分工

表31-1 小组任务分工表

班　　级		组　　别	
组　　长		指导老师	
小组成员及任务分工			
姓名	学号	任务分工	

实训设备（工具）准备

表31-2 实训设备

实训设备类别	实训设备选择
土压平衡盾构机	
土压平衡盾构仿真操作平台	

表31-3 工具、耗材和器材清单

序号	名称	型号与规格	单位	数量	备注

任务实施及过程记录

1. 按下琴台液压泵按钮,检查液压泵站是否动作。

2. 注浆操作台子站通信中断的故障分析与处理。

故障记录表

设备故障记录表			
设备编号:		时　　间:	
记　录　人:		故障处理确认:	
故障描述	故障部位:		
	故障现象:		
故障分析			
处理与效果			

评价单

检查评估
1. 对盾构机PLC系统常见模块、通信方式等理论知识学习通过对应教程进行考核； 2. 对PLC系统通信模块接线等实践操作考核，通过土压盾构仿真操作平台进行考核。

表31-4　PLC系统常见故障分析与排除方法考核评价表

评价项目	评价内容	评价标准	配分	得分
知识目标	盾构机常见PLC模块的实物外观	正确识别PLC系统常见模块外观	10	
	盾构机PLC系统的电气原理图	正确描述盾构机PLC系统的电气原理图中基本电气元件符号的含义	10	
技能目标	注浆操作台子站通信中断的故障分析与处理	能否按照故障现象进行故障分析与处理	30	
	拼装机遥控器通信中断的故障分析与处理	能否按照故障现象进行故障分析与处理	30	
素质目标	规范作业	故障分析与处理操作流程是否规范	10	
	科学分析	故障分析与处理过程是否科学合理	10	
		总评	100	

反思与改进

实训任务32　渣土改良系统故障分析与处理

资讯单

实训目标
1. 能够正确识别泡沫膨润土系统的结构与组成； 2. 能够依据盾构机操作说明书，正确操作泡沫、膨润土系统并正确设置相应参数； 3. 能够正确地识别故障类型：上位机、PLC、机械结构、电气元件或液压元件等； 4. 能够正确按一般常规流程对故障做出分析与处理。
实训任务
某软土地层中一台土压平衡盾构机在施工过程，发现出渣不畅，盾构司机想要通过渣土改良进行顺利出渣时，遇到以下问题，请进行分析与处理： 1. 泡沫系统中，泡沫混合液箱不能自动加注混合液； 2. 通过膨润土改良时，发现膨润土泵无法启动。
参考技术标准及教学资源
1. 《全断面隧道掘进机操作1+X证书职业技能等级标准》； 2. 《全断面隧道掘进机　土压平衡盾构机》GB/T 34651—2017； 3. 《全断面隧道掘进机　术语和商业规格》GB/T 34354—2017； 4. 《筑路工》国家职业技能标准 GZB 6-29-02-03-2019； 5. 地下与隧道工程技术专业国家级教学资源库——《盾构构造与操作维护》，网址：https://www.icve.com.cn/portal/courseinfo?courseid=kbjaan2so5risusqewdfa 6. 对应相关教程及线上电子资源，网址： https://www.icve.com.cn/portalproject/themes/default/5niravolzjbcipycmvzjkw/sta_page/index.html。
资讯阶段（获取信息）
1. 熟悉泡沫及膨润土系统的组成。

2. 泡沫系统运行的条件是什么?

3. 膨润土系统运行的条件是什么?

任务实施单

任务分工

表32-1 小组任务分工表

班 级		组 别	
组 长		指导老师	
小组成员及任务分工			
姓名	学号	任务分工	

实训设备（工具）准备

表32-2 实训设备

实训设备类别	实训设备选择
土压平衡盾构机	
土压平衡盾构仿真操作平台	

表32-3 工具、耗材和器材清单

序号	名称	型号与规格	单位	数量	备注

任务实施及过程记录

1. 泡沫混合液箱不能自动加混合液。

2. 单路泡沫空气流量不受控制。

3. 膨润土单路无法启动。

故障记录表

设备故障记录表			
设备编号：		时　　间：	
记　录　人：		故障处理确认：	
故障描述	故障部位： 故障现象：		
故障分析			
处理与效果			

评价单

检查评估
1. 对盾构机泡沫及膨润土系统组成、运行条件等理论知识学习通过对应教程进行考核； 2. 对泡沫及膨润土系统启动等实践操作考核，通过土压盾构仿真操作平台进行考核。

表32-4 渣土改良系统常见故障分析与排除方法考核评价表

评价项目	评价内容	评价标准	配分	得分
知识目标	泡沫系统运行的条件	掌握泡沫系统运行的条件	10	
	膨润土系统的启动条件	掌握膨润土系统运行的条件	10	
技能目标	泡沫系统的故障分析与处理	能否按照故障现象进行故障分析与处理	30	
	膨润土系统的故障分析与处理	能否按照故障现象进行故障分析与处理	30	
素质目标	规范作业	故障分析与处理操作流程是否规范	10	
	科学分析	故障分析与处理过程是否科学合理	10	
		总评	100	

反思与改进

实训任务33 导向系统故障分析与处理

资 讯 单

实训目标
能够按规范流程对导向系统常见故障做出正确分析与处理。
实训任务

某砂土地层中一台土压平衡盾构机在施工过程中，发现偏离了隧道设计轴线，经检查发现导向系统遇到以下问题，请进行分析与处理：
  1. 全站仪、激光靶标识变为红色；
  2. 换站前后姿态不正确；
  3. 激光靶姿态角异常等。

参考技术标准及教学资源

1.《全断面隧道掘进机操作1+X证书职业技能等级标准》；
  2.《全断面隧道掘进机　土压平衡盾构机》GB/T 34651—2017；
  3.《全断面隧道掘进机　术语和商业规格》GB/T 34354—2017；
  4.《筑路工》国家职业技能标准 GZB 6-29-02-03-2019；
  5. 地下与隧道工程技术专业国家级教学资源库——《盾构构造与操作维护》，网址：https：//www.icve.com.cn/portal/courseinfo? courseid=kbjaan2so5risusqewdfa
  6. 对应相关教程及线上电子资源，网址：
  https：//www.icve.com.cn/portalproject/themes/default/5niravolzjbcipycmvzjkw/sta_page/index.html。

资讯阶段（获取信息）
1. 熟悉导向系统的基本原理。

2. 熟悉导向系统的软硬件构成。

任务实施单

任务分工

表33-1 小组任务分工表

班 级		组 别	
组 长		指导老师	
小组成员及任务分工			
姓名	学号	任务分工	

实训设备（工具）准备

表33-2 实训设备

实训设备类别	实训设备选择
土压平衡盾构机	
土压平衡盾构仿真操作平台	

表33-3 工具、耗材和器材清单

序号	名称	型号与规格	单位	数量	备注

任务实施及过程记录

1. DDJ软件常见故障分析与处理。

2. 掘进过程中常见故障分析与处理。

故障记录表

设备故障记录表			
设备编号：		时　　间：	
记 录 人：		故障处理确认：	
故障描述	故障部位： 故障现象：		
故障分析			
处理与效果			

评价单

检查评估

1. 对盾构机导向系统组成、基本原理等理论知识学习通过对应教程进行考核；
2. 对盾构机导向系统坐标计算等实践操作考核，通过土压盾构仿真操作平台进行考核。

表33-4 导向系统常见故障分析与排除方法考核评价表

评价项目	评价内容	评价标准	配分	得分
知识目标	导向系统的组成	能否正确描述导向系统的组成	10	
	导向系统的工作原理	能否正确描述导向系统的工作原理	10	
技能目标	导向系统软件常见故障分析与处理	能否按照故障现象进行故障分析与处理	30	
	掘进过程中导向系统常见故障分析与处理	能否按照故障现象进行故障分析与处理	30	
素质目标	规范作业	故障分析与处理操作流程是否规范	10	
	科学分析	故障分析与处理过程是否科学合理	10	
总评			100	

反思与改进